高等职业院校信息技术应用"十三五"规划教材

计算机应用基础案例教程

（Windows 7+Office 2010）

林涛 主编

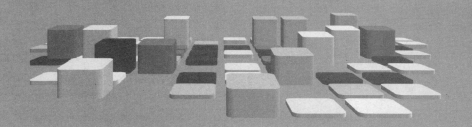

U0336418

人民邮电出版社

北 京

图书在版编目（ＣＩＰ）数据

计算机应用基础案例教程：Windows 7+Office 2010/
林涛主编. -- 4版. -- 北京：人民邮电出版社，2017.8(2020.8重印)
高等职业院校信息技术应用"十三五"规划教材
ISBN 978-7-115-46381-4

Ⅰ. ①计… Ⅱ. ①林… Ⅲ. ①Windows操作系统—高
等职业教育—教材②办公自动化—应用软件—高等职业教
育—教材③Office 2010 Ⅳ. ①TP316.7②TP317.1

中国版本图书馆CIP数据核字(2017)第180361号

内 容 提 要

本书为学生提供一种全新的学习方法，将教条式的"菜单"学习变为生动实用的任务学习。本书内容包括 IT 技术概述、认识计算机、使用 Windows 7 操作系统、应用计算机网络、使用 Word 2010、使用 Excel 2010、使用 PowerPoint 2010，以及针对微软 MOS、全国计算机等级考试等的相关辅导资料。

本书可作为高等职业院校和高等本科院校的计算机应用基础教材。

◆ 主　编　林　涛
责任编辑　左仲海
责任印制　焦志炜

◆ 人民邮电出版社出版发行　　北京市丰台区成寿寺路 11 号
邮编　100164　电子邮件　315@ptpress.com.cn
网址　http://www.ptpress.com.cn
北京鑫正大印刷有限公司印刷

◆ 开本：787×1092　1/16
印张：17.5　　　　　　　2017 年 8 月第 4 版
字数：423 千字　　　　　2020 年 8 月北京第 6 次印刷

定价：45.00 元

读者服务热线：(010)81055256　印装质量热线：(010)81055316
反盗版热线：(010)81055315
广告经营许可证：京东市监广登字 20170147 号

前　言

目前，市面上有许多关于计算机应用基础的教材，但不少教材在技能训练和能力培养方面都稍显薄弱，不能很好地适应高职计算机教育对技能训练方面的要求。为此，我们根据在项目驱动教学方面的多年教学实践经验，组织编写了这本《计算机应用基础案例教程（Windows 7+Office 2010）》。本书的编写体现了新的教学理念和教学方法，具有实用性、系统性和先进性，反映了计算机应用基础课程的最新教学研究成果。

本书打破传统教材编写面向知识结构的模式，根据实际应用需要，选择基于工作过程的任务，将计算机应用基础的知识点恰当地融入工作任务的分析和制作过程中。书中的任务是从现实工作中提炼出来的，如简报编排、采购合同制作、销售数据统计、产品演示等。学生学完这门课程后，不仅能学到计算机基础知识，更重要的是能够学到职业技能，这些技能在今后的工作中将发挥非常重要的作用。提升高职学生的兴趣和能力是计算机应用基础的关键，为此，本书采用了课证结合的教学模式，将微软 MOS 专业级证书的考题融入教材之中，提升学生获取专业证书的能力。

书中使用 Office 2010 作为办公软件的教学平台，使学生可以接触最新、最实用的办公软件，从而掌握专业的办公软件使用技能。

本书的参考学时为 54 学时，各章的参考学时参见下面的学时分配表。

章　节	课程内容	学时分配	
		讲　授	实　训
第 1 章	IT 技术概述	2	
第 2 章	认识计算机	2	2
第 3 章	使用 Windows 7 操作系统	2	2
第 4 章	应用计算机网络	2	2
第 5 章	使用 Word 2010	6	6
第 6 章	使用 Excel 2010	6	6
第 7 章	使用 PowerPoint 2010	6	6
第 8 章	考证辅导	2	2
课时总计		28	26

本书由深圳信息职业技术学院林涛副教授任主编，负责全书的策划与案例设计，并编写了第 1 章至第 6 章，吴迪臻老师编写了第 7 章和第 8 章。

本书另配有课程案例，授课教师如有需要，请登录人民邮电出版社教育社区（www.ryjiaoyu.com）下载使用。案例仅供教学使用，版权归作者所有。

由于作者水平有限，书中疏漏之处在所难免，恳请读者批评指正。

编　者
2017 年 6 月

目　　录

第1章

IT 技术概述

人类进入信息社会以来，IT 技术一直以科技史上前所未有的速度发展着，新技术、新方法、新产品层出不穷。伴随着新技术的发展，多媒体、计算机病毒、蓝光标准、蓝牙技术、刀片服务器等新名词、新概念不断涌现。本章以专业眼光，从浩瀚的信息领域中选取最能够反映当今信息技术发展动向的新概念，从多个方面帮助读者了解 IT 世界日新月异的变化，更新知识。

1.1 IT 名人（企）录

人们常用最具代表性的生产工具来代表一个历史时期，如石器时代、青铜时代、铁器时代、蒸汽时代等。

19 世纪 70 年代开始的第二次技术革命，以电力的广泛应用和内燃机的发明为主要标志。发电机、电动机、电灯、电话、电报、电影、汽车、飞机、钢铁是这个时代的重要标志性产品，这些产品至今还是我们日常生活中不可缺少的一部分。

20 世纪 40 年代开始的第三次技术革命，也称新科技革命，以电子信息业的突破与迅猛发展为标志，主要包括信息技术、生物工程技术、新材料技术、海洋技术、空间技术五大领域。人类社会从工业时代进入了信息时代。

在信息时代的发展中，很多人或者企业做出了不朽的贡献，正是由于他们的努力，推动了信息社会的高速发展，他们或者它们往往成为一个时期或者时代的标志，其中的很多人或者企业将永远载入史册。

冯·诺依曼

熟悉计算机发展历史的人都知道，美国科学家冯·诺依曼（见图 1-1）历来被誉为"电子计算机之父"；可是，数学（Von Neumann）界却同样坚持认为，冯·诺依曼是本世纪最伟大的数学家之一，他在遍历理论、拓扑群理论等方面做出了开创性的工作，算子代数甚至被命名为"冯·诺依曼代数"；物理学家们说，冯·诺依曼在 20 世纪 30 年代撰写的《量子力学的数学基础》已经被证明对原子物理学的发展有极其重要的价值；而经济学家则反复强调，冯·诺依曼建立的经济增长横型体系，特别是 20 世纪 40 年代出版的著作《博弈论和经济行为》，为他在经济学和决策科学领域竖起了一块丰碑。

1945 年 6 月，冯·诺依曼与戈德斯坦等人，联名发表了一篇长达 101 页纸洋洋万言的报告，即计算机史上著名的"101 页报告"。这份报告奠定了现代电脑体系结构坚实的根基，直到今天，仍然被认为是现代计算机科学发展里程碑式的文献。

在该报告中，冯·诺依曼明确规定出计算机的 5 大部件：运算器、逻辑控制器、存储器、输入装置和输出装置，并描述了 5 大部件的功能和相互关系。冯·诺依曼巧妙地想出"存储程序"的办法，程序也被他当作数据存进了机器内部，以便电脑能自动一条接着一条地依次执行指令，再也不必去接通什么线路。其次，他明确提出这种机器必须采用二进制数制，以充分发挥电子器件的工作特点，使其结构紧凑且更通用化。人们后来把按这一方案思想设计的机器统称为"诺依曼机"。

图 1-1　冯·诺依曼

从冯·诺依曼设计的第一台计算机，到今天万亿次计算机的诞生，计算机经历了翻天覆地的变化，但是，无论怎么变化，都还属于冯·诺依曼体制。冯·诺依曼为现代计算机的发展指明了方向，从这个意义上讲，他是当之无愧的"电子计算机之父"。当然，随着人工智能和神经网络计算机的发展，总有一天会突破冯·诺依曼体制，但冯·诺依曼对于计算机世界做出的巨大功绩，永远也不会因此而泯灭。

冯·诺依曼还利用计算机去解决众多科学领域中的问题。他提出了一项用计算机预报天气的研究计划，构成了今天系统的气象数值预报的基础；他受聘担任 IBM 公司的科学顾问，帮助该公司研制出第一台存储程序的电脑 IBM 701；他对电脑与人脑的相似性怀着浓厚的兴趣，准备从计算机的角度研究人类的思维；他虽然没有参加达特默斯首次人工智能会议，但他开创了人工智能研究领域的数学学派；他甚至是提出计算机程序可以复制的第一人，并在半个世纪前就预言了电脑病毒的出现。

1957 年 2 月 8 日，冯·诺依曼身患骨癌，甚至没来得及写完关于用计算机模拟人类语言的讲稿，就在美国德里医院与世长辞，享年 54 岁。他一生获得了数不清的奖项，包括两次获得美国总统奖，1994 年还被追授美国国家基础科学奖。他是电脑发展史上最有影响的一代伟人。

摩尔定理

整个信息技术（Information Technologies，IT）产业包括很多领域、很多环节，这些环节之间都是互相关联的。和世界上任何事物一样，IT 产业也是不断变化和发展并且有着它自身发展规律的。这些规律，被 IT 领域的人总结成一些定理，称为 IT 定理（IT Laws）。

最早看到这个现象的是英特尔公司的创始人戈登·摩尔（Gordon Moore）博士（见图 1-2）。早在 1965 年，他就提出，在至少十年内，集成电路的集成度会每两年翻一番。后来，大家把这个周期缩短到 18 个月。现在，每 18 个月，计算机等 IT 产品的性能会翻一番；或者说相同性能的计算机等 IT 产品，每 18 个月价钱就会降一半。虽然，这个发展速度令人难以置信，但几十年来 IT 行业的

图 1-2　戈登·摩尔

发展始终遵循着摩尔定理预测的速度。

> 摩尔定理：集成电路上可容纳的晶体管数，每隔一年半左右就会增加一倍，性能也提高一倍。

1945 年，世界上第一台电子计算机 ENIAC 的速度是能在一秒钟完成 5 000 次定点的加减法运算。这个 30 米长、4 米多高的庞然大物，重 27 吨，耗电 15 万瓦。今天，使用英特尔酷睿的个人电脑计算速度是每秒 500 亿次浮点运算，至少是 ENIAC 的一千万倍，体积、耗电量就更不用比了。而当今（2017 年 6 月）世界上最快的计算机为我国自主研制的神威·太湖之光，其计算速度是每秒 9.3 亿亿次浮点运算，是 ENIAC 的两万亿倍，正好是每 20 个月翻一番，和摩尔定理的预测大致相同。计算机的速度如此，存储容量的增长更快，大约每 15 个月就翻一番。1976 年，苹果计算机的软盘驱动器容量为 160KB，大约能存下 80 页的中文书。如今，同样价钱的台式个人计算机硬盘容量可以到 500GB，是当时苹果机的三百万倍，可以存得下北京大学图书馆藏书的全部文字部分。不仅如此，这十几年来，网络的传播速度也几乎是按摩尔定理预测的速度在增长。最初上网需要用电话调制解调器，速度是 2.4K，如果下载谷歌拼音输入法需要 8 小时。现在，商用的 ADSL 通过同样一根电话线可以做到 10M 的传输率，是 23 年前的四千倍，几乎每年翻一番，下载谷歌拼音法只要 10 秒左右。在世界经济的前五大行业中，即金融、信息技术（IT）、医疗和制药、能源以及日用消费品中，只有 IT 行业可以以持续翻番的速度进步。

人们多次怀疑摩尔定理还能适用多少年，就连摩尔本人一开始也认为 IT 领域只可以按这么高的速度发展 10 年。而事实上，从第二次世界大战后至今，IT 领域的技术进步一直是每一到两年翻一番，至今看不到停下来的迹象。在人类的文明史上，没有任何一个其他行业做到了这一点。因此，IT 行业必然有它的特殊性。

和任何其他商品相比，IT 产品的制造所需的原材料非常少，成本几乎是零。以半导体行业为例，一个英特尔的酷睿双核处理器集成了 2.9 亿个晶体管，40 年前的英特尔 8086 处理器仅有 3 万个晶体管。虽然二者的集成度相差近一万倍，但是所消耗的原材料差不了太多。IT 行业硬件的制造成本主要是制造设备的成本。据半导体设备制造商 Applied Materials 公司介绍，建一条能生产 65 纳米工艺酷睿双核芯片的生产线，总投资在 20 亿～40 亿美元。2011 年，Intel 公司的研发费用为 84 亿美元。当然，不能将它全部算到酷睿的头上，但是 Intel 平均一年也未必能研制出一个酷睿这样的产品，所以它的研发费用应当和 Intel 一年的预算相当。假如将这两项成本平摊到前 1 亿片酷睿处理器中，平均每片要摊上近 100 美元。这样，当 Intel 公司收回生产线和研发两项主要成本后，酷睿处理器就可以大幅度降价。2005 年 Intel 处理器销量在 2 亿片左右，因此，一种新的处理器收回成本的时间不会超过一年半。通常，用户可以看到，一般新的处理器发布一年半以后，价格会开始大幅下调。当然，英特尔的新品此时也已经在研发中。

摩尔定理主导着 IT 行业的发展。首先，因为技术的发展很快，IT 公司为了生存必须在比较短的时间内完成下一代产品的开发。这就要求，IT 公司在研发上必须投入大量的资金，这使得每个产品的市场不会有太多的竞争者。在美国，主要 IT 市场大都只有一大一小两个主要竞争者。例如，在计算机处理器芯片方面，只有 Intel 和 AMD；在高端系统和服务方面，只有 IBM 和 SUN；在个人电脑方面，是 HP 和 Dell。其次，由于有了强有力的硬件支持，以前想都不敢想的应用会不断涌现。例如，20 年前，高清晰度电影（为 1920×1080 分辨率）数字化的计算连 IBM 的大型机也无法胜任。现在，一台笔记本大小的 Sony 游戏机就可以做到。这就为一些新兴公司的诞生创造了条件。例如，10 年前，不会有人去想办一个 YouTube 这样的公司，因为那时候网络的速度无法满足在网上看录像的要求。现在 YouTube 已经融入了老百姓的生活。同样，现在的研发必须针对今后的市场。现在提出 10 年后上网的速度将提高一千倍，也许有人觉得疯了。事实上，这是一个完全可能达到的目标。如果做到了这一点，可以同时点播 3 部高清晰度、环绕立体声的电影，在 3 个不同的电视机上收看。还可以随时快进和跳跃到下一章节，在任何时候停下来后，下次可以接着看。在看 3 部电影的同时，可以把自己的照片、录像和文件等信息存到一个在线的服务器上，从家里访问起来就如同存在自己本机上一样快。这并不是杜撰出来的幻想，而是 Cisco 和 Microsoft 等公司实施的 IP TV 的计划。

英特尔—Intel

在美国西海岸旧金山（Sam Francisco）到圣荷西市（San Jose）之间，围绕着旧金山海湾有几十千米长，几公里宽的峡谷，通常被称为硅谷。那里之所以叫硅谷并不是因为它生产硅，而是它有很多使用硅的半导体公司，包括全世界最大的半导体公司 Intel 公司（见图 1-3）。全世界一大半的计算机都是用它的中央处理器（CPU），它对我们日常生活的影响很少有公司可以匹敌。前文介绍了摩尔定理，而摩尔就是 Intel 公司的创始人。如今，Intel 已经有近十万员工，年产值达 360 亿美元，市值高达 1 400 亿美元。回顾自 1968 年成立至今，Intel 公司成功的关键首先是搭上了个人电脑革命的浪潮，尤其是有 Microsoft 这个强大的伙伴；第二，它多年来严格按照其创始人预言的惊人的高速度为全世界 PC 用户提高着处理器的性能，用它自己的话讲，它"给了每台计算机一个奔腾的芯"。

图 1-3　英特尔公司

Intel 公司由戈登·摩尔（Gordon Moore）和罗伯特·诺伊斯（Robert Noyce）于 1968 年创立于硅谷。此前，摩尔和诺伊斯在 1956 年还和另外 6 个人一起创办了仙童（Fairchild）半导体公司。同 IBM、DEC 和 HP 等公司相比，Intel 在很长时间内只能算是一个婴儿。说它是婴儿有两方面含义：第一，它是个人数少、生意小的小公司；第二，在 20 世纪 80 年代以前，几乎所有的计算机公司如 IBM、DEC 都是自己设计中央处理器，因此这些计算机公司代表了处理器设计和制造的最高水平，而 Intel 生产的是性能低的微处理器，是用来补充大计算机公司看不上的低端市场。单纯从性能上讲，Intel 20 世纪 80 年代的处理器还比不上 IBM 20 世纪 70 年代的，但是，它的处理器价格低廉。在很长时间里，英特尔的产品被认为是低性能、低价格的代表。虽然它的性价比很高，但并不是尖端产品。

　　虽然 8086 是今天所有 IBM PC 处理器的祖先，但是，当时连 Intel 自己也没有预测到它的重用性。1981 年，IBM 为了短平快地推出 PC，同时也没精力设计处理器，就直接用了 Intel 的 8086。这样一来，Intel 一举成名。1982 年，Intel 推出了和 8086 完全兼容的第二代 PC 处理器 80286，并用在了 IBM PC/AT 上。由于 IBM 无法阻止别人造兼容机，随着 1985 年康柏（Compaq）造出了世界上第一台 IBM PC 的兼容机，兼容机厂商就像雨后春笋般在全世界冒了出来。这些兼容机硬件不完全相同，但是为了和 IBM PC 兼容，处理器都得是 Intel 公司的。图 1-4 所示为整个个人电脑工业的生态链。

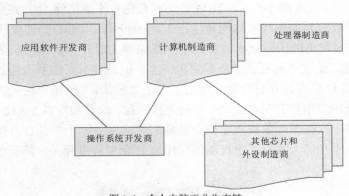

图 1-4　个人电脑工业生态链

　　在这个生态链中，只有作为操作系统开发商的 Microsoft 和作为处理器制造商的 Intel 处于不可替代的地位。因此，Intel 的崛起就成为历史的必然，正所谓时势造英雄。

　　当然，虽然信息革命的浪潮将 Intel 推上了前沿，Intel 还必须有能力来领导计算机处理器的技术革命。Intel 的 CEO 安迪·格罗夫在机会和挑战面前，最终证明了 Intel 是王者。Intel 起步的 20 世纪 80 年代恰恰是日本的黄金十年。当时日本股市的总市值占了全世界的一半，日本东京附近的房地产总值相当于半个美国的房产总值。世界上最大的 3 个半导体公司都在日本，PC 里面日本芯片一度占到总数量的 60%。但是冷静地分析一下全世界半导体市场就会发现，日本的半导体工业集中在技术含量低的芯片上，如存储器等芯片（即内存），而全世界高端的芯片工业，如计算机处理器和通信的数字信号处理器全部在美国。20 世纪 80 年代，Intel 果断地停掉了它的内存业务，将这个市场完全让给了日本，从此专心做处理器。当时日本半导体公司在全世界挣了很多钱，日本一片欢呼，认为它们打败了美国人。其实，这不过是 Intel 等美国公司的战略考虑。1985 年，Intel 公司继 Motorola 公司后，第二个研制出 32 位的微处理器 80386，并开始扩大它在整个半导体工业的市场份额。这个芯片的研制费用超过 3 亿美元，虽然远远低于现在 Intel 新的处理器芯片的研制成本，但在当时确实是一场豪赌，这笔研制费超过中国当时在一个五年计划中对半导体科研全部投入的好几倍。Intel 靠 80386 完成了对 IBM PC 兼容机市场一统江湖的伟业。

　　到了 1989 年，英特尔推出了从 80386 到奔腾处理器的过渡产品 80486。80486 其实是 80386 加一个浮点处理器 80387 以及缓存（Cache）。靠 80486 的销售，Intel 超过所有的日本半导体公司，坐上了半导体行业的头把交椅。1993 年，Intel 公司推出奔腾处理器。从奔腾起，Intel 公司不再以数字命名它的产品了，但是在工业界和学术界，大家仍然习惯性地把 Intel 的处理器称为 x86 系列。

奔腾的诞生，使 Intel 甩掉了只会做低性能处理器的帽子。由于奔腾处理器的速度已经达到工作站处理器的水平，高端的计算机从那时起，开始取代低性能的图形工作站。到今天，即使是最早生产工作站的 SUN 公司和世界上最大的计算机公司 IBM 以及以前从不使用 Intel 处理器的 Apple 公司，都开始在自己的计算机中使用 Intel 的或者和 Intel 兼容的处理器了。现在，Intel 已经垄断了计算机处理器市场。

国际商用机器公司（IBM）

国际商用机器公司（见图 1-5），即 IBM 公司和蓝色有不解之缘。因为它的徽标是蓝色的，人们常常把这个计算机界的领导者称为蓝色巨人。1999 年，IBM 的超级计算机深蓝（Deep Blue）和有史以来最神奇的国际象棋世界冠军卡斯帕罗夫展开了 6 局人机大战。在这之前半年，IBM 的计算机深蓝侥幸地赢了卡斯帕罗夫一盘，但是被卡斯帕罗夫连扳了三盘。仅仅半年后，IBM 的深蓝计算机各方面性能都提高了一个数量级，"棋艺"也大大提高，而卡斯帕罗夫的棋艺不可能在半年里有明显提高。人机大战六盘，深蓝最终以 3.5 比 2.5 胜出，这是人类历史上计算机第一次在国际象棋六番棋中战胜人类的世界冠军。几百万棋迷通过互联网观看了比赛的实况，十几亿人收看了电视新闻。IBM 在全世界掀起了一阵蓝色旋风。

图 1-5　国际商用机器公司（IBM）

IBM 公司可能是世界上为数不多的成功地逃过历次经济危机，并且在历次技术革命中成功转型的公司。在很多人的印象中，IBM 仅仅是一个大型计算机制造商，并且在计算机和互联网越来越普及的今天，它已经落伍了。其实 IBM 并没有这么简单，它至今仍然是世界上最大的服务公司（Consulting Company）、第二大软件公司、第二大数据库公司。IBM 有当今工业界最大的实验室 IBM Research（虽然其规模只有贝尔实验室全盛时期的十分之一），是世界上第一专利申请大户，它还是世界上最大的开源（Open Source）Linux 服务器生产厂商。

IBM 能成为科技界的常青树，要归功于它的二字秘诀——保守。毫无疑问，保守使得 IBM 失去了无数发展机会，但是也让它能专注于最重要的事，并因此而立于不败之地。

应该讲，IBM 在第二次世界大战后，成功地领导了计算机技术的革命。它使得计算机从政府走向社会，从单纯的科学计算走向商业。IBM 在百年来历次技术革命中得以生存和发展，自有其生存之道。它在技术上不断地开拓和发展，领导和跟随技术潮流；在经营上，死死守住自己核心的政府、军队企事业部门的市场，对进入新的市场非常谨慎。迄今为止，它成功地完成了两次重大的转型，从机械制造到计算机制造，再从计算机制造到服务。它错过了以计算机和互联网为核心的技术浪潮，这很大程度上是由于它的基因所决定的。今天，它仍然是世界上人数最多、营业额和利润最高的技术公司之一。在可以预见的未来，IBM 会随着科技发展的浪潮继续前进，直到下一次技术革命。

比尔·盖茨和 Microsoft

比尔·盖茨（见图 1-6）是世界上最富有的人之一，Microsoft 是世界上最成功的软件公司之一，Windows 是世界上使用最广泛的计算机操作系统，Microsoft 是人们最津津乐道的经典话题。

图 1-6　比尔·盖茨和微软（Microsoft）

时间追溯到 1973 年，一个来自于西雅图的 18 岁少年比尔·盖茨（Bill Gates）以优异的成绩进入了他梦寐以求的哈佛大学。在这里，酷爱数学和计算机的他开始了对软件技术的钻研，写出"伟大的软件"是这个年轻人的目标和理想。也就是在这期间，比尔·盖茨开始了最初的商业尝试。他为当时的 Altair 8800 电脑设计出了第一个 BASIC 语言解译器。BASIC是一种简单易用的计算机程序设计语言，同时也是后来 MS-DOS 操作系统的基础。虽然在计算机方面取得了一些突破性的成功，但是在人才济济的哈佛，比尔·盖茨的综合成绩也只能算是一般。在大学三年级的时候，盖茨做出了一个令他人难以理解的决定，他从世界级学府哈佛退学了。凭借从 BASIC 项目上拿到的版权费，比尔·盖茨与孩提时代的好友保罗·艾伦（Paul Allen）在新墨西哥州中部城市 Albuquerque 一同创建了"Micro-soft"（意为"微型软件"）公司，从此以后，比尔·盖茨把全部精力投入到了自己喜欢的事业中。

1979 年，盖茨将公司迁往西雅图，并将公司名称从"Micro-soft"改成了"Microsoft"（也就是现在俗称的"微软"）。微软成立之初，正好赶上了个人计算机的研制成功，盖茨敏锐地察觉到了一个数字的时代即将要到来。当时，最顶尖的计算机巨头 IBM 需要为自己的个人电脑产品寻找合适的、基于 Intel x86 系列处理器的操作系统。于是 Microsoft 就向 Tim Patterson 公司购买了其 QDOS 操作系统使用权，并改名为 Microsoft DOS（"微软磁盘操作系统"），然后进行了部分的改写工作，最终通过 IBM 公司在 1981 年推向了市场。Microsoft 在接下来的几年中又推出了数个 MS-DOS 操作系统版本，之后，MS-DOS 的历史一直延续到了 20 世纪 90 年代的 6.x 版。Microsoft 是幸运的，MS-DOS 在当时取得了不俗的销售量，此外，随着 Microsoft BASIC 语言解译器的推广，越来越多的公司开始使用 Microsoft BASIC 语言编写程序并与 Microsoft 的产品兼容。这样，Microsoft 的 BASIC 便逐渐成为了公认的市场标准，公司也逐渐占领了整个市场。

1981 年 8 月发行的 Microsoft DOS 1.0 由 4 000 行汇编代码组成，可以运行在 8K 的内存中，但它没有图形界面，操作起来极其不方便。而当时 Apple 公司的 Macintosh 操作系统具有了图形用户界面 （GUI），这种更直观的操作方式显然要比 DOS 的命令行更加友好。Microsoft 很清楚 GUI 将成为未来大众化操作系统的潮流，于是，便开始开发自己的 GUI 程序——"界面管理器（Interface Manager)"，这就是之后个人桌面操作系统的绝对霸主 ——Windows 的前身。

"界面管理器"并非真正的 Windows，事实上直到 1983 年，微软才正式宣布开始设计 Windows，其定位是一个为个人计算机用户设计的图形界面操作系统。

Microsoft Windows 1.0 的设计工作花费了 55 个开发人员整整一年的时间，并于 1985 年 11 月 20 日正式发布，售价 100 美元。Windows 1.0 基于 MS-DOS2.0，支持 256KB 的内存，显示色彩为 256 色。由于是图形化的界面，Windows 1.0 支持鼠标操纵和多任务并行，窗口（Window) 成为 Windows 中最基本的界面元素。Windows 1.0 的窗口可以任意缩放。和 Apple 的 Macintosh 只有一个居于顶部的系统菜单不同，每个 Windows 应用程序都有自己单独的菜单。此外，Windows 1.0 还包括了一些至今仍保留在 Windows 中的经典应用程序，如日历、记事本、计算器等。

尽管开创了先河，但是最初用户们对 Windows 1.0 的评价普遍不高，因为它的运行速度实在是很慢。

Windows 1.0 最初的失败并没有让 Microsoft 停止前进，1987 年 12 月 9 日，Windows 2.0 发布，售价依然是 100 美元。Windows 2.0 改进了 Windows 1.0 中一些不太人性化的地方。我们熟悉的"最大化"和"最小化"按钮开始出现在了每个窗口的顶部。由于在图标的设计上，微软借鉴了一些 Mac OS 的风格和元素，还因此一度被 Apple 公司告上了法庭。除了界面上的改进，现在 Microsoft Office 系列的 Microsoft Word 和 Microsoft Excel 也初次在 Windows 2.0 中登场亮相。接着，在不到一年的时间里，微软又相继发布了 Windows/286 2.1 和 Windows/386 2.1，这两个版本分别针对 Intel 的 286 和 386 处理器做了一定的优化。1989 年，微软推出了 Windows 2.11，这个版本在内存管理和打印驱动上做了一些小的改进。

从 Microsoft 3.x 系列开始，Microsoft 的 Windows 操作系统才算真正走上了正轨，同时也为 Microsoft 今天的辉煌埋下了伏笔。1990 年 5 月 22 日，Windows 3.0 正式发布（见图 1-7)。前两个 Windows 版本糟糕的性能，可以说多少受到了当时硬件因素的制约，不过，这样的羁绊在上 20 世纪 90 年代已经不复存在了，个人计算机的功能越来越强大，在用户的计算机上，Windows 的运行速度也随之流畅了起来。而 Microsoft 也趁机在系统中加入了对虚拟设备驱动的支持，使得 Windows 有了非常好的可扩展性，而这种优势也一直保持到了今天。虚拟技术的运用不仅提升了硬件兼容性也提升了软件的兼容性。从 Windows 3.0 开始，MS-DOS 的程序终于可以在一个单独的窗口中运行了。此外，这一版的操作系统还改进了内存管理技术和对 286、386 处理器的支持，并且有越来越多的 Windows 标准组件被加入。借着 Windows 3.0 的成功，Microsoft 于 1992 年 3 月 18 日发布了 Windows 3.1，这是一个可靠性很高的版本，很少产生崩溃。多媒体技术的加入使这一版本开始支持音频和视频的播放。同时，Windows 3.1 引入可缩放的 TrueType 字体技术，使得 Windows 成为了重要的桌面出版平台。接下来，Microsoft 又分别在 1992 年底和 1993 年底发布了 Windows for Workgroups 3.1 和 Windows for Workgroups 3.11，在其中加入了一系列的网络协议支持。随着 1992 年 Microsoft 正式进入中国，Windows 逐渐开始在国内流行起来。1994 年发布的 Windows 3.2 是很多国内用户第一次接触的 Windows 操作系统，它的简单易用性深深吸引了中国的计算机用户。

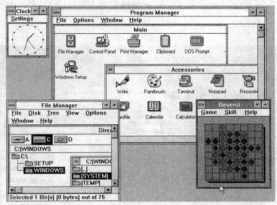

图 1-7　Windows 3.0 工作界面

1990 年，Windows 3.0 刚刚推出便一炮而红，只用了 6 周的时间便卖出了 50 万份，这是史无前例的。而 1992 的 Windows 3.1，仅仅在最初发布的 2 个月内，销售量就超过了 100 万份，至此，Windows 操作系统最终获得用户的认同，并奠定了在操作系统上的垄断地位。自此，Microsoft 的研发和销售也开始进入良性循环。1992 年，比尔•盖茨成为世界首富，轰动全球。

1995 年 IT 界最轰动的事件，莫过于 8 月期间 Windows 95 的发布，当时 Microsoft Windows 95 以强大的攻势进行发布，包括了商业性质的 Rolling Stones 的歌曲 "Start Me Up"。很多没有计算机的顾客受到宣传的影响而排队购买软件，而他们甚至根本不知道 Windows 95 是什么。在强大的宣传攻势和 Windows 3.2 的良好口碑下，Windows 95 在短短 4 天内就卖出超过 100 份，出色的多媒体特性、人性化的操作、美观的界面令 Windows 95 获得了空前的成功，业界也将 Windows 95 的推出看作是 Microsoft 发展的一个重要里程碑。

1998 年 6 月 25 日，Windows 98 发布。这个新的系统是基于 Windows 95 上编写的，它改进了硬件标准的支持，如 MMX 和 AGP。其他特性还包括对 FAT32 文件系统的支持，对多显示器、Web TV 的支持以及整合到 Windows 图形用户界面的 Internet Explorer（称为活动桌面，Active Desktop）。1999 年 6 月 10 日，Windows 98 SE 发布，这一系统提供了 Internet Explorer 5、Windows Netmeeting 3、Internet Connection Sharing、对 DVD-ROM 和对 USB 的支持。Microsoft 敏锐地把握住了即将到来的互联网大潮，捆绑的 IE 浏览器最终在几年后敲响了 Netscape 公司的丧钟，同期也因为触及垄断和非法竞争等敏感区域而官司不断。Windows98 是如此出色，以至于在多年后的今天还有很多用户依然钟情于它。

在千禧年的钟声后，世界迎来了 Windows NT 5.0。为了纪念特别的新千年，这个操作系统也被命名为 Windows 2000。Windows 2000 包含新的 NTFS 文件系统、EFS 文件加密、增强硬件支持等新特性，向一直被 UNIX 系统垄断的服务器市场发起了强有力的冲击。最终硬生生地从 IBM、HP、SUN 公司口中抢下一大块市场。

Microsoft Windows 2000（起初称为 Windows NT 5.0）是一个由 Microsoft 公司发行于 2000 年 12 月 19 日的 Windows NT 系列的纯 32 位图形视窗操作系统。Windows 2000 是主要面向商业的操作系统。

Windows Vista（见图1-8）是美国Microsoft公司开发代号为Longhorn的下一版本Microsoft Windows操作系统的正式名称。它是继Windows XP和Windows Server 2003之后的又一重要操作系统。该系统带有许多新的特性和技术。2005年7月22日太平洋标准时间早晨6点，Microsoft正式公布了这一名字。

图1-8　Windows Vista 操作系统

Windows 7 是由微软公司（Microsoft）开发的操作系统，核心版本号为Windows NT 6.1。Windows 7可供家庭及商业工作环境、笔记本电脑、平板电脑、多媒体中心等使用。2009年7月14日Windows 7RTM（Build 7600.16385）正式上线，2009年10月22日微软于美国正式发布Windows 7，2009年10月23日微软于中国正式发布Windows 7。Windows 7主流支持服务过期时间为2015年1月13日，扩展支持服务过期时间为2020年1月14日。Windows 7延续了Windows Vista的Aero 1.0风格，并且更胜一筹。

Windows 8是继Windows 7之后的新一代操作系统，是由Microsoft公司开发的、具有革命性变化的操作系统。它支持来自Intel、AMD和ARM的芯片架构，由微软剑桥研究院和苏黎世理工学院联合开发。该系统具有更好的续航能力，且启动速度更快、占用内存更少，并兼容Windows 7所支持的软件和硬件。

Windows Phone 8采用和Windows 8相同的NT内核并且内置诺基亚地图。2012年8月2日，微软宣布Windows 8开发完成，正式发布RTM版本。北京时间2012年10月26日Windows 8正式推出，微软自称触摸革命将开始。

Windows 10是微软发布的最后一个独立Windows版本，下一代Windows将作为更新形式出。与Windows 8相比，Windows 10更加人性化。

Cisco

思科系统公司（Cisco Systems，Inc.）是全球领先的互联网设备供应商。它的网络设备和应用方案将世界各地的人、计算机设备以及网络连接起来，使人们能够随时随地利用各种设备传送信息。Cisco公司向客户提供端到端的网络方案，使客户能够建立起自己的统一信息基础设施或者与其他网络相连。

1984年，Cisco（见图1-9）在硅谷的圣何塞成立，创始人是斯坦福的一对教师夫妇列昂纳德·波萨克（Leonard Bosack）和桑德拉·勒纳（Sandy Lerner）。波萨克是斯坦福大学计算机系的计算机中心主任，勒纳是斯坦福商学院的计算机中心主任。这两位计算机主任的联姻也是一段佳话。更重要的佳话当然是他们设计了一种新型的联网设备，用于斯坦福校园网络（SUNet），将校园内不兼容的计算机局域网整合在一起，形成一个统一的网络。这种装置叫"多协议路由器"，它标志着联网时代的真正到来。

图 1-9　思科系统公司

　　美国西海岸城市旧金山，以雄伟磅礴的金门大桥著称，旧金山以南的硅谷，聚集着充满活力的 IT 企业和精英。Cisco 发端于硅谷的圣何塞，公司的标志就是金门大桥的图案。如果说信息时代是以光纤铺路，那么 Cisco 的主要事业则是将各种信息终端连接在一起——为整个网络世界建桥。事实上，Cisco 已成功地做到了这一点——在今天的互联网中，大约 80% 的数据流量都经由 Cisco 的设备传递。

Google 公司

　　Google 公司（Google Inc.）（见图 1-10）是一家在美国的上市公司，于 1998 年 9 月 7 日以私有股份公司的形式创立，公司设计并管理一个互联网搜索引擎。Google 网站于 1999 年下半年启动，2004 年 8 月 19 日，Google 公司的股票在纳斯达克（Nasdaq）上市，成为公有股份公司。2006 年，公司在全球有超过 3 500 名员工。公司的中文名字为"谷歌"。

图 1-10　Google 公司的标志

　　Google 公司选用"Google"一词用来代表在互联网上可以获得海量的资源。

　　"Google"一词源于单词"Googol"，即 10 的 100 次幂，写出的形式为数字 1 后跟 100 个零。该词现在也可以用作动词，例如，"google 某物"的意思是在 Google 搜索引擎上搜索"某物"这个关键词。

　　Google 搜索项目是由两名斯坦福大学的理学博士生拉里·佩奇和谢尔盖·布林在 1996 年早期建立的，他们开发了一个以对网站之间的关系做精确分析为基础的搜寻引擎，使用结果胜于当时使用的基本搜索技术。

　　由于深信从其他相关网站得到最多链接的网页一定是最有关的页面，佩奇和乔林决定把这作为他们研究的一部分进行测试，这为他们的搜寻引擎打下了基础。他们正式于 1998 年 9 月 7 日在位于加州 Menlo Park 的车库里建立了 Google 公司。

　　Google 搜索引擎以它简单、干净的页面设计和最有关的搜寻结果赢得了因特网使用者的喜爱。负面广告被以关键字的形式出售，以便他们只在感兴趣的最终使用者前出现，而且，为了要使页面设计不变而且快速，广告是以文本的形式出现的。这种以关键字卖广告的概念最早是由 Overture 开发的（即原来的 Goto.com）。因而当大部分网络公司倒下时，Google 则一直稳步发展着并开始赢利。

Google 公司的产品 Google 目前是全世界最受欢迎、最大的搜索引擎。

保罗·乔布斯

史蒂夫·保罗·乔布斯（Steve Paul Jobs）曾是 Apple 公司的 CEO 运行官兼创办人之一（见图 1-11），同时也是前 Pixar 动画公司的董事长及行政总裁（Pixar 已在 2006 年被迪士尼收购）。乔布斯还是迪士尼公司的董事会成员和最大的个人股东。乔布斯被认为是计算机业界与娱乐业界的标志性人物，同时人们也把他视作麦金塔计算机、iPod、iTunes 商店、iPhone 等知名数字产品的缔造者。

1985 年，乔布斯获得了由美国前总统里根授予的国家级技术勋章。1997 年成为《时代周刊》的封面人物，同年被评为最成功的管理者，是声名显赫的"计算机狂人"。2007 年，史蒂夫·乔布斯被《财富》杂志评为了年度最伟大商人。2009 年被《财富》杂志评选为近十年美国最佳 CEO，同年当选时代周刊年度风云人物之一。

图 1-11　乔布斯

乔布斯的生涯极大地影响了硅谷风险创业的传奇，他将美学至上的设计理念在全世界推广开来。他对简约及便利设计的推崇为他赢得了许多忠实追随者。乔布斯与沃兹尼亚克共同使个人计算机在 20 世纪 70 年代末至 80 年代初流行开来，他也是第一个看到鼠标的商业潜力的人。

2011 年 10 月 5 日乔布斯因病逝世，享年 56 岁。乔布斯是改变世界的天才，他凭敏锐的触觉和过人的智慧，勇于变革、不断创新，引领全球资讯科技和电子产品的潮流，把计算机和电子产品变得简约化、亲民化，让曾经是昂贵稀罕的电子产品变为现代人生活的一部分。

1.2　多媒体技术

1. 什么是多媒体

多媒体（Multimedia）是信息技术里一个较新的应用领域，许多人都注意到了多媒体的巨大市场潜力和广阔的应用前景，但对于多媒体的定义和界定的范围可谓是众说纷纭。

对多媒体技术，可简单地理解为一种以交互方式将文本、图形、图像、音频、视频等多种媒体信息，经过计算机设备的获取、编辑、存储等综合处理后，以单独或合成的形态表现出来的技术和方法。特别是它能够将图形、图像和声音结合起来，表达客观事物，在方式上非常生动、直观，易被人们接受。

多媒体具有多样化、交互性和集成性 3 个关键特性。

- 多样化指的是信息媒体的多样化。
- 交互性是指提供人们多种交互控制能力。

- 集成性是指不同媒体信息、不同视听设备及软、硬件的有机结合。

多媒体以其丰富多彩的媒体表现形式、高超的交互能力、高度的集成性、灵活多变的适应性得到了广泛的应用，并形成了新的行业。

2．多媒体的关键技术

要进一步推动多媒体技术的应用，加快多媒体产品的实用化、产业化和商品化的步伐，首先就要研究多媒体的关键技术，其中主要包括数据压缩与解压缩、媒体同步、多媒体网络、超媒体等关键技术。这里简单介绍一下视频和音频数据的压缩和解压缩技术。

多媒体计算机系统要求具有综合处理声、图、文信息的能力。高质量的多媒体系统要求面向三维图形、立体声音、真彩色高保真全屏幕运动画面。为了达到满意的效果，要求实时地处理大量数字化视频、音频信息，这对计算机及通信系统的处理、存储、传输能力是一个严峻的挑战。

如一幅 640×480 中等分辨率的彩色图像（24 位/像素）数据量约为 640×480×24=7 372 800（位），也就是 7.03 兆字节/帧，如果运动图像要以每秒 30 帧或 25 帧的速度播放时，则视频信号传输速率为 210MB/s。如果存放在 600MB 的光盘中，只能播放 20s（600MB 是指字节，相当于 600×8=4 800bit，4 800/210 约等于 22）。

网上在线观看视频，意味着网络带宽必须为 200M 以上，而目前的带宽一般为 2M，显然不行。

对于音频信号，以激光唱片 CD 声音数据为例，如果采样频率为 44.1kHz，采样点量化为 16bit 双通道立体声，1.44MB 的软磁盘只能存放 8s 的数据。

综上所述，视频和音频信号数据量大，传输速度要求高。考虑到目前计算机无法满足以上的要求，因此，对多媒体信息必须进行实时的压缩和解压缩。

3．MPEG

MPEG 的全称是运动图像专家组（Moving Picture Experts Group），是专门制定多媒体领域内的国际标准的一个组织。该组织成立于 1988 年，由全世界大约 300 名多媒体技术专家组成，包括 MPEG 视频、MPEG 音频和 MPEG 系统（视音频同步）3 个部分。

MPEG 压缩标准是针对运动图像而设计的，基本方法是在单位时间内采集并保存第一帧信息，然后就只存储其余帧相对第一帧发生变化的部分，以达到压缩的目的。MPEG 压缩标准可实现帧之间的压缩，其平均压缩比可达 50∶1，压缩率比较高，且又有统一的格式，兼容性好。

在多媒体数据压缩标准中，较多采用 MPEG 系列标准，包括 MPEG-1、MPEG-2、MPEG-4 等。

MPEG-1 是 MPEG 组织于 1992 年提出的第一个具有广泛影响的多媒体国际标准。MPEG-1 标准的正式名称为"基于数字存储媒体运动图像和声音的压缩标准"。可见，MPEG-1 主要着眼于解决多媒体的存储问题。由于 MPEG-1 的成功制定，以 VCD 和 MP3 为代表的 MPEG-1 产品在世界范围内迅速普及。

MPEG-2 主要针对高清晰度电视（HDTV）的需要，传输速率为 10 Mbit/s，与 MPEG-1 兼容，适用于 1.5～60Mbit/s，甚至更高的编码范围。MPEG-2 有每秒 30 帧 704×480 的分辨率，是 MPEG-1 播放速度的 4 倍。它适用于高要求的广播和娱乐应用程序，如 DSS 卫星广播和 DVD。MPEG-2 是家用视频制式（VHS）录像带分辨率的两倍。MPEG-2 解码芯片如图 1-12 所示。

图 1-12　飞利浦（PHILIPS）MPEG-2 解码芯片

MPEG-4 是为在互联网上或移动通信设备（例如移动电话）上实时传输音/视频信号而制定的最新 MPEG 标准。MPEG-4 采用 Object Based 方式解压缩，压缩比指标远远优于以上几种，压缩倍数为 450 倍（静态图像可达 800 倍），分辨率从 320×240 到 1 280×1 024，这是同质量的 MPEG-1 和 MPEG-2 的 10 倍多。

目前，MPEG 组织正在讨论和制定 MPEG-7 标准，MPEG-7 标准的正式名称叫"多媒体描述接口"。MPEG 制定这个标准的主要目的，是为了解决多媒体内容的检索问题。通过这个标准，MPEG 希望对以各种形式存储的多媒体结构有一个合理的描述，通过这个描述，用户可以方便地根据内容访问多媒体信息。在 MPEG-7 体系下，用户可以更加自由地访问媒体。比如，用户可以在众多的新闻节目中寻找自己关心的新闻，可以跳过不想看的内容而直接按自己的意愿收看精彩的射门集锦；在互联网上，用户输入若干关键词就可以找到自己需要的克林顿的演讲、贝多芬的交响乐等。

4．流媒体

流媒体又称流式媒体，指在计算机网络（尤其是中、低带宽的 Internet/Intranet）中使用流式传输技术传输连续的媒体。浏览者可以一边下载一边收听、收看多媒体文件，而无需等待整个文件下载完毕后再播放，并且不占用客户硬盘空间。整个过程的实现涉及流媒体数据的采集、压缩、存储、传输以及网络通信等多项技术。

流媒体对网络带宽的要求并不是没有，而是在原来的基础上降低了许多。当网络带宽低于流媒体带宽时，或网络堵塞时，会造成图像和声音的停顿和不连贯。为了达到流畅的效果，通常都会采用压缩编码工具对音频和视频进行压缩编码，在影音品质可以接受的范围内，降低其品质以减小文件，保证流媒体传播的顺畅。

1.3　蓝 牙 技 术

1．什么是蓝牙技术

所谓蓝牙（Bluetooth）技术，实际上是一种短距离无线电技术。利用蓝牙技术，能够有效地简化掌上电脑、笔记本电脑和移动电话等移动通信终端设备之间的通信，也能够成功地简化以上这些设备与互联网之间的通信，从而使这些现代通信设备与互联网之间的数据传输变得更加迅速高效，为无线通信拓宽道路。说得通俗一点，就是蓝牙技术使得现代一些轻易携带的移动通信设备和计算机设备，不必借助电缆就能联网，并且能够实现无线上互联网，其实际应用范围还可以拓展到各种家电产品、消费电子产品和汽车等信息家电，使这些产品组成一个巨大的无线通信网络。"蓝牙"技术属于一种短距离、低成本的无线连接技术，是一种能够实现语音和数据无线传输的开放性方案，因此，目前无线通信的"蓝牙"刚刚露出一点儿芽尖，却已经引起了全球通信业界和广大用户的密切关注，蓝牙标志如图 1-13 所示。

2．蓝牙的由来

图 1-13　蓝牙标志

"蓝牙"原是一位在 10 世纪统一丹麦的国王，他将当时的瑞典、芬兰与丹麦统一起来。用他的名字来命名这种新的技术标准，含有将四分五裂的局面统一起来的意思。蓝牙孕育着颇为神奇的前景：对手机而言，与耳机之间不再需要连线；在个人计算机方面，主机与键盘、显示器和打印机之间可以摆脱纷乱的连线；在更大范围内，电冰箱、微波炉和其他家用电器可以与计算机网络连接，实现智能化操作，如图 1-14 所示。

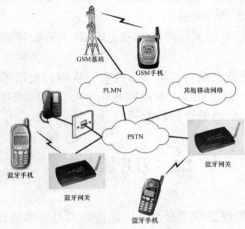

图 1-14　蓝牙的用途

发明蓝牙技术的是瑞典电信巨人 Ericsson 公司。由于这项技术具有十分可观的应用前景，1998 年 5 月，5 家世界顶级通信/计算机公司：Ericsson、Nokia、Toshiba、IBM 和 Intel 经过磋商，联合成立了蓝牙共同利益集团（Bluetooth SIG），目的是加速蓝牙技术的开发、推广和应用。此组织一经成立后，便迅速得到了包括 Motorola、3Com、Lucent、Siemens 等一大批公司的一致拥护，至今加盟蓝牙 SIG 的公司已达到 2 000 多个，其中包括许多世界最著名的计算机、通信以及消费电子产品领域的企业，甚至还有汽车与照相机的制造商和生产厂家。一项公开的技术规范能够得到业界如此广泛的关注和支持，说明基于蓝牙技术的产品将具有广阔的应用前景和巨大的潜在市场。蓝牙共同利益集团现已改称为蓝牙推广集团。

3．蓝牙的技术内容

蓝牙技术产品是采用低能耗无线电通信技术来实现语音、数据和视频传输的，其传输速率最高为 1Mbit/s，以时分方式进行全双工通信，通信距离为 10m 左右，配置功率放大器可以使通信距离进一步增加。

蓝牙技术的优势：支持语音和数据传输；采用无线电技术，传输范围大，可穿透不同物质以及在物质间扩散；采用跳频展频技术，抗干扰性强，不易窃听；使用在各国都不受限制的频谱，理论上不存在干扰问题；功耗低，成本低。蓝牙的劣势：传输速率慢。

蓝牙技术产品与互联网之间的通信，使得家庭和办公室的设备不需要电缆也能够实现互通互联，大大提高了办公和通信效率。因此，"蓝牙"将成为无线通信领域的新宠，将为广大用户提供极大的方便。

1.4　VoIP

VoIP（Voice over Internet Protocol）是一种以 IP 电话为主，并推出相应增值业务的技术。

它是建立在 IP 技术上的分组化、数字化传输技术，其基本原理是通过语音压缩算法对语音进行压缩编码处理，然后把这些语音数据按 IP 等相关协议进行打包，经过 IP 网络把数据包传输到目的地，再把这些语音数据包串起来，经过解码解压处理后，恢复成原来的语音信号，从而达到由 IP 网络传送语音的目的。

VoIP 最大的优势是能广泛地采用互联网和全球 IP 互连的环境，提供比传统业务更多、更好的服务。

VoIP 可以在 IP 网络上便宜地传送语音、传真、视频和数据等业务，如统一消息、虚拟电话、虚拟语音/传真邮箱、查号业务、互联网呼叫中心、互联网呼叫管理、电视会议、电子商务、传真存储转发和各种信息的存储转发等。

1.5　刀片服务器

目前 IT 行业正在大力发展适应宽带网络、功能强大且可靠的计算机。在过去的几年里，宽带技术极大地丰富了信息高速公路的传输内容。服务器集群和 RAID 技术的诞生为互联网应用提供了一个新的解决方案，而其成本却远远低于传统的高端专用服务器和大型机。但是，服务器集群的集成能力低，管理这样的集群使很多管理员非常头疼，尤其是集群扩展的需求越来越大，维护这些服务器的工作量简直不可想象，这其中包括服务器之间的内部连接和摆放空间的要求。这些物理因素都限制了集群的扩展，刀片服务器（Blade Server）的出现适时地解决了这些问题。IBM 公司的刀片服务器，如图 1-15 所示。

图 1-15　IBM 公司的刀片服务器

　　所谓刀片服务器是指在标准高度的机架式机箱内可插装多个卡式的服务器单元，实现高可用度和高密度。每一块"刀片"实际上就是一块系统主板。它们可以通过"板载"硬盘启动自己的操作系统，如 Windows NT/2000、Linux 等，类似于一个个独立的服务器。在这种模式下，每一块母板运行自己的系统，服务于指定的不同用户群，相互之间没有关联。不过，管理员可以使用系统软件将这些母板集合成一个服务器集群。在集群模式下，所有的母板可以连接起来提供高速的网络环境，并同时共享资源，为相同的用户群服务。只要在集群中插入新的"刀片"，就可以提高整体性能。由于每块"刀片"都是热插拔的，所以，系统可以轻松地进行替换，并且将维护时间减少到最小。

1.6　Web 2.0

　　Web 2.0 是 2003 年之后互联网技术的热门概念之一，不过目前对什么是 Web 2.0 并没有很严格的定义。一般来，说 Web 2.0（也有人称之为互联网 2.0）是相对 Web 1.0 的新一类互联网应用的统称。Web 1.0 的主要特点在于用户通过浏览器获取信息，Web 2.0 则更注重用户的交互作用，用户既是网站内容的消费者（浏览者），也是网站内容的创造者。

　　World Wide Web（WWW，也称 Web）是英国人 TimBerners-Lee 1989 年在欧洲共同体的一个大型科研机构任职时制作的。通过 Web，互联网上的资源可以在一个网页里比较直观地表示出来，而且资源之间在网页上可以链来链去。在 Web 1.0 上做出巨大贡献的公司有 Netscape、Yahoo 和 Google 等。Netscape 研发出第一个大规模商用的浏览器，Yahoo 提出了互联网黄页，而 Google 后来居上，推出了大受欢迎的搜索服务。

　　互联网下一步是要让所有的人都忙起来，全民"织网"，然后用软件、计算机的力量使这些信息更容易被需要的人找到和浏览。如果说 Web 1.0 是以数据为核心的网，那 Web 2.0 则是以人为出发点的互联网。看一看最近的一些 Web 2.0 产品，就可以理解以上观点。

- Blog：用户织网，发表新知识，和其他用户内容链接，组织这些内容。
- RSS：用户产生内容自动分发、订阅。
- Podcasting：个人视频/音频的发布/订阅。
- SNS：Blog+人和人之间的链接。
- WIKI：用户共同建设一个大百科全书。

　　从知识生产的角度看，Web 1.0 的任务是将以前没有放在网上的人类知识，通过商业的力量放到网上去。Web 2.0 的任务是将这些知识通过每个用户的浏览和求知的力量，协作工作，把知识有机地组织起来，在这个过程中继续将知识深化，并产生新的思想火花。

　　从内容产生者角度看，Web 1.0 是商业公司为主体把内容往网上搬，而 Web 2.0 则是以用户为主，以简便随意方式，通过 Blog/Podcasting 方式把新内容往网上搬。

　　从交互性看，Web 1.0 是网站对用户为主；Web 2.0 是以用户对用户为主。

　　从技术上看，Web 客户端化，工作效率越来越高。如 Ajax 技术、GoogleMAP/G-mail 里面都用得出神入化。

　　可以看到，用户在互联网上的作用越来越大。他们贡献内容，传播内容，而且提供了这些内容之间的链接关系和浏览路径。在 SNS 里面，内容是以用户为核心来组织的。Web 2.0

是以用户为核心的互联网。国内典型的 Web 2.0 网站主要包括一些以博客和社会网络应用为主的网站，尤其以博客网站发展最为迅速，影响力也更大。

1.7 大数据、云计算、移动互联

1．大数据

"大数据"作为时下最火热的 IT 行业的词汇，随之而来的数据仓库、数据安全、数据分析、数据挖掘等围绕大数据的商业价值的利用逐渐成为行业人士争相追捧的利润焦点。

对于"大数据"（Big Data），研究机构 Gartner 给出了这样的定义：

"大数据"是需要新处理模式才能具有更强的决策力、洞察发现力和流程优化能力的海量、高增长率和多样化的信息资产。

"大数据"这个术语最早期的引用可追溯到 apache org 的开源项目 Nutch。当时，大数据用来描述为更新网络搜索索引需要同时进行批量处理或分析的大量数据集。随着谷歌 MapReduce 和 Google File System（GFS）的发布，大数据不再仅用来描述大量的数据，还涵盖了处理数据的速度。

早在 1980 年，著名未来学家阿尔文·托夫勒便在《第三次浪潮》一书中，将大数据热情地赞颂为"第三次浪潮的华彩乐章"。不过，大约从 2009 年开始，"163 大数据"才成为互联网信息技术行业的流行词汇。美国互联网数据中心指出，互联网上的数据每年将增长 50%，每两年便将翻一番，而目前世界上 90%以上的数据是最近几年才产生的。此外，数据又并非单纯指人们在互联网上发布的信息，全世界的工业设备、汽车、电表上有着无数的数码传感器，随时测量和传递着有关位置、运动、震动、温度、湿度乃至空气中化学物质的变化，也产生了海量的数据信息。

2．云计算

云计算（Cloud Computing）是基于互联网的相关服务的增加、使用和交付模式，通常涉及通过互联网来提供动态易扩展且经常是虚拟化的资源。云是网络、互联网的一种比喻说法。过去在图中往往用云来表示电信网，后来也用来表示互联网和底层基础设施的抽象。因此，云计算甚至可以让用户体验每秒 10 万亿次的运算能力，拥有这么强大的计算能力可以模拟核爆炸、预测气候变化和市场发展趋势。用户通过电脑、笔记本、手机等方式接入数据中心，按自己的需求进行运算。

对云计算的定义有多种说法。对于到底什么是云计算，至少可以找到 100 种解释。目前被广为接受的是美国国家标准与技术研究院（NIST）定义：云计算是一种按使用量付费的模式，这种模式提供可用的、便捷的、按需的网络访问，进入可配置的计算资源共享池（资源包括网络、服务器、存储、应用软件、服务），这些资源能够被快速提供，只需投入很少的管理工作，或与服务供应商进行很少的交互。

3．移动互联

移动互联网（Mobile Internet, MI）是一种通过智能移动终端，采用移动无线通信方式获取业务和服务的新兴业务，包含终端、软件和应用 3 个层面。终端层包括智能手机、平板电脑、电子书、MID 等；软件包括操作系统、中间件、数据库和安全软件等；应用层包括休闲娱乐类、工具媒体类、商务财经类等不同应用与服务。随着技术和产业的发展，未来，LTE（长期演进，4G 通信技术标准之一）和 NFC（近场通信，移动支付的支撑技术）等网络传输层关键技术也将被纳入移动互联网的范畴之内。

随着宽带无线接入技术和移动终端技术的飞速发展，人们迫切希望能够随时随地乃至在移动过程中都能方便地从互联网获取信息和服务，移动互联网应运而生并迅猛发展。然而，移动互联网在移动终端、接入网络、应用服务、安全与隐私保护等方面还面临着一系列的挑战，其基础理论与关键技术的研究，对于国家信息产业整体发展具有重要的现实意义。

1.8　信 息 安 全

随着计算机网络的普及，计算机网络的应用向深度和广度不断发展。网上银行、电子商务、网上政务等，一个网络化社会已经形成。网络在给人们带来巨大方便的同时，也带来了一些不容忽视的问题，网络信息的安全问题就是其中之一。

1. 计算机病毒

《中华人民共和国计算机信息系统安全保护条例》中明确定义，病毒"指编制或者在计算机程序中插入的破坏计算机功能或者破坏数据，影响计算机使用并且能够自我复制的一组计算机指令或者程序代码"。

计算机病毒是一个程序，一段可执行码。就像生物病毒一样，计算机病毒有独特的复制能力。计算机病毒可以很快地蔓延，又常常难以根除。它们能把自身附着在各种类型的文件上。当文件被复制或从一个用户传送到另一个用户时，它们就随同文件一起蔓延开来。

除复制能力外，某些计算机病毒还有其他一些共同特性：一个被传染的程序能够传送病毒载体。当看到病毒载体似乎仅仅表现在文字和图像上时，它们可能也已毁坏了文件、再格式化了硬盘或引发了其他类型的破坏。若病毒并不寄生于 1 个程序中，它仍然能通过占据存储空间带来麻烦，并降低计算机的全部性能。例如，某些病毒会大量释放垃圾文件，占用硬盘资源。有的病毒会运行多个进程，使中毒计算机运行变得非常慢。

总结起来，计算机病毒的特点有以下几点。

- 传染性。
- 破坏性。
- 潜伏性。
- 可触发性。
- 不可预见性。
- 演变性。
- 危害性。

2. 木马

图 1-16　Trojan 的故事

木马（Trojan）这个名字来源于古希腊传说（见图 1-16），指通过一段特定的程序（木马程序）来控制另一台计算机。木马通常有两个可执行程序：一个是客户端，即控制端；另一个是服务端，即被控制端。木马的设计者为了防止木马被发现，会采用多种手段隐藏木马。木马的服务一旦运行并被控制端连接，其控制端将享有服务端的大部分操作权限，如给计算机增加口令，浏览、移动、复制、删除文件，修改注册表，更改计算机配置等。

随着病毒编写技术的发展，木马程序对用户的威胁越来越大，尤其是一些木马程序采用了极其狡猾的手段来隐蔽自己，使普通用户很难在中毒后发觉。

防治木马的危害，应该采取以下措施。

- 安装杀毒软件和个人防火墙，并及时升级。
- 设置好个人防火墙的安全等级，防止未知程序向外传送数据。
- 考虑使用安全性比较好的浏览器和电子邮件客户端工具。
- 如果使用 IE 浏览器，应该安装卡卡安全助手，防止恶意网站在自己的计算机上安装不明软件和浏览器插件，以免被木马趁机侵入。

3. 蠕虫病毒

蠕虫病毒（Worm）是计算机病毒的一种，通过网络传播。蠕虫病毒是传播最快的病毒种类之一，传播速度最快的蠕虫可以在几分钟之内传遍全球，2003 年的"冲击波"病毒、2004年的"震荡波"病毒都属于蠕虫病毒（见图 1-17）。目前危害比较大的蠕虫病毒主要通过 3种途径传播：系统漏洞、聊天软件和电子邮件。

其中，利用系统漏洞传播的病毒往往传播速度极快，如利用 Microsoft 04-011 漏洞的"震荡波"病毒，3 天之内就感染了全球至少 50 万台计算机。

要防止系统漏洞类蠕虫病毒的侵害，最好的办法是及时安装系统补丁，可以应用杀毒软件的"漏洞扫描"工具，在其引导下安装补丁，并进行相应的安全设置，彻底杜绝病毒的感染。

通过电子邮件传播，是近年来病毒作者青睐的传播方式之一，像"恶鹰""网络天空"等都是危害巨大的邮件蠕虫病毒。这样的病毒危害会频繁大量地出现

图 1-17　蠕虫病毒示意图

变种，用户中毒后往往会造成数据丢失、个人信息失窃、系统运行变慢等。

防范邮件蠕虫的最好办法，就是提高自己的安全意识，不要轻易打开带有附件的电子邮件。另外，启用杀毒软件的"邮件发送监控"和"邮件接收监控"功能，也可以提高自己对病毒邮件的防护能力。

从 2004 年起，MSN、QQ 等聊天软件开始成为蠕虫病毒传播的途径之一。"性感烤鸡"病毒就是通过 MSN 软件传播的，并在很短时间内席卷全球，一度造成中国大陆地区部分网络运行异常。

对于普通用户来讲，防范聊天蠕虫的主要措施之一，就是提高安全防范意识，对于通过聊天软件发送的任何文件，都要经过对方确认后再运行，也不要随意单击聊天软件发送的网络链接。

随着网络和病毒编写技术的发展，综合利用多种途径的蠕虫也越来越多，譬如有的蠕虫病毒就是通过电子邮件传播，同时利用系统漏洞侵入用户系统。还有的病毒会同时通过邮件、聊天软件等多种渠道传播。

4．黑客

黑客（Hacker）原来是指那些年少无知、爱自我表现、爱搞恶作剧的一些电脑天才。现指那些利用网络安全的脆弱性，把网上任何漏洞和缺陷作为"靶子"，在网上进行诸如修改网页、非法进入主机破坏程序、闯入银行网络转移金额、窃取网上信息兴风作浪、进行电子邮件骚扰以及阻塞用户和窃取密码等行为的人，黑客攻击示意图如图 1-18 所示。

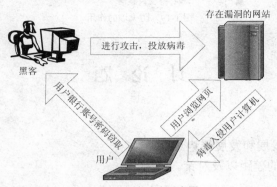

图 1-18　黑客攻击示意图

政府、军事和金融网络是黑客攻击的主要目标。美国司法部主页曾经被纳粹标志所取代，美国空军站点由于黑客攻击不得不暂时关闭，美国金融界由于计算机犯罪造成的金额损失每年计近百亿美元。

近几年来，我国网络受黑客侵犯事件也屡屡发生，且呈明显上升趋势。为了确保网络的健康发展和网络电子化业务的广泛应用，应加大对黑客和计算机犯罪的打击力度，加强对网络安全的防护。

5．防火墙

防火墙（Firewall）的本义是指古代人们在房屋之间修建的那道墙，这道墙可以防止火灾发生的时候火势蔓延到别的房屋。而这里所说的防火墙不是指物理上的防火墙，而是指隔离在本地网络与外界网络之间的一道防御系统，是对这一类防范措施的总称。

按照 William Cheswick 和 Steve Beilovin（1994 年）的定义，防火墙是放置在两个网络之间的一组组件，这组组件共同具有下列性质。

* 只允许本地安全策略授权的通信信息通过。
* 双向通信信息必须通过防火墙。
* 防火墙本身不会影响信息的流通。

简单地说，防火墙是网络安全的第一道防线。

防火墙是位于两个信任程度不同的网络之间（如企业内部网络和 Internet 之间）的软件或硬件设备的组合，防火墙的作用如图 1-19 所示，它对两个网络之间的通信进行控制，通过强制实施统一的安全策略，防止对重要信息资源的非法存取和访问，以达到保护系统安全的目的。

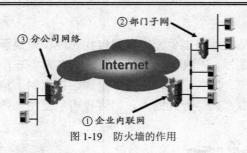

图 1-19　防火墙的作用

讨 论 题

一、主题

1．IT 技术的最新发展和发展趋势。

2．中国在 IT 行业的差距以及对策。

二、方式

学生分小组，课下收集资料，课堂演讲和讨论。

三、要求

由于 IT 技术发展很快，要求学生通过互联网收集最新的资料进行分析。

第2章

认识计算机

本章从认识计算机配置入手，通过解析配置的技术指标来认识计算机的组成和相关技术指标，目的是使读者通过具体任务认识计算机，了解计算机的基础知识。

购买家用计算机，有两种选择，一是自己购买散件组装（兼容机），二是购买品牌计算机。那什么是"品牌计算机"呢？品牌计算机就是具有一定的生产规模，并且注册了相应商标，有合法计算机生产权和销售权的计算机公司生产的计算机，如国内的联想计算机、长城计算机，国外的 IBM 计算机、DELL 计算机。品牌机和兼容机在结构上没有任何的区别，只是前者在配件选购上更加严格规范，并且拥有一套很完善的售后服务体系。而购买散件自己组装最大的好处是可以根据自己的需要做出最好的配置。

1. 任务与目的

如果要组装一台计算机，就需要了解计算机由哪些部件组成，另外同一个部件有很多档次，不同档次的部件价格差别很大，如何去选购这些部件呢？即使购买一部整机，也有很多档次，不同档次的计算机其实是由不同档次的部件组成，原理和组装一台计算机一样。

部件的不同档次体现在部件的技术指标上，这些技术指标有些比较专业，一般的计算机使用者不需要了解；而大部分的技术指标都是能够理解的，只有明白这些指标，才知道该选择什么样的计算机。

本章的主要任务是识别计算机的各种技术指标，以做出合适的购买选择，而不是教大家如何组装计算机。

2. 一份计算机配置清单

表 2-1 所示为一份价格在 6 000 元左右的家庭用计算机配置清单。

表 2-1   6 000 元左右的家庭用户配置

配件	型号	价格（元）
CPU	Intel 酷睿 i5 2320（盒）	1115
主板	映泰 TZ77A	799
内存	SAMSUNG 4GB DDR3 1600（MV-3V4G3/CN）	199

配　件	型　号	价格（元）
硬盘	Seaqate Barracuda 2TB 7 200 转 64MB SATA3（ST2000DM001）	712
显卡	蓝宝 HD6850 1G 白金版	949
声卡	主板集成	
网卡	主板集成	
光驱	PHILIPS SPD2413BD	
显示器	SAMSUNG S22A330BW	1 170
鼠标	Logitech G100 键鼠套装	199
键盘	Logitech G100 键鼠套装	
音箱		
机箱电源	酷冷至尊毁灭者 RC-K100	269
整机		5 851

以上价格仅供参考，购买时请以当地市场价格为准

　　这是一套完整的中高端配置主机，针对一般家用需求，四核、最佳主板 P35、流畅运行的 Windows 7 且能兼顾性价比与高性能的 4G 内存和高性能的 2TB（单碟双磁头）硬盘，性能上完全可以应付高清要求的常规游戏，另外加上流行的 22 英寸宽屏液晶显示器，看碟或者在 Windows 7 中都有更好的体现。

　　3．需要学习的知识

　　首先，需要学习计算机由哪些散件组装而成，其次，需要学习各部件的基本知识以及主要的技术指标。

　　计算机各部件的指标很多都是以 K、M、G 来计量的，更高的数量级别以 T 来计量，现将计算机的数据单位介绍如下。

　　（1）位（bit）

　　bit 是计算机内存储二进制数的最小单位。一个 bit 只能表示一个 0 和 1，每增加 1 位，

所能表示的数就增大一倍。

（2）字节（Byte）

Byte 是数据处理的基本单位，换句话说，数据处理时以字节为单位存储和解释信息，它的大小是一个 8 位二进制数。一般用 bit 表示位，B 表示字节。

由于每个存储单元的大小就是一个字节，因此存储器容量大小以字节数来度量。实际中经常使用的单位有 KB、MB、GB、TB，它们的关系如下所示。

1Byte=8bit（二进制位）

1KB(Kilobyte)=2^{10}Byte=1 024Byte（字节）

1MB(Megabyte)=2^{10}KB=1 024KB

1GB(Gigabyte)=2^{10}MB=1 024MB

1TB(Terabyte)=2^{10}GB=1 024GB

例：如果一张照片的平均大小为 3MB，那么，2GB 的内存卡能存放多少张照片？

答：2GB=2×1 024MB=2 048MB

2 048/3=682.67

所以，2GB 的内存卡能存放 682 张照片。

（3）字（Word）

计算机处理数据时，CPU 通过总线一次存取、传送和处理的数据长度称为"字"，一个字通常由若干字节组成。

2.1 任务 1——选配计算机部件

计算机包括多种系列、档次和型号。一个完整的计算机系统同样也是由硬件系统和软件系统组成的。计算机的核心部分是由一片或几片超大规模集成电路组成的，称为微处理器。例如，Intel 公司的 Pentium IV。所谓计算机就是以微处理器为核心，配上由大规模集成电路制成的存储器、输入/输出接口电路，以及系统总线所组成的机器。下面我们介绍计算机的硬件构成。

计算机由显示器、键盘和主机构成。在主机箱内有主板、硬盘驱动器、CD-ROM 驱动器、电源、显示适配器（显示卡）等，如图 2-1 所示。

图 2-1　组装微机的部件

1．主板

主板也叫系统板或母板，是计算机的主要组成部分，其中主要组件包括：CMOS、基本输入/输出系统（BIOS）、高速缓冲存储器、内存插槽、CPU插槽、键盘接口、软盘驱动器接口、硬盘驱动器接口、总线扩展插槽（ISA，PCI等扩展槽）、串行接口（COM1，COM2）、并行接口（打印机接口，现在已经很少用）、USB接口等，如图2-2所示。

2．中央处理器

中央处理器（Central Processing Unit，CPU）是一个体积不大而集成度非常高、功能强大的芯片，也称为微处理器（Micro Processor Unit，MPU），是计算机的核心。CPU主要包括运算器和控制器两大部件。计算机的所有操作都受CPU控制，所以它的品质直接影响着整个计算机系统的性能，如图2-3所示。

图2-2　微机主板　　　　　　　图2-3　中央处理器

3．内存储器

目前，计算机的内存储器由半导体器件构成。而半导体存储器件由只读存储器（Read Only Memory，ROM）和随机存储器（Random Access Memory，RAM）两部分构成，如图2-4所示。

图2-4　只读存储器ROM与随机存储器RAM

ROM的特点是只能读出不能写入信息。主板上的ROM里面固化了一个基本输入/输出系统（BIOS），其主要作用是完成对系统的加电自检、系统中各功能模块的初始化、系统的基本输入/输出的驱动程序及引导操作系统。

RAM可以进行任意的读或写的操作，它主要用来存放操作系统、各种应用程序、数据等。由于RAM由半导体器件构成，断电时信息可能会丢失，因此，数据、程序在使用时从外存读入RAM中，使用完毕后在关机前再存回外存中。

4．外存储器

在计算机系统中，除了内存外，还有对外存储器，简称外存，用于存储暂时不用的程序和数据。常用的有软盘、硬盘、光盘和U盘。它们和内存一样，存储容量也是以字节为基本单位。外存与内存之间可以频繁交换信息，而计算机系统的其他部件不能直接访问。

一般来说，外存的容量要比内存大得多，但是速度慢些；断电时，内存的数据会丢失，而外存的数据不会丢失。

（1）软盘

一个完整的软盘存储系统由软盘、软盘驱动器组成。软盘记录的信息是通过软盘驱动器进行读写的。软盘只有经过格式化后才可以使用。格式化是为存储数据做准备，在此过程中，软盘被划分为若干个磁道，磁道又被划分为若干个扇区。目前常使用 3.5 英寸、1.44MB 软盘。因为软盘容量太小，连一张照片都放不下，现在几乎不会被人们作为外存使用，之所以保留了几十年，主要是用于系统的紧急启动、系统恢复等。

（2）硬盘

硬盘是计算机系统的外存成为计算机的主要配置，由硬盘片、硬盘驱动电机和读写磁头等组装并封装在一起成为温彻斯特式驱动器。硬盘工作时，固定在同一个转轴上的数张盘片以 7200r/min 甚至更高的速度旋转，磁头在驱动电机的带动下在磁盘上做径向移动，寻找定位点，完成写入或读出数据工作。

硬盘经过低级格式化、分区及高级格式化后即可使用。一般硬盘的低级格式化出厂前已完成。硬盘存储容量目前为 320～1 500GB。

（3）光盘

光盘是利用激光原理进行读写的设备，目前计算机上一般配备 DVD ROM 驱动器。DVD 磁盘容量大约为 4GB 左右。

（4）U 盘

便携存储（USB Flash Disk），也称 U 盘或闪存盘，是采用 USB 接口和非易失随机访问存储器技术相结合的方便携带的移动存储器。U 盘特点是断电后数据不丢失，因此可以作为外存使用，同时具有可多次擦写、速度快、防磁、防震、防潮的优点。U 盘采用流行的 USB 接口，无需外接电源，即插即用，可以实现在不同计算机之间进行文件交流，存储容量从 2GB 至 64GB 不等。

5．常用外部设备

（1）键盘

键盘是计算机系统中最基本的输入设备，如图 2-5（a）所示，通过一根缆线与主机相连。它用来输入命令、程序和数据。按键的开关类型，一般可分为机械式、电容式、薄膜式和导电胶皮 4 种。

      （a）   （b）

图 2-5　键盘与鼠标

（2）鼠标器（Mouse）

鼠标器是一种"指点"设备（Pointing Device），如图 2-5（b）所示。现在多用于 Windows 操作系统环境下，可以取代键盘上的指针移动键移动指针，定位指针于菜单处或按钮处，完成菜单系统特定的命令操作或按钮的功能操作。鼠标器操作简便、高效。

按照按键的数目，鼠标可分为两键鼠标、三键鼠标及滚轮鼠标等；按照鼠标接口类型，鼠标可分为 PS/2 接口的鼠标、串行接口的鼠标、USB 接口的鼠标；按工作原理，鼠标可分为机电式鼠标、光电式鼠标、无线遥控式鼠标等。

（3）显示器

显示器是用户用来显示有关输出结果的设备，分为单色显示器和彩色显示器两种。过去在台式机中大部分使用 CRT 显示器，最近也开始流行 LCD 液晶显示器。笔记本电脑使用 LCD 液晶显示器。

显示器还应配备相应的显示适配器（也称显卡）才能工作。显卡一般插在主板的扩展槽内，通过总线与 CPU 相连。当 CPU 有运算结果或图形要显示时，首先将信号送至显卡，由显卡的图形处理芯片把它们翻译成显示器能够识别的数据格式，并通过显卡后面的一根 15 芯 VGA 接口和显示电缆传给显示器。现在的显卡一般都集成在主板上。

（4）打印机

计算机系统中，打印机是传统的重要输出设备。近年来，在集成电路技术和精密机电技术发展的推动下，打印机技术也得到了突飞猛进的发展，在市场中我们可以看到种类繁多、各具特色的产品。印字质量通常用分辨率 DPI（点数/英寸）来衡量。

① 针式打印机。曾经是使用最多、最普遍的一种打印机，它的工作原理是根据字符的点阵图或图像的点阵图形数据，利用电磁铁驱动钢针，击打色带，在纸上打印出一个个墨点，从而形成字符或图像。它可以使用连续纸，也可以用分页纸。针式打印机打印质量差、速度慢、噪声大，但打印成本最低。

② 喷墨打印机。它是利用喷墨印字技术，从细小的喷嘴。喷出墨水滴，在纸上形成点阵字符或图形。喷墨打印机如图 2-6（a）所示。

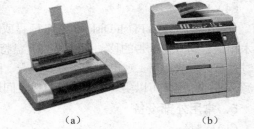

（a）　　　　　　　　（b）

图 2-6　喷墨打印机与激光打印机

按喷墨技术的不同，喷墨打印机分为喷泡式和压电式两种。目前大部分喷墨打印机都可以进行彩色打印，其打印质量、速度、噪声以及成本都较理想，噪声也适中。

③ 激光打印机。它是一种高精度、低噪声的非击打式打印机，其利用激光扫描技术与电子照相技术共同来完成整个打印过程。激光打印机如图 2-6（b）所示。激光打印机打印质量最好，一般可达 1 200DPI 左右。激光打印机打印速度最快，高档机一般为 20ppm 以上。激光打印机噪声最低，价格及打印成本最高。

2.2　任务 2——选配中央处理器

中央处理器是整个系统的核心，也是整个系统最高的执行单位。它负责整个系统指令的执行、数学与逻辑的运算、数据的存储与传送以及输入与输出的控制，所以 CPU 的性能基本上决定了整部计算机的性能。CPU 的内部结构可分为控制单元、逻辑单元和存储单元 3 大部分。

在表 2-2 所示的配置中，选择了 Intel 酷睿 i5 2320（四核、八线程）（见图 2-7）。Intel 酷睿 i5 2320 采用 32 纳米制造工艺，基于 Conroe 核心，主频 3GHz，外频 100MHz，前端总线频率 800MHz，倍频 30X，采用三级缓存，核心电压 1.2V，支持 MMX、SSE、SSE2、SSE3、SSSE3 多媒体指令集，TDP 功耗 65W，具备 EM64T 64 位运算指令集，EIST 节能技术。

图 2-7　Intel 酷睿 i5 2320

表 2-2　　　　　　　　　　　　　　　Intel 酷睿 i5 2320 主要参数

主要参数		功能参数	
型号	Intel 酷睿 i5 2320	超线程技术	不支持
适用类型	台式机	64 位处理器	是
接口类型	LGA 1155	核心数量	四核
核心类型	Conroe	TDP 技术	支持
生产工艺	32 纳米	虚拟化	不支持
核心电压	1.2V	支持英特尔四核技术，64 位寻址技术以及支持 Vista 操作系统，另外还支持 VIIV 欢悦家用平台技术，支持 MMX、SSE、SSE2、SSE3、SSE4、EM64T 指令集	
主频	3GHz		
外频	外频 100MHz		
倍频	30X		
一级缓存	L1 256K		
二级缓存	L2 4*256KB		
三级缓存	6MB	备注：灰色部分是主要的技术参数	

　　四核处理器表示有 4 个处理内核，能以更低功耗在更短的时间处理多项任务，同时也提供了更卓越的视频、游戏等以及多媒体性能，特别是在多个应用程序同时运行时更是如此。

　　处理器型号指的是处理器命名方式。本例中，"i5 2320" 就是处理器号，其中 i5 表示该处理器的功率等级，而 2320 代表着该处理器与性能相关的功能及特点，包括高速缓存、主频、前端总线及集成的新指令、新技术等参数。对于同一功率等级的处理器，该数字越大，表示与性能相关的特点越多。

　　对于非计算机专业的使用者来说，理解这些指标会有一定困难，特别是当面对十几种产品的技术指标时更是无所适从，不知道该挑选哪一种 CPU 产品。其实，CPU 主要的指标并不多，只要把握了主要的指标，也就知道了各种产品的差异，当然也就能够对不同价格的产品做出合适的选择。

　　与 CPU 相关的性能指标如下。

1. 字长

字长就是 CPU 一次性能够处理的最大二进制数位数。字长的大小直接影响着计算机功能的强弱、精度的高低和速度的快慢。现在计算机 CPU 的字长基本上都是 64 位的，而在几年前，32 位 CPU 是主流产品，64 位主要应用于商用高端机。

本例中的 CPU 是 64 位的。

2. 主频

主频是 CPU 的时钟频率，也就是 CPU 的工作频率。一般说来，一个时钟周期完成的指令数是固定的，所以主频越高，CPU 的速度也就越快。不过由于各种 CPU 的内部结构不尽相同，所以并非所有主频相同的 CPU 的性能都相同。倍频是指 CPU 外频与主频相差的倍数。外频就是系统总线的工作频率。以上 3 者的关系是主频=外频×倍频。

本例中的 CPU 主频是 3G。

3. 缓存

CPU 在运算时，数据多数都是从内存中取出的，但由于内存的速度慢于 CPU，所以在数据传输的时候 CPU 经常会处于"空闲"状态，影响系统的性能。在传输过程中放置分配一些缓存（Cache），在其中存放一些 CPU 经常读取的数据和指令，可以提高系统的性能。缓存分为一级缓存和二级缓存。

一级缓存（L1 Cache）是集成在 CPU 内部的高速缓存，与 CPU 的工作频率相同，可以提高 CPU 的运行效率。由于高速缓存由静态 RAM 组成，结构复杂，CPU 的管芯面积又不可能太大，所以 L1 级高速缓存的容量较小。

二级缓存（L2 Cache）是指 CPU 外部的高速缓存，工作频率为 CPU 的一半或同频，成本相对较低，一般为 256K、512K、1 024K。CPU 在读取数据时，先从 L1 找，然后是 L2、内存，最后是外存。现在由于制造工艺的提高，L2 已集成在 CPU 中。

本例中一级缓存 256K，二级缓存 4×256K，三级缓存 6MB。以前的 CPU 只有二级缓存，最新的 CPU 开始配置了三级缓存，使得 CPU 处理数据的能力更加强大。

4. 制造工艺

制造工艺是指制造 CPU 时采用何种密度的芯片制造工艺。制造工艺越精细，CPU 芯片的集成度和工作频率就会越高、功耗越低、发热量越小。上一代生产的 CPU 基本上采用的是 0.18μm、0.13μm 的制造工艺，而现在制造工艺水平已经不可同日而语。

本例中的 CPU 生产工艺采用的是 32 纳米。

5. 工作电压

工作电压就是 CPU 正常工作所需的电压。提高工作电压，可以加强 CPU 内部信号，增加 CPU 的稳定性能，但同时也会出现发热情况。CPU 发热将降低 CPU 的寿命，甚至被烧毁。早期 CPU（386、486）由于工艺落后，工作电压一般为 5V，随着 CPU 的制造工艺与主频的提高，CPU 的工作电压有逐步下降的趋势，基本上在 1.5～1.7V。低电压能解决耗电过大和发热过高的问题，这对于笔记本电脑尤其重要。

本例中的 CPU 工作电压为 1.2V。

6. 多媒体指令集

对于 CPU 而言，基本功能差别不大，基本的指令集也大致相同。厂商为了提升 CPU 某一方面的性能，又开发了扩展指令集。在扩展指令集中定义了新的数据和指令，从而大大提高 CPU 在某方面的数据处理能力。在多媒体指令集方面，著名的有 Intel 公司的 MMX、SSE、SSE2 等。

本例中的 CPU 支持 MMX、SSE、SSE2、SSE3、SSE4 和 EM64T 指令集。

上面介绍的技术指标都是比较传统的，现在的很多新技术都没涉及，如双核技术、超线程技术等。但是，从这些基本的技术指标还是可以判断 CPU 的档次和技术水平的。

2.3　任务 3——选配计算机主板

主板（Mainboard）是计算机系统中最大的一块电路板，上面布满了各种电子元器件、插槽、接口等。主板为 CPU、内存和各种功能（声、图、通信、网络、TV、SCSI 等）卡提供安装插座（槽）；为各种存储设备、打印和扫描等 I/O 设备以及数码相机、摄像头、调制解调器（Modem）等多媒体和通信设备提供接口，从而将 CPU 等各种器件和外部设备有机地结合起来，形成一个完整的系统。计算机在正常运行时对系统内存、存储设备和其他 I/O 设备的操控都必须通过主板来完成，因此，计算机的整体运行速度和稳定性在相当程度上取决于主板的性能。

在表 2-1 所示的配置中，选择了映泰 TZ77A 主板，如图 2-8 所示，表 2-3 所示为该主板的详细技术参数，在了解参数的意义前，我们先介绍有关总线的知识。

图 2-8　映泰 TZ77A

表 2-3　　　　　　　　　　　　　　映泰 TZ77A 主要参数

主要参数		扩展参数和其他参数	
型号	TZ77A	硬盘接口	ATA100/133，S-ATA150，S-ATA II
适用类型	台式机	SATA 接口数量	4
主板架构	ATX	磁盘阵列模式	无磁盘阵列
芯片厂商	英特尔（Intel）	支持显卡标准	PCI Express 16X
CPU 插槽类型	LGA 1155	PCI Express 插槽	1×PCI Express X16，1×PCI Express X1
支持 CPU 类型	支持 Prescott，Pentium D、Celeron D、Conroe 系列处理器	PCI 插槽	5×PCI
支持 CPU 数量	1	扩展接口	键盘 PS/2、鼠标 PS/2、USB2.0、RJ45 网卡接口、COM 接口

续表

主要参数		扩展参数和其他参数	
前端总线频率	支持 1 333MHz 前端总线	USB 接口数量	12
北桥芯片	Intel P35	电源回路	3 相电路
南桥芯片	Intel ICH9	电源接口	24PIN+4PIN 电源接口
支持内存类型	DDR2	外形尺寸	30.5×20.7cm
是否支持双通道	支持	附件	说明书、驱动光盘、FDD/IDE 数据线、挡板
内存插槽数量	4 DDR2 DIMM		
内存频率	DDR2 1 066MHz		
最大支持内存容量	8G		
板载声卡	集成 Realtek AL662 5.1 声道声卡芯片		
板载网卡	板载 Realtek 8 111B 千兆网卡		

2.3.1　计算机的总线系统

1．总线的概念

计算机是由多个部件组成的，这些部件之间必然要有信息的交换，而信息的交换是通过总线完成的，就像是人的神经系统。

总线是一种将微处理器、存储器和输入及输出设备接口等相对独立的部件连接起来并传送信息的公共通道。

计算机的一个很大特点就是采用了总线结构，目的是简化计算机的结构，使计算机的硬件和软件模块化，便于系统的设计、方便厂商的生产、便于不同设备间实现互连、便于系统的扩充和升级、便于故障的诊断和维修，降低成本。

计算机采用总线结构，就要求各种总线有一个统一的标准，各厂商按照这个标准生产出来的产品就可以在该系统中使用，否则，如果各个总线的产品之间互不兼容，就会限制计算机的发展。到目前为止，各部件的总线系统基本都可以实现标准化，而芯片级总线的标准化还没有妥善地解决，这主要是由于芯片生产厂商还没有统一的标准，例如，Intel 公司和 AMD 公司的 CPU 芯片就只能用在不同的主板上。

2．总线的分类

（1）根据传送信息的不同分类

数据总线 DB（Data Bus）：用于 CPU、存储器和输入/输出接口之间的数据交换。

地址总线 AB（Address Bus）：用于 CPU 向存储器和输入/输出接口提供地址码。

控制总线 CB（Control Bus）：用于 CPU 发出或接收其他部件控制信号。

（2）根据总线功能的不同分类

内部总线：内部总线是微机内部各芯片与处理器之间的总线。

系统总线：系统总线是微机中各插件板与系统板之间的总线，如 PCI、ISA 等。

外部总线：外部总线是微机和外部设备之间的总线，如 IDE、USB、SCSI、IEEE 1394 等。对一般用户而言，只需要关注系统总线和外部总线就可以了。

3. 总线的主要性能参数

① 总线的带宽：总线带宽是一定时间内总线上可传送的数据量，单位是 MB/s。

② 总线的位宽：总线位宽是总线能同时传送的数据位数，常见的为 32 位、64 位。

③ 总线的工作时钟频率：单位为 MHz，频率越高，带宽越大，工作速度越快。

4. 常见的系统总线标准

（1）ISA（Industrial Standard Architecture，工业标准结构）总线标准

ISA 是 IBM 公司 1984 年为推出 PC/AT 机而建立的系统总线标准，所以也叫 AT 总线。它是对 XT 总线的扩展，以适应 8/16 位数据总线要求。它在 80286 至 80486 时代应用非常广泛，以至于现在有的计算机中仍保留有 ISA 总线插槽，但是大部分主板现在已经没有 ISA 总线插槽了。

（2）PCI（Peripheral Component Interconnect，外围设备互联）总线标准

PCI 是当前最流行的总线之一，它是由 Intel 公司推出的一种局部总线。它定义了 32 位数据总线，且可扩展为 64 位。PCI 总线主板插槽的体积比原 ISA 总线插槽还小，其功能与 VESA、ISA 相比有极大的改善，支持突发读写操作，可同时支持多组外围设备。

（3）PCI Express

PIC Express 是新一代的总线接口，而采用此类接口的显卡产品，从 2004 年下半年开始已经全面面世。早在 2001 年的春季"英特尔开发者论坛"上，Intel 公司就提出了要用新一代的技术取代 PCI 总线和多种芯片的内部连接，并称之为第三代 I/O 总线技术。随后在 2001 年底，包括 Intel、AMD、DELL、IBM 在内的 20 多家业界主导公司开始起草新技术的规范，并在 2002 年完成，将其正式命名为 PCI Express。

PCI Express 采用了目前业内流行的点对点串行连接，比起 PCI 以及更早期的计算机总线的共享并行架构，每个设备都有自己的专用连接，不需要向整个总线请求带宽，而且可以把数据传输率提高到一个很高的频率，达到 PCI 所不能提供的高带宽。相对于传统 PCI 总线在单一时间周期内只能实现单向传输，PCI Express 的双单工连接能提供更高的传输速率和质量，它们之间的差异跟半双工和全双工类似。

PCI Express 的接口根据总线位宽不同而有所差异，包括 1X、4X、8X 以及 16X（2X 模式将用于内部接口而非插槽模式）。较短的 PCI Express 卡可以插入较长的 PCI Express 插槽中使用。PCI Express 接口能够支持热拔插，这也是个不小的飞跃。PCI Express 卡支持的 3 种电压分别为+3.3V、5V 以及+12V。用于取代 AGP 接口的 PCI Express 接口位宽为 16X，能够提供上行、下行 2×4GB/s 的带宽，远远超过 AGP 8X 的 2.1GB/s 的带宽。

PCI Express 推出之初，相应的图形芯片对其的支持分为原生（Native）和桥接（Bridge）两种。ATI 是最先推出原生 PCI Express 图形芯片的公司，而 NVIDIA 公司首先提出了桥接的过渡方法，让针对 AGP 8X 开发的图形芯片也能够生产出 PCI Express 接口的显卡。但是桥接的 PCI Express 显卡实际上并不能真正利用 PCI Express 16X 的 2×4GB/s 的带宽。但也有观点认为，ATI 最初推出的原生 PCI Express 图形芯片并非真正的"原生"，但迄今这一说法并未被证实。

图 2-9 所示为梅捷 SY-OC01P35-GR 主板中的 PCI 总线插槽，包括 2 个 PCI 插槽（白色）、

2 个 PCI Express X1 插槽（黑色短插槽）、1 个 PCI Express 4X 插槽和 1 个 PCI Express 16X 插槽（蓝色）。

图 2-10 所示为本例主板技嘉 GA-P35-S3G 的 PCI 插槽。查看技术参数，可以看到，共有 5 个 PCI 插槽（白色）、1 个 PCI Express 16X 插槽（蓝色）、1 个 PCI Express 1X 插槽（黑色短插槽）。

图 2-9　梅捷主板中的 PCI 插槽　　　　　图 2-10　技嘉 GA-P35-S3G 主板中的 PCI 插槽

（4）AGP（Accelerated Graphics Port）图形加速端口

AGP 是在 AGP 芯片的显卡与主存之间建立专用通道，使主存与显卡的显示内存之间建立一条新的数据传输通道，让影像和图形数据直接传送到显卡而不需要经过 PCI 总线，也就不受 PCI 系统的瓶颈限制，以便实现高性能图像数据的处理。目前 AGP 显卡已不再是主流。PCI Express 技术由 Intel 公司提出，是新一代的 I/O 接口技术，目前主流的 PCI Express 显卡采用 16X 接口，而能支持 PCI Express 接口的主要是 Intel 公司主流的 i945 和 i965 系列芯片组。

（5）IEEE 1394 总线

IEEE 1394 总线又称作"Fire Wire"即"火线"。早在 1985 年，Apple 公司就已经开始着手研究"火线"技术，并取得了很大成效。IEEE（电气与电子工程师协会）于 1995 年正式制定了总线标准，由于 IEEE 1394 的数据传输速率相当快，因此有时又叫它"高速串行总线"。通常，在 PC 领域将它称为 IEEE 1394，在 Mac 机（即苹果机）上称为 Fire Wire，在电子消费品领域则更多的将它称为 i-Link。近年来，采用 IEEE 1394 接口的设备越来越多，很多 DV（数码摄像机）、外置扫描仪、外置 CD-RW 等都配备 IEEE 1394 接口。

（6）USB（Universal Serial Bus）通用串行总线

它是由 Intel、IBM、Microsoft 等 7 家公司共同推出的一种新型接口标准。USB 采用 Daisy Chain（菊花链接）方式进行连接，结构简单，由两根数据线，包括 1 根 5V 电源线及 1 根地线，支持热插拔。USB 有 3 种标准：USB1.0，USB1.1 以及 USB2.0。这 3 种标准最大的差别就在于数据传输率方面，现在主板和外部设备大都支持 USB。

本例中有 12 个 USB 接口。

2.3.2　主板的构成

1．芯片组

芯片组（Chipset）是主板的核心部件，它的性能基本上就决定了主板的性能。不同的芯片组会支持不同的外频、不同的内存容量及种类、不同的总线及输出模式等。按照在主板上排列位置的不同，通常分为北桥芯片和南桥芯片。

北桥芯片位于 CPU 附近，提供对 CPU 的类型和主频、内存的类型和最大容量、AGP 插槽、ECC 纠错等的支持，是 CPU 与外部设备连接的桥梁。由于北桥芯片工作量较大，发热量较大，所以通常在上面加散热片或风扇来帮助散热。北桥芯片起着主导性的作用，也称主桥（Host Bridge），并常以北桥芯片的型号为芯片组命名。

南桥芯片位于 PCI 插槽附近，提供对 PCI 插槽、键盘鼠标控制器、USB（通用串行总线）、IDE 数据传输方式和 ACPI（高级能源管理）等的支持。

技嘉 GA-P35-S3G 主板采用了蓝色 PCB 大板设计，采用 Intel P35 + ICH9 芯片组设计，支持 1333/1066/800MHz 前端总线，支持 Intel LGA775 接口的 Intel Core 2 Extreme/Core 2 Quad/Core 2 Duo/Pentium D/Pentium 4/Celeron 系列处理器，并且支持 Intel 公司最新的 45 纳米制程处理器。

2. PCI 插槽

PCI 插槽是 PCI 总线的扩展插槽，可连接采用 PCI 总线接口的设备，如声卡、网卡、显卡等。

本例共有 5 个 PCI 插槽、1 个 PCI Express 16X 插槽（蓝色）、1 个 PCI Express 1X 插槽（黑色短插槽）。支持显卡标准 PCI Express 16X。

3. AGP 插槽

AGP 插槽是 AGP 图形加速卡的插槽，直接与北桥相连，使显卡上芯片可以同系统内存直接相连。AGP 只能用于显卡。

本例无 AGP 插槽。

4. I/O 接口

I/O 接口是主板与其他外部设备进行数据交换及通信的标准接口，包括并口（LPT）、串口（COM）、USB 接口和 PS/2 接口等。并口常用来连接打印机、扫描仪等设备；串口常用来连接外置 Modem 设备；PS/2 接口常用来连接鼠标、键盘；USB 是目前应用最普及的接口技术，随着各种外部设备都提供 USB 接口，COM、LPT 和 PS2 有被淘汰的可能。

本例主板提供 12 个 USB 接口。

5. CPU 插槽

CPU 插槽是用来连接 CPU 的接口，常见的接口标准有 Intel 的 Socket 370、Socket 478 及 AMD 的 Socket A、Socket 426 等。各种接口标准的传输速率基本相同，只是 CPU 生产商的封装技术不同，封装要求不同而已。

支持 Intel LGA775 接口的 Intel Core 2 Extreme /Core 2 Quad/Core 2 Duo/ Pentium D/ Pentium 4/ Celeron 系列处理器，由此可见，本主板不支持 AMD 系列的 CPU。

6. 内存插槽

内存插槽是连接内存的插槽。目前主流内存有 SDRAM、DDR SDRAM 和 RDRAM 3 种。每种内存的引脚、工作电压和性能都不相同，所以与之配套的内存插槽也不同。

- 内存插槽数量 4 DDR2 DIMM（4 个内存插槽）。
- 内存频率 DDR2 1066MHz（速度）。
- 最大支持内存容量 8G。

7. FDD（Floppy Disk Drive）接口

FDD 是用来连接软驱的接口。

8．硬盘接口

支持 ATA100/133、S-ATA150、S-ATA II，共 4 个 SATA 硬盘接口。

9．集成

主板集成了 Realtek AL662 5.1 声道声卡和 Realtek 8 111B 千兆网卡。

10．电源

技嘉 GA-P35-S3G 采用了主流成熟的三相回路供电设计，使用多颗 Fujitsu（富士通）和日本化工高品质的固态电容，辅以 R60 全封闭式电感，每相配备 3 个 MOS 管，保障主板稳定运行。

2.4 任务 4——选配内存

内存也称主存储器，它是存储 CPU 与外围设备沟通的数据与程序的部件，直接与 CPU、输入及输出设备进行信息的交换。内存是一种半导体器件的存储器，包括随机存储器（RAM）和只读存储器（ROM）两种。

RAM 的特性是既能从存储器中读取数据，又能方便快速地写入数据，还具有易散失性，只能用来暂存数据。RAM 技术分为 SRAM（静态随机存储器）和 DRAM（动态随机存储器）两类。

SRAM 以双稳态电路形式存储数据，结构复杂，内部需要使用更多的晶体管构成寄存器以保存数据，但速度很快而且不用刷新就能保存数据不丢失。所以它采用的硅片面积相当大，制造成本也相当高，现在一般只把 SRAM 用在高速缓存上。

DRAM 由一只 MOS（单极）管和一个电容构成，具有结构简单、集成度高、功耗低、生产成本低等优点，适合制造大容量存储器，我们现在用的内存基本上都是 DRAM。

图 2-11　海盗船 TWIN2X2048-6400 内存条

DRAM 又分为多种，常见的有 SDRAM、DDR-SDRAM 和 RDRAM。目前的内存基本采用了 DDR2 技术。本例中采用的内存为 SAMSUNG 4GB DDR3 1600（MV-3V4G3/CN）（见图 2-11），其详细参数如表 2-4 所示，灰色部分是最主要的参数。

表 2-4　　　　　　　　4GB DDR3 1600（MV-3V4G3/CN）详细参数

主要参数		性能参数	
型号	TWIN2X2048-6400（1G×2）	内存主频	DDR2 800MHz
适用类型	台式机	颗粒封装	BGA
内存类型	DDR II	延迟描述	CL=5-5-5-12
内存容量	4GB	内存电压	1.35V
插脚数目	240pin	ECC 校验	不支持

与内存相关的常见技术指标如下。

1．内存容量

内存容量是指该内存条的存储容量，是内存条的关键性参数。内存容量以 MB 作为单位，可以简写为 M。内存的容量一般都是 2 的整次方倍，如 64MB、128MB、256MB 等。一般而言，内存容量越大越有利于系统的运行。目前，台式机中主流采用的内存容量为 256MB、512MB、1GB、2GB。

本例的内存条容量为 4GB。

2．主频

内存主频和 CPU 主频一样，习惯上被用来表示内存的速度，它代表着该内存所能达到的最高工作频率。内存主频是以 MHz（兆赫）为单位来计量的。内存主频越高，在一定程度上代表着内存所能达到的速度越快。内存主频决定着该内存最高能在什么样的频率正常工作。目前较为主流的内存是 333MHz 和 400MHz 的 DDR 内存，以及 533MHz 和 667MHz 的 DDR2 内存。

本例的内存主频为 DDR2 800MHz。

2.5　任务 5——选配硬盘

硬盘是一种采用磁介质的数据存储设备，数据存储在密封于洁净的硬盘驱动器内的若干磁盘片上。这些盘片一般是在以铝为主要成分的片基表面涂上磁性介质所制成的。硬盘在工作时保持高速旋转，带动盘片表层气流形成气垫，重量很轻的磁头就会浮起来，与盘片之间保持一个极小的气隙（几分之一纳米），使位于磁头臂上的磁头悬浮在磁盘表面，通过步进电机在不同柱面之间移动，对不同的柱面进行读写。所以在上电期间，如果硬盘受到剧烈震荡，磁盘表面就容易被划伤，磁头也容易损坏，盘上存储的数据也会受到破坏。

硬盘的接口方式主要有 IDE、SCSI 两种，另外也有 USB、Serial ATA 接口的硬盘。

IDE（Intelligent Drive Electronics）接口：即智能化驱动器电子接口，它的主要特点是采用控制线和数据线合用的 40 线插座及 4 线直流电源线插座，并且所有的控制器电子设备都集成到驱动器上，IDE 驱动器仅仅需要一个价格低廉的接口与总线相连接。一个 IDE 控制卡可支持两个硬盘，这两个硬盘的主从关系取决于硬盘电路板上的短路接头 C/D。硬盘上都标示了 Master（主）/Slave（从）的具体设置方法。

SCSI（Small Computer System Interface）接口：SCSI 接口是小型计算机接口的简称，是一种多用途的输入/输出接口，除用于磁盘外，还用于光盘驱动器、磁带机、扫描仪和打印机等设备。一条 SCSI 总线最多可以连接 8 台设备，适用于多用户多任务处理。SCSI 具有不需要理解外部设备特有的物理属性（如磁盘的柱面数、磁头数和每磁道扇区数等设备固有的参数）就可以进行高水平逻辑操作的命令体系，因此不需要将其类型编号输入到 CMOS 安装记录中，这样，对外部设备的更新换代和系统的系列化提供了灵活的处理手段。SCSI 接口硬盘的优势是其在进行多任务处理的时候，由于其读写硬盘数据的协议相对 IDE 硬盘更加先进，因此具有比较快的速度。但是 SCSI 接口硬盘需要专门的芯片来支持，一般这种芯片都制成了单独的 SCSI 卡出售。SCSI 硬盘的价格一般比普通的同容量 IDE 硬盘贵，而且还需要单独的 SCSI 卡，故目前主要应用在服务器、工作站领域，个人计算机较少用到。

Serial ATA：即串行 ATA，是由 Intel 公司首先在 IDF2000（英特尔开发者论坛）提出的。Intel 公司认为，传统的并行 ATA 接口类型虽然还有一定的发展余地，但所支持的最高数据传输率不可能无限制地提高，因此 Serial ATA 在 2001 年确定了技术标准，而且得到了 DELL、IBM、希捷、迈拓等公司的强力支持。Serial ATA 比传统的并行 ATA 数据传输率要高，最早的 Serial ATA 1.0 版本将达到 150MB/s，而最终 Serial ATA 3.0 版本将实现存储系统突发数据传输率为 600MB/s。另外，Serial ATA 在拓展性方面也有很大的优势。因为在 Serial ATA 标准中，只需要 4 支针脚就能够完成所有工作，第 1 针供电，第 2 针接地，第 3 针发送数据端，第 4 针接收数据端。同时由于 Serial ATA 使用这样的点对点传输协议，所以不存在主从问题，并且每个驱动器是独享数据带宽的，所以就不用设置硬盘的主从跳线了，而且将突破单通道只能连接两块硬盘的限制。

图 2-12　Seagate ST2000DM001 硬盘

现在 IDE 硬盘已经逐步淡出市场，SATA 硬盘成为了主流产品。

本例选用了 Seagate 2TB（ST2000DM001）硬盘，如图 2-12 所示，技术参数如表 2-5 所示。

表 2-5　　　　　　Seagate 2TB（ST2000DM001）硬盘技术参数

型　号	ST2000DM001	转　速	7 200r/min
容　量	2TB	缓存容量	64MB
接口标准	SATA3.0	传输标准	
盘体尺寸	3.5 寸	单碟容量	666G

与硬盘相关的主要性能指标如下。

1. 存储容量

硬盘是由盘片来存储数据的，现在硬盘有单碟和多碟之分，容量也有标准容量和单碟容量之分。

本例硬盘容量为 2 000GB，即 2TB。

2. 主轴转速

转速是硬盘内电机主轴的旋转速度，也就是硬盘盘片在一分钟内所能完成的最大转数，是硬盘内部传输率的决定因素之一，也是区别硬盘档次的重要标志，单位为 r/min（转/分钟）。硬盘的转速越快，磁头在单位时间内所能扫过的盘片面积就越大，从而使寻道时间和数据传输率得到提高。因此，转速在很大程度上决定了硬盘的性能。目前主流的 SCSI 硬盘的转速都达到了 10 000r/min 甚至 15 000r/min，但某些低端产品也达到 7 200r/min。

本例硬盘的转速为 7 200r/min。

3. 缓存

由于 CPU 与硬盘之间存在巨大的速度差异，因此为解决硬盘在读写数据时 CPU 的等待问题，在硬盘上设置适当的高速缓存，以解决二者之间速度不匹配的问题。硬盘缓存与主板上的高速缓存作用一样，是为了提高硬盘的读写速度，当然缓存越大越好。目前硬盘缓存通常为 128KB～8MB 不等。

本例硬盘的缓存为 64MB。

2.6　任务 6——选配显示器

显示器又叫监视器（Monitor），是计算机最主要的输出设备之一，是人与计算机交流的主要渠道。

显示器一般分为两类。

1. CRT 显示器

CRT 显示器中最主要的部件就是显像管，其他还有电子枪、偏转线圈和荧光屏等部件。与 CRT 显示器相关的常用技术指标有以下内容。

- 显示器尺寸：显示器一般有 15 英寸、17 英寸、19 英寸、21 英寸等多种尺寸，但这个尺寸指的是屏幕的大小，而非可视区的大小，也就是指显像管的长度，包括显示器外壳所遮盖的那部分。

- 最大可视区域：人可以看到的最大显示面积，除去外壳遮盖的那一部分的对角线长度。现在 17 英寸的显示器一般最大可视区在 15.8 英寸以上，15 英寸则在 13.8 英寸以上。

- 点距：点距是指荫罩式显示器荧光屏上两个相邻的相同颜色荧光点之间的对角线距离。在显示屏幕大小一定的前提下，点距越小，则屏幕上的像素排列越紧密，图像也就更加清晰细腻，目前的显示器一般采用 0.27mm、0.25mm 及 0.24mm 的点距。

- 分辨率：分辨率是指屏幕上可以容纳的像素的个数。分辨率越高，屏幕上能显示的像素个数也就越多，图像也就越细腻。如 800×600 分辨率，就是在显示图像时使用 800 个水平点乘 600 个垂直点来构成画面。但分辨率受到点距和屏幕尺寸的限制，屏幕尺寸相同，点距越小，分辨率越高。

- 像素：屏幕上每一个发光的点就称为一个像素，像素有红、绿、蓝 3 种颜色。

- 刷新频率：分为水平刷新率与垂直刷新率。水平刷新率又称行频，是指显示器从左到右绘制一条水平线所用的时间，以 kHz 为单位，行频的范围越宽，可支持的分辨率就越高；垂直刷新率又称场频，表示屏幕的图像每秒钟重绘多少次，也就是屏幕每秒刷新的次数，一般所说的刷新率指的就是场频，以 Hz 为单位。如一款显示器的场频为 85Hz，就表示屏幕画面每秒重绘 85 次。垂直刷新率的高低与分辨率有很大关系，分辨率大时，由于屏幕的像素点多，其刷新率就慢一些，反之就快一些。刷新率的高低对保护眼睛很重要，当垂直刷新率低于 60Hz 时，屏幕画面就会有明显的晃动，一般认为 72Hz 以上的刷新率才能较好地保护眼睛。

- 带宽：指显示器每秒所处理的最大数据量。带宽决定着一台显示器可以处理的信息范围，在数值上等于"水平分辨率×垂直分辨率×场频"。带宽高表示显示器可以在更高的分辨率下，提供更高的刷新频率，因此图像质量也更好。

- 相关认证：我们知道，计算机的辐射会对人体造成一定的伤害，为降低辐射，国际上不断有一些严格的标准出台，主要有 MPR Ⅱ 和 TCO 两种标准。目前大多数显示器厂商所说的防辐射是指 MPR Ⅱ，它最早由瑞典劳工部提出，主要提出了电场和磁场的最高许可范围。而 TCO 系列要比 MPR Ⅱ 严格许多，它分为 TCO92/95/99 3 个标准，是由瑞典专业委协会提出的。TCO92 与 MPR Ⅱ 相比增加了交流电场方面的指标，而 TCO95 和 TCO 99 则是在 TCO92 的基础上增加了显示器所用零件的再生利用和人体工程学方面的要求，目前国际大厂的产品一般都通过了此项认证。

2．LCD 液晶显示器

液晶（Liquid Crystal）是一种介于固态和液态之间的物质，是具有规则性分子排列的有机化合物。如果把它加热会呈现透明的液体状态，把它冷却则会出现结晶颗粒的混浊固体状态。在电场的作用下，液晶分子的排列会产生变化，从而影响到它的光学性质，这种现象叫做电光效应。

常见的液晶显示器分为 TN-LCD、STN-LCD、DSTN-LCD 和 TFT-LCD 等几种，其中 TFT 型的 LCD 具有反应速度快、对比度好、亮度高、可视角度大、色彩丰富等特点，所以目前的液晶显示器基本上都是 TFT-LCD。

与传统的 CRT 相比，LCD 体积小、厚度薄、重量轻、耗能少、工作电压低、无辐射、无闪烁。

目前 LCD 显示器正在逐渐取代传统的 CRT 显示器。

LCD 与 CRT 的工作原理不同，相关的性能指标也有所区别，主要体现在以下几个方面。

- LCD 的尺寸

与 CRT 显示器不同，液晶显示器的尺寸是以实际可视范围的对角线长度来标示的。

- 点距、分辨率

液晶显示器的原理决定了其最佳分辨率就是其固定分辨率。同级别的液晶显示器的点距也是一定的，液晶显示器在全屏幕任何一处点距是完全相同的。

- 画面失真

与 CRT 显示器不同，液晶显示器基本不存在线性失真和非线性失真。在非固定分辨率下，液晶显示器可采用修补点算法实现图像的满屏显示，但对显示效果会有一些影响，图像的清晰度和逼真度都会有所降低。

- 刷新率

LCD 是对整幅画面进行刷新，即使在较低的刷新率（如 60Hz）下，也不会出现闪烁的现象。因此刷新率对于 LCD 来说并不是一个重要的指标。而更大的刷新频率指标只能说明 LCD 可以接受并处理具有更高频率的视频信号，而对画面效果而言，并不会有所提高。

- 亮度

亮度的单位为 cd/m^2，表示每平方米的烛光亮度。亮度越高，表示可以看到更加靓丽的画面、更加清晰的图像。LCD 的亮度一般应在 $250cd/m^2$ 以上，高端产品可以达到 $500cd/m^2$。

- 对比度

对比度是指屏幕图像最亮的白色区域与次暗的黑色区域之间相除后，得到的不同亮度级别，对比度越高表示所能呈现的色彩层次越丰富。一般 LCD 对比度的值应为 250：1，高端产品可以达到 400：1。

- 可视角度

可视角度包括水平可视角度和垂直可视角度两个指标。水平可视角度表示以显示器的垂直法线（即显示器正中间的垂直假想线）为准，在垂直于法线左方或右方一定角度的位置上仍然能够正常地看见显示图像，这个角度范围就是液晶显示器的水平可视角度；同样如果以水平法线为准，上下的可视角度就称为垂直可视角度。一般而言，可视角度是以对比度变化为参照标准的，当观察角度加大时，该位置看到的显示图像的对比度会下降，而当角度加大到一定程度，对比度下降到 10：1 时，这个角度就是该液晶显示器的最大可视角。一般主流 LCD 的可视角度应为 120°～160°。

- 响应时间

响应时间是指液晶体从暗到亮（上升时间）再从亮到暗（下降时间）的整个变化周期的时间总和，以毫秒（ms）为单位。响应时间过长，屏幕会有重影现象。

- 色彩数量

液晶显示器的色彩数量比 CRT 显示器少，目前多数的液晶显示器的色彩数量为 18 位色（即 262 144 色），但可以通过技术手段来模拟色彩显示，达到增加色彩显示数量的目的。

本例选择了 SAMSUNG S22A330BW 显示器，其详细参数如表 2-6 所示。在外观方面 SAMSUNG S22A330BW 显示器采用了迷人的樱桃红，红色高光外观给人以强烈的视觉冲击，主屏幕采用了 16：10 加 LED 背光设计。

SAMSUNG 红韵的可视范围非常广阔，采用灵动视角以最舒适的姿势欣赏到清晰的画面，广视角功能可以手动开启或关闭，在方便自己的同时更好地保护了自己的隐私，其亮丽的红色也可以起到装饰的作用。

表 2-6　　　　　　　　　　　　详细参数

型 号	S22A330BW	亮 度	250cd/m²
尺寸	22 英寸	对比度	3 000：1
点距	0.258mm	分辨率	1 680×1 050
接口类型	视频接口：D-Sub（VGA），DVI-D	响应速度	5ms
		水平可视角度	160°
		垂直可视角度	160°
		面板最大色彩	16.7M
		面板类型	TN

2.7　任务 7——选配光驱

光驱，是采用光学方式的记忆装置，容量大、可靠性好、储存成本低。以前大部分用户都采用 CD-ROM，而现在已经基本使用了 DVD/RW，即可读写 DVD。

光盘驱动器的接口主要有 IDE、SCSI 和 USB 3 种。

- IDE 接口：采用 IDE 接口的光驱 CPU 占有率较高。特别是采用 IDE 接口的刻录机，在烧录盘片时必须保证系统的空闲，否则就有将盘片刻坏的危险。
- SCSI 接口：采用 SCSI 接口的光驱 CPU 占有率较低，这样 CPU 就可以更有效地处理数据。对于刻录机而言，系统和其他程序对烧录过程的影响也大为降低。
- USB 接口：USB 接口的光驱具有方便的热插拔、即插即用功能，CPU 占用率不高，传输速度较快，能够跨平台使用，安装方便，前途看好。

与光驱相关的技术指标如下。

1．数据传输率

数据传输率是指光驱每秒在光盘上读写的数据量，这一指标直接决定了光驱的运行速度。国际电子工业联合会把 150KB/s 的数据传输率定为单倍速光驱，那么 300KB/s 的数据传输率也就是 2 倍速，以此类推。

刻录机有写入速度（包括 CD-RW 写入速度和 CD-R 刻录速度）与读盘速度之分，通常，写入速度远低于读盘速度。写入速度越快就意味着写满一张容量相同盘片所用的时间越短，所以写入速度才是最重要的技术指标。刻录倍速指的是每秒刻录的字节数，单位是 KB/s。一般而言，一张光盘可刻录大约 72min 的音乐，那么 2 倍速刻录机的刻录时间就是约 36min，依此类推。

DVD-RAM 光驱速度的计算方法与 CD-ROM 或 CD-RW 相似，但并不完全相同。对 DVD-RAM 驱动器来说，1 倍速（1×）相当于 CD-ROM 驱动器的 9 倍速。

2．平均读取时间

平均读取时间是指激光头移动定位到指定的预读取数据后，开始读取数据，然后将数据传输至电路上所需的时间。平均换取时间越短越好。寻道时间是指激光头在接收到读取数据的命令后将光头调整到技术数据的轨道上方所用的时间，通常用毫秒（ms）为计算单位。

3．缓存

缓存的作用是用于临时存放从光盘中读取的数据，然后再发送给计算机系统进行处理，这样可以确保计算机系统能够一直接收到稳定的数据流量。使用缓存缓冲数据可以允许驱动器提前进行读取操作，满足计算机的处理需要，缓解控制器的压力。如果没有缓存，驱动器将会被迫试图在光盘和系统之间实现数据同步。如果遇到光盘上有刮痕，驱动器无法在第一时间内完成数据读取的话，将会出现信息的中断，直到系统接收到新的信息为止。

对于刻录机而言，缓存的作用更为重要。因为在刻录时，数据要先写入缓冲区之后再进行刻录，如果缓冲区中的数据用完了，后面的数据又没有及时补充上来，就会导致"缓存欠载（BUFFER UNDER RUN）"，刻录失败。缓存越大，则刻录速度越快，刻录的失败率就越小。

一般而言，CD-ROM 的缓存为 128KB，CD-RW 的缓存为 2MB 或 4MB。

本例采用了 PHILIPS SPD2413BD 光驱，如图 2-13 所示。这显示是光驱的缓存是 2MB，并将 DVD±R 的写入速度提高到了 20X，而其他规格也是当前最高的，拥有 8X DVD-RL 写入、8X DVD+RW 复写、12X DVD-RAM 写入、24X CD-RW 复写以及 48XCD-R 写入；读取部分是 16X DVD-ROM 和 48X CD-R 的最快速度。据相关资料显示，刻录机刻写速度从 16X 提升到 20X，刻录速度耗时缩短大约 30s。

图 2-13　PHILPS SPD2413BD 光驱

2.8　任务 8——选配鼠标和键盘

输入设备是人机交流的重要工具，计算机通过输入设备接收人的指令，完成相关任务。目前常用的输入设备有键盘、鼠标等。

键盘是向计算机提供指令和信息的必备工具之一，是计算机系统一个重要的输入设备，对于分式机而言，键盘通过一条电缆线连接到主机机箱。常用键盘有 101 键、104 键。

键盘采用的接口方式主要是 PS/2 和 USB 接口。

鼠标是一种点击设备，由于外形像老鼠，所以称为鼠标器（Mouse）。

第一只鼠标于 1968 年 12 月 9 日诞生于美国加州斯坦福大学，发明者是 Douglas Englebart 博士。Englebart 博士设计鼠标的初衷是为了使计算机的操作更加简便，来代替键盘那烦琐的指令。他制作的鼠标是一只小木头盒子，工作原理是由它底部的小球带动枢轴转动，并带动变阻器改变阻值来产生位移信号，计算机对信号进行处理后，屏幕上的光标就可以移动。

鼠标按其结构可分为机械式鼠标、光电鼠标和轨迹球鼠标。

机械式鼠标中有一个橡胶球，紧贴着橡胶球的有两个互相垂直的传动轴，轴上有一个光栅轮，光栅轮的两边对应着发光二极管和光敏三极管。当鼠标移动时，橡胶球带动两个传动轴旋转，而这时光栅轮也在旋转，光敏三极管在接收发光二极管发出的光时被光栅轮间断地阻挡，从而产生脉冲信号，脉冲信号通过鼠标内部的芯片处理之后被 CPU 接收。信号的数量和频率对应着屏幕上的距离和速度。这块鼠标原理简单，操作方便，分辨率不是很高。

光电鼠标：利用了底部的光点侦测鼠标在移动中所产生的位移量。早期的光学鼠标需要专用的鼠标光电板，现在的则不需要，几乎可以在任何介质上使用，如报纸、木板等，是目前应用最为广泛的鼠标。

轨迹球鼠标从外观上看像是翻转过来的机械鼠标，通过手拨动轨迹球来控制光标的移动。

鼠标采用的接口方式主要有 USB 和 PS/2 接口，COM 接口已经被淘汰了。

鼠标最主要的技术指标是分辨率（DPI），是指每移动一英寸能检测出的点数。分辨率越高，定位越准确。高分辨的鼠标通常用于制图和精确计算机绘图等。

本例选用了 Logitech 公司的键盘鼠标套装，市场价格为 199 元。该套装内的键盘为非标准的 107 键设计，缩短了键盘的整体长度。不过按键仍然采用全尺寸设计，打字不会受到影响。该键盘手感偏软，键程较长，适合打字力度不大的人。同时偏软的键盘在长期使用的时候手指也不容易疲劳。

套装内的光电鼠标具有 Optical Technology 光学系统，能够为鼠标提供 6 000FPS 的刷新率，大大提高了鼠标的定位能力。该鼠标的引擎与 IE3.0 的在实质上是完全一致的，具有 Optical Technology 字样的 Logitech 键鼠套装都具有 6 000FPS 的帧率，如图 2-14 所示。

图 2-14　Logitech G100 键鼠套装

实训 1　配 置 计 算 机

1．实训目的

通过详细查找、对比不同厂家或者同厂家的不同产品，进一步了解计算机系统各部件相关知识，熟悉计算机的组成以及各部件参数的意义，学会根据不同需要配置不同的计算机。

同时，了解计算机行业相关公司的市场信息，培养售前服务意识。

2．实训内容

做一份价格为 8 000 元左右计算机的基本配置报告。首先要求学生去当地电子配套市场做市场调研，收集计算机配置的一手资料，然后上网查找相关产品进行比较，并做出合适的配置，然后写出配置报告。

配　件	厂　家	型　号	主要技术参数	价格（元）
CPU				
主板				
内存				
硬盘				
显卡				
声卡				
网卡				
光驱				
显示器				
鼠标				
键盘				
音箱				
机箱电源				
整机				

3．实训要求

实训的主要任务是完成一份配置报告。基本要求：价格是当时的市场价格，配置合理、分析透彻，具体要求如下。

- 各部件的型号、价格、厂家。
- 各部件的主要技术指标。
- 和同类产品的比较。
- 选择理由。

第3章

使用 Windows 7 操作系统

操作系统是管理和控制计算机的软硬件资源、方便用户操作计算机的一种系统软件。目前世界上主流的操作系统有 Windows、Linux 和 UNIX，其中，Windows 在桌面应用方面具有绝对优势，而 UNIX、Linux 在大型计算机和服务器领域具有一定优势。

Windows 的特性如同它的名字一样，就好像在计算机与用户之间开设了一个"对话"的窗口，用户只需根据屏幕上的相关图标，使用鼠标方式或按键方式进行选择，就可以轻松自如地操作功能强大的计算机。

随着计算机的普及，大学计算机技术的教育已经不是"零起点"，普及式的学习或者教育已经过时；另一方面，计算机的普及和发展又对计算机技术的教育或者学习提出了新的要求。为此，本章摒弃了传统的 Windows 教学方法，以任务的方式来学习 Windows 7 的操作和使用。

3.1   Windows 7 安装和激活

任务：安装和激活 Windows 7 操作系统

3.1.1   Windows 7 版本介绍

Windows 7 是由微软公司（Microsoft）开发的操作系统，核心版本号为 Windows NT 6.1。Windows 7 将包含 6 个版本。这 6 个版本分别为 Windows 7 Starter（初级版）、Windows 7 Home Basic（家庭基础版）、Windows 7 Home Premium（家庭高级版）、Windows 7 Professional（专业版）、Windows 7 Enterprise（企业版）和 Windows 7 Ultimate（旗舰版）。

在这 6 个版本中，Windows 7 家庭高级版和 Windows 7 专业版是两大主力版本，前者面向家庭用户，后者针对商业用户。只有家庭基础版、家庭高级版、专业版和旗舰版会出现在零售市场上，且家庭基础版仅供发展中国家和地区使用。而初级版提供给 OEM 厂商预装在上网本上，企业版则只通过批量授权提供给大企业客户，在功能上和旗舰版几乎完全相同。

另外，32 位版本和 64 位版本没有外观或者功能上的区别，但是内存支持上有一点不同。64 位版本支持 16GB 或者 192GB 内存，而 32 位版本只能支持最大 4GB 内存。目前所有新的和较新的 CPU 都是 64 位兼容的，可以使用 64 位版本。本书介绍的版本是 Windows 7 旗舰版。

3.1.2 Windows 7 旗舰版的安装过程

① 把 Windows 7 安装光盘放到光驱里，然后重新启动计算机。当从 DVD 或者 USB 设备启动之后，开始载入安装镜像文件，如图 3-1 所示。加载完之后出现安装界面，如图 3-2 所示。

图 3-1 载入镜像文件　　　　　　　　　图 3-2 Windows7 安装界面

② 在弹出的界面上单击"现在安装"按钮，如图 3-3 所示。在弹出的界面上接受许可条款，单击"下一步"按钮，如图 3-4 所示。

图 3-3 开始安装界面　　　　　　　　　图 3-4 接受"许可条款"界面

③ 在弹出的选择安装方式界面中选择"自定义"，进行操作系统的全新安装，如图 3-5 所示。在弹出的磁盘安装界面中，选择安装的磁盘分区，这里选择 C 盘。如果系统只一个分区，只有一个硬盘，可选择驱动器高级，如图 3-6 所示。

图 3-5 选择安装方式　　　　　　　　　图 3-6 选择安装操作系统的分区

④ 在弹出的界面单击"新建"按钮，如图 3-7 所示。

如果电脑硬盘只有一个分区的话，会自动创建一个 100M 系统分区。这个 100M 分区如果在创建之后再删除，会造成硬盘分区表永久损害。所以在安装系统之前，可以用其他分区工具先把硬盘分区好。如果硬盘以前就创建好了分区，可以直接略过这一步骤，选择需要安装的位置单击"下一步"按钮，如图 3-8 所示。

图 3-7　新建分区界面　　　　　　　　　　　　　　图 3-8　确认分区界面

⑤ 正式开始安装。安装过程界面，如图 3-9 和图 3-10 所示。

图 3-9　安装过程界面 1　　　　　　　　　　　　图 3-10　安装过程需要重启界面

⑥ 重启之后为首次安装进行设置，如图 3-11 所示。然后继续安装，如图 3-12 所示。安装完毕后再次重启。

图 3-11　重启后更新注册表设置界面　　　　　　　图 3-12　继续安装界面

⑦ 重启后首次启动系统界面，如图 3-13 所示，然后出现设置用户名界面，如图 3-14 所示。

图 3-13　安装完成首次启动系统界面

图 3-14　设置用户名界面

⑧ 设置密码界面，如图 3-15 所示。出现输入密钥界面，如图 3-16 所示。密钥可以暂时不用输入。单击"下一步"按钮。

图 3-15　设置用户密码界面

图 3-16　输入密钥界面

⑨ 在弹出的界面上单击"使用推荐设置"按钮，如图 3-17 所示，单击"下一步"按钮。出现设置时区、日期和时间界面，如图 3-18 所示，单击"下一步"按钮。

图 3-17　使用推荐设置界面

图 3-18　设置时间和日期界面

⑩ 在弹出的界面中选择网络，如果是自己家里就选"家庭网络"，公共场所选择"公

用网络"，如图 3-19 所示。单击"下一步"按钮，计算机完成最后设置。

⑪ 单击"下一步"按钮，出现欢迎界面，之后 Windows 7 的桌面终于出现了，安装完成，如图 3-20 所示。

图 3-19　设置网络界面　　　　　　　　　　图 3-20　安装后默认的 Windows7 界面

3.1.3　Windows 7 的激活

正版 key 激活。这种激活方式是最简单的，确保计算机联网之后，右键单击"计算机"，在弹出的菜单中选择"属性"，在弹出的"属性"对话框中将右侧滑块拉到最下面，会看到计算机有 30 天的试用期，单击试用期，弹出输入产品密钥对话框，如图 3-21 所示，输入密钥。单击"下一步"按钮，稍后会看到 Windows 7 已经激活，如图 3-22 所示。

图 3-21　输入密钥界面　　　　　　　　　　图 3-22　Windows 7 激活成功界面

3.2　Windows 7 基础操作

3.2.1　Windows 7 启动与退出

1．启动计算机

启动计算机首先要连接好各种电源和数据线，然后打开显示器，待其指示灯变亮后，再按下计算机主机上标有 Power 字样的电源开关，即启动了 Windows 7。

通过自检后，计算机将显示欢迎界面，如果用户在安装 Windows 7 时设置了用户名和密码，将出现 Windows 7 登录界面。

2．关闭计算机

在关闭计算机电源之前，要确保正确退出 Windows 7，否则可能会破坏一些未保存的文件和正在运行的程序。关闭计算机的方法是单击"开始"菜单，在弹出的菜单中单击"关机"按钮。

3．注销、切换用户、锁定、重新启动、睡眠功能

单击"开始"菜单，在弹出的菜单中单击"关机"按钮右侧的下拉菜单按钮 ▶ ，在弹出的菜单中可以选择"注销""切换用户""锁定""重新启动""睡眠"。

（1）注销

注销的意思是指向系统发出清除现在登录的用户的请求，清除后即可重新使用任何一个用户身份重新登录系统，注销不可以替代重新启动，只可以清空当前用户的缓存空间和注册表信息 。

（2）切换用户

此功能类似于注销，可以切换用户进行登录。

（3）锁定

当计算机进入锁定状态后，重新使用就需要输入正确的登录密码。在平时工作中，当需要暂时离开电脑一会儿的时候，可使用锁定功能。

（4）重新启动

相当于执行"关闭"操作后再开机。

（5）睡眠

将打开的文档和应用程序保存在硬盘上，下次唤醒时文档和应用程序还像休眠前那样打开着，以便于用户能够快速开始工作。

3.2.2 鼠标和键盘的操作

1．鼠标指针及形状

鼠标常用的形状及含义如图 3-23 所示。

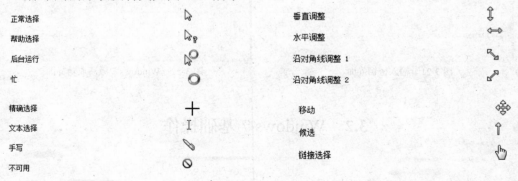

图 3-23 鼠标指针形状

2．鼠标操作

鼠标是人们用来操作计算机最常用的工具。在市面上可以看到各种各样的鼠标，但它们的构造大同小异。

鼠标最常用的操作有下面几种。

移动：握住鼠标在鼠标垫板或桌面上移动时，计算机屏幕上的鼠标指针就随之移动。在通常情况下，鼠标指针的形状是一个小箭头。

指向：移动鼠标，让鼠标指针停留在某对象上，如指向"开始"按钮等。

单击：用鼠标指向某对象，再将左键按下、松开。单击一般用于选中某选项、命令或图标。

右击：将鼠标的右键按下、松开。右击通常用于完成一些快捷操作。一般情况下，右击都会打开一个菜单，从中可以快速执行菜单中的命令，因此称为快捷菜单。

双击：快速地连按两下鼠标左键。

拖动：一般是指将某一个对象从一个位置移动到一个新的位置的过程。

3. 键盘的操作

键盘是最普通、最常用的输入设备，除了可以进行文字录入之外，还提供了一些常用的快捷键。Windows 常用快捷键如表 3-1 所示。

表 3-1　　　　　　　　　　　　　　Windows 7 常用快捷键

快 捷 键	功　　能
Alt	激活菜单栏
Alt+Esc	按照打开的时间顺序，在窗口对话框间切换
Alt+F4	退出程序
Alt+Print Screen	把当前窗口、对话框复制到剪贴板上
Ctrl+A	全部选取
Ctrl+C	复制
Ctrl+V	粘贴
Ctrl+X	剪切
Ctrl+Z	撤销
Ctrl+Alt+Delete	进入 Windows 7 任务管理器

3.2.3　Windows 7 的桌面

1. Windows 7 的桌面组成

开机时先打开显示器的电源，然后再打开机箱，当成功启动计算机后看到的第一个界面就是 Windows 7 系统的桌面，其中包括图标、背景、"开始"按钮、托盘区等，如图 3-24 所示。

2. 图标

图标用来表示计算机内的各种资源（文件、文件夹、磁盘驱动器、打印机等）。每个图标由图形和文字两部分组成。举例如下。

❖　计算机：包含计算机里所有的信息。

❖　用户的文件：作为图片、文档、数据等默认存储的位置。

❖ 网络：显示网络其他计算机中的资源，实现资源共享。

❖ 回收站：暂时存储已经删除的内容。

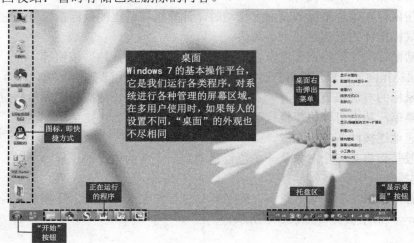

图 3-24　Windows 7 桌面及右键菜单

3. 快捷方式

快捷图标是一个链接对象的图标。它与某个对象（如程序、文档）相链接，使之能快速地访问到指定的对象。如图 3-24 中，搜狗高速浏览器、腾讯 QQ 等都是快捷方式。

4. 任务栏和任务切换

（1）任务栏的移动

将鼠标移至任务栏上，按住鼠标左键不放，进行拖曳移动至桌面 4 个方向。

（2）任务栏的缩放

将鼠标移至任务栏上边沿，按住鼠标左键不放进行拖动改变大小。

5. "开始"菜单

我们可以在"开始"菜单中选择运行计算机中已经安装的软件或打开文档，也可以通过"开始"菜单关闭计算机。"开始"菜单界面，如图 3-25 所示。

图 3-25　Windows 7 "开始"菜单

6．托盘区

即屏幕的右下角，在这里可以设置系统的声音、系统的时间、输入法以及网络连接等相关信息，如图 3-24 所示。

7．桌面右键菜单

在 Windows 7 桌面空白处单击鼠标右键，在弹出的右键菜单中，有关于桌面的一些功能被更加直观地展示，如图 3-24 所示。

8．显示系统桌面图标

在默认的状态下，Windows 7 安装之后桌面上只保留了回收站的图标。若想添加其他系统的图标，方法如下。

① 在右键菜单中单击"个性化"，然后在弹出的设置窗口中单击左侧的"更改桌面图标"，如图 3-26 所示。

图 3-26　个性化对话框

② 在弹出的桌面图标设置对话框中，将"计算机""用户的文件"前面的复选框选中，如图 3-27 所示，单击"确定"按钮，桌面便会重现这些图标了。

9．最小化后查看多个文档

Windows 7 窗口最小化后可将鼠标停在状态栏文档上查看文档内容。例如，打开两个文档，将这两个文档最小化，将鼠标停到这两个文档在任务栏上的图标，可显示对应文档的内容，将两个窗口排列起来以便对比其中的内容。

图 3-27　桌面图标设置对话框

10. 显示桌面，透明化窗口

只需要将鼠标悬停在 Window 任务栏最右端（即屏幕最右下角的按钮），所有打开的窗口将变成透明，从而使桌面可见，单击该按钮则直接显示桌面，如图 3-24 所示。不用像 Window XP 中需要单击"显示桌面"图标才能显示桌面。

3.2.4 Windows 7 窗口及其操作方法

1. 窗口的组成

Window 7 的窗口一般由控制栏、菜单栏、功能栏、地址栏、搜索栏、工作区、状态栏、窗口控制按钮（最小化按钮、最大化/还原按钮和关闭按钮）等组成，如图 3-28 所示。

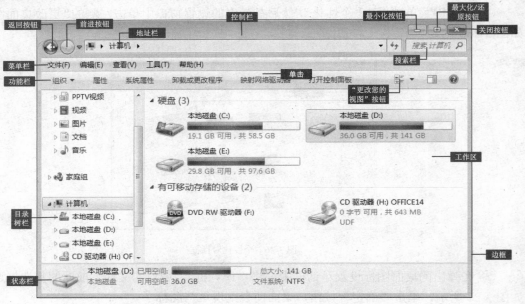

图 3-28 Windows 7 的窗口组成

2. 窗口相关操作

（1）改变窗口大小

❖ 单击控制栏最右侧的控制按钮。

❖ 将鼠标移至窗口任意角落，当鼠标改为双向箭头时按下鼠标，拖到适合位置松开，可以改变窗口大小。

❖ 双击控制栏，可进行最大化和还原之间切换。

（2）窗口移动

将鼠标移至窗口控制栏内，按下鼠标左键后移动，到适合位置后松开，窗口会移到对应位置。

（3）窗口图标显示

① 单击"更改您的视图"按钮，在弹出的菜单包含"超大图标""大图标""中等图标""小图标""列表""详细信息""平铺""内容"等选项，单击其中某个选项，可以改变视图效果，如图 3-29 所示。

图 3-29　窗口图标显示菜单

② 在"工作区"中单击鼠标右键，在弹出的右键菜单中选择"查看"，也可以改变视图效果。

（4）窗口图标排序

在"工作区"中单击鼠标右键，在弹出的右键菜单中选择"排序方式"，在弹出的菜单中选择"名称"，可按"名称"排列各图标，如图 3-30 所示。

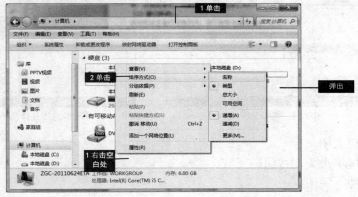

图 3-30　窗口图标排序方式

（5）窗口切换

① 若有多个窗口打开，单击要选择窗口的任意部分，即可切换到该窗口。

② 在任务栏上单击相应的图标按钮；

③ 按 Alt+Tab 组合键进行切换；

④ 用 Alt+Esc 组合键进行切换；

活动的窗口控制栏呈深色，不活动的窗口控制栏呈浅色。

（6）窗口排列

右击任务栏空白处，弹出的菜单包含"工具栏""层叠窗口""堆叠显示窗口""并排显示窗口""显示桌面""启动任务管理器""锁定任务栏"和"属性"命令，如图 3-31 所示。可选择"层叠窗口""堆叠显示窗口""并排显示窗口"中的一个来设置多个窗口显示的效果，如图 3-32～图 3-34 所示。

图 3-31　任务栏右键菜单　　　　　图 3-32　层叠显示窗口

图 3-33　堆叠显示窗口　　　　　图 3-34　并排显示窗口

（7）窗口关闭

❖　直接单击关闭按钮。

❖　文件→关闭。

❖　Alt+F4 组合键。

❖　右击任务栏→关闭。

❖　双击控制图标。

3．任务栏的配置

如果想改变任务栏的配置，可以通过在任务栏上单击右键，选择"属性"，打开"任务栏和【开始】菜单属性"对话框，如图 3-35 所示。

图 3-35　"任务栏和[开始]菜单属性"对话框

若要设置任务栏为自动隐藏，则在对话框中将"自动隐藏任务栏"复选框设置为选中，单击"确定"按钮，完成设置。

【练习 3-1】启动计算机，完成下列操作。

（1）将系统声音设为静音：在桌面的右下角托盘区单击 打开设置框，选中静音 。

（2）将系统时间设置为 2013 年 4 月 6 日中午 3：02。

（3）分别启动 Word 程序和 Excel 程序，并将两个窗口横向平铺。

（4）将系统图标"网络"和"用户的文件"显示在桌面上。

3.2.5 对话框及其操作方法

对话框及其操作是 Windows 环境中的又一个重要组成部分，这是用户与计算机系统之间进行信息交流的窗口。在对话框中用户可以通过对选项的选择，对系统进行对象属性的修改或者设置。当用户执行应用程序或文档窗口中带有省略号的菜单，或选择了屏幕弹出的快捷菜单中的某些命令时，就会出现对话框。

对话框的组成和窗口有相似之处，例如，都有控制栏，但对话框要比窗口更简洁、更直观、更侧重于与用户的交流，它一般包含有控制栏、选项卡与标签、文本框、列表框、命令按钮、单选按钮、复选框和数字调节按钮等几部分。

对话框的操作包括对话框的移动、关闭和对话框间的切换等，可以利用鼠标来切换，也可以使用键盘来实现。下面我们就来介绍关于对话框的有关操作。

1．对话框的移动和关闭

将鼠标移到控制栏上，按下鼠标拖动到适合的位置松开鼠标，完成对话框的移动。当单击对话框右上角的关闭按钮 时，可关闭对话框。

2．切换对话框中的选项

为了显示更多内容，对话框中有多个选项卡，单击选项卡上的标签，即可显示对应的选项卡内容，如图 3-36 所示。

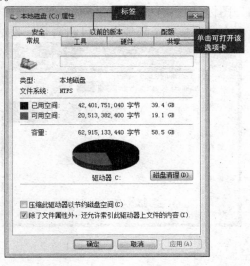

图 3-36 对话框

3.2.6 剪贴板及其操作方法

剪贴板是 Windows 7 提供的一个实用工具，用户可以将文本、文件、文件夹或图像等对象"复制"或"剪切"到剪贴板的临时存储区中，然后可以将该对象"粘贴"到同一程序或不同程序所需要的位置上。

1．把对象复制到剪贴板

单击"编辑"菜单中的"复制"命令，或按 Ctrl+C 组合键，或是在要复制对象上单击鼠标右键，在右键菜单中选择"复制"。

2．把对象剪切到剪贴板

单击"编辑"菜单中的"剪切"命令，或按 Ctrl+X 组合键，或是在要剪切对象上单击鼠标右键，在右键菜单中选择"剪切"。

3．从剪切板中粘贴对象

单击"编辑"菜单中的"粘贴"命令，或按 Ctrl+V 组合键，或是在目标位置空白处单击鼠标右键，在右键菜单中选择"粘贴"。

3.2.7 回收站的使用

回收站的功能是临时存放被删除的文件或文件夹。回收站有两种状态：清空和有删除项目状态，如图 3-37 所示。

图 3-37 "回收站"两种状态图标

双击桌面的"回收站"图标可打开"回收站"窗口。"回收站"窗口界面，如图 3-38 所示。该窗口的功能栏中有两个功能按钮：还原此项目和清空回收站。

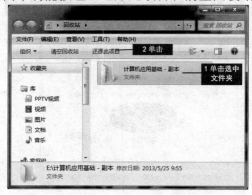

图 3-38 "回收站"窗口

❖ 还原此项目：选中文件或文件夹，单击该按钮将删除的文件恢复到删除前的位置。

❖ 清空回收站：选中文件或文件夹，单击该按钮永久性删除回收站中所有的文件或文件夹。

图 3-39　"运行"对话框

3.2.8　启动应用程序的方法

启动应用程序的方法有以下几种。

① 单击"开始"菜单，单击"所有程序"按钮，在打开的菜单中选择相应的程序，即可启动该应用程序。

② 单击"开始"菜单，单击"运行"命令，弹出"运行"对话框，在其中输入相应的命令，单击"确定"按钮，即可运行该程序，如图 3-39 所示。

③ 双击桌面上的快捷图标。

④ 右击桌面图标，在弹出的右键菜单中选择"打开"。

⑤ 通过文档文件打开应用程序。Windows 7 注册了系统所包含的文档文件类型，每种类型分配一个文件图标和打开文档文件的应用程序。打开文档文件会在启动与之相关的应用程序的同时，装载该文档文件。

3.3　Windows 7 的文件管理

3.3.1　文件系统的基本概念

1．文件和文件夹

文件：有名的一组相关信息的集合。存取方式为按名存取。

文件夹：用于存放文件的区域。主要是树型结构。

所有文件以及文件夹都有自己的图标和名字，不同类型的文件有不同的图标。文件夹的图标外观类似。图标可以改变。

2．文件与文件夹名

（1）组成

主文件名.扩展名

（2）命名规则

最多可以由 255 个字符组成，不区分大小写，允许使用汉字，扩展名用于说明文件类型，

主文件名与扩展名之间用.分隔。不能使用\、/：*？"<>|等特殊字符，可以有空格。

（3）使用规则

同一文件夹中不允许有相同的文件或文件夹名（主文件名和扩展名全相同）。

3．文件以及文件夹属性

每个文件都具有自身特有的信息，如文件位置、类型、大小等。一般文件的存储方式有只读、存档、隐藏等属性，在文件或者文件夹上单击鼠标右键选择属性，打开文件属性对话框。

❖　只读：指文件只允许读，不允许更改。

❖　存档：指的是该文件尚未备份，此属性是为了提供给一些备份软件使用的。

❖　隐藏：指将文件隐藏，不显示。

4．路径

文件或文件夹的位置也叫"路径"，它包含根文件夹和各级文件夹，直到最后一级文件夹，各级文件夹之间用"\"分隔。路径用于用户在计算机中进行文件查找时使用。

3.3.2　"计算机"窗口

Windows 7中的"计算机"和"资源管理器"界面相同，只是打开的库不同。"计算机"窗口中打开的是系统中各磁盘分区，而"资源管理器"窗口中打开的是"库"中的各个信息。

"计算机"是一个非常重要的浏览和管理磁盘文件的程序。利用"计算机"可以查看本机或其他计算机上的磁盘（软盘、硬盘、光盘）上的文件，或连接的设备，并可对文件进行复制、移动、删除等操作。

1．启动"计算机"的方法

① 单击"开始"按钮，在弹出的菜单中选择"计算机"。

② 双击桌面上的"计算机"图标 。

2．"计算机"窗口介绍

"计算机"窗口由控制栏、菜单栏、功能栏、地址栏、搜索栏、工作区、状态栏、窗口控制按钮（最小化按钮、最大化/还原按钮和关闭按钮）等组成，如图3-28所示。

（1）控制栏

为窗口最上方深色的条状区，通过控制区可以移动窗口，最大化和还原窗口。

（2）菜单栏

菜单栏中包含对窗口内对象的各种操作命令，单击各命令即可执行。

（3）目录树栏

在"计算机"的左侧为目录树栏，目录树中各磁盘和文件夹前面包含" ▷ "" ◢ "符号。其中，文件夹前有符号" ▷ "表示次文件夹下还有子文件夹但还没展开，" ◢ "则表示此文件夹下有子文件夹，但已在当前窗口展开。可以单击" ▷ "和" ◢ "在它们之间转换。

（4）工作区

工作区列出了在地址栏或在文件夹列表框中所选位置（当前文件夹）中所有文件或子文件夹。左边列表框可以利用"更改您的视图"右侧的"更多选项"按钮 ，在弹出的下拉菜单中选择文件夹和文件的显示效果。

（5）地址栏

地址栏中输入本机、本地局域网上的盘符或文件（夹），输入后回车即可转到目标文件夹。也可单击地址中某一文件夹，即可转到该文件夹中。

（6）搜索栏

此为 Windows 7 中新增功能栏，通过在搜索栏中输入要查找的内容，即可在当前文件或文件夹中查找对象。

3.3.3　文件/文件夹的操作

1．创建新文件

打开"计算机"，找到要创建新文件的文件夹位置，在工作区空白处单击鼠标右键，选择"新建"菜单下的某个文档名，如"Microsoft Word 文档"命令，然后在新建的文件名字文本框内输入新的文件名，如输入"书稿"，单击空白处，完成文档重新命名过程，如图 3-40 所示。

2．创建新文件夹

打开所要建立新文件夹的文件夹，在空白处单击鼠标右键，选择"新建"菜单下的"文件夹"命令，然后在文件夹名字文本框内输入新的文件夹名，单击空白处，完成重新命名过程，如图 3-41 所示。文件夹是可以嵌套存在的，即可以在文件中再建立子文件夹。

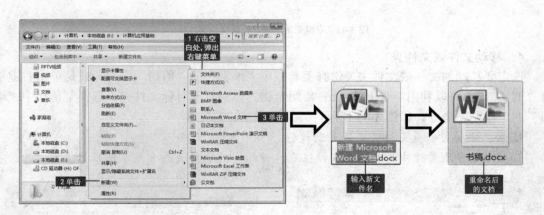

图 3-40　新建文件夹过程

图 3-41　新建文件夹过程

3．复制文件或文件夹

选定要复制的文件或文件夹，选择菜单栏中"编辑"的"复制"命令；或是单击右键，在右键菜单中选择"复制"；也可以利用键盘的快捷键 Ctrl+C 组合键，然后打开目标文件夹，在空白处单击鼠标右键选择"粘贴"或者按快捷键 Ctrl+V 组合键，完成复制过程，如图 3-42 所示。

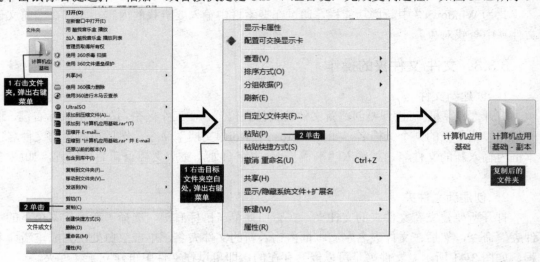

图 3-42　右键菜单复制文件或文件夹过程

4．移动文件或文件夹

选定要移动的文件或文件夹，选择菜单栏中"编辑"的"剪切"命令；或是单击右键选择"剪切"，也可以利用键盘上的 Ctrl+X 组合键，然后打开目标文件夹，选择菜单栏中"编辑"的"粘贴"命令，如图 3-43 所示。

> **提示**：拖动文件或文件夹完成复制过程
>
> 如果想要复制被选中的文本，在按住 Ctrl 键的同时拖动被选中文本到目标位置放开，完成复制过程。

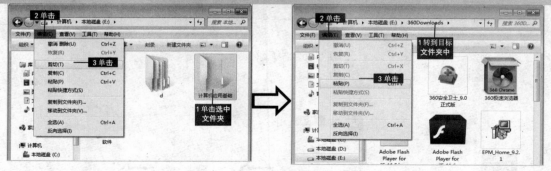

图 3-43　通过菜单栏命令实现文件夹的移动

5．删除文件或文件夹

首先选定要删除的文件或文件夹，右键菜单选择"删除"，或直接使用键盘上的 Delete 键，即可完成删除过程，此时被删除文件被放置在回收站中。若想恢复或彻底删除，可在回收站中进行操作。选中文件或文件夹后按下 Shift+Delete 组合键可以将要删除的文件直接删除，不进入回收站。

6．重命名

在要重命名的文件或文件夹上单击鼠标右键，在弹出的菜单中选择"重命名"，或是在文件或文件夹的文字上两次单击（注意，不是双击），或者直接按 F2 键，文字变成可改写状态，如图 3-44 所示。输入要重命名的名字，完成重命名过程。

图 3-44 重命名文件夹

7．查看文件的扩展名

可以根据文件的扩展名确定文件的类型，但 Windows 7 的文件扩展名平时是隐藏起来的，可以设置文件的扩展名是可见的，方法如下。

① 打开"计算机"，在功能栏中选择"组织"，在弹出的下拉菜单中选择"文件夹和搜索选项"命令，如图 3-45 所示打开文件夹选项对话框，设置是否显示文件的扩展名。

② 在弹出的"文件夹选项"对话框中单击"查看"标签，在"查看"选项卡中下拉，找到"隐藏已知文件类型的扩展名"，取消该复选框的选中状态，如图 3-46 所示。单击"确定"按钮，完成设置。

此时再查看所有的文件名，文件名的扩展名已经显示了，如图 3-47 所示。

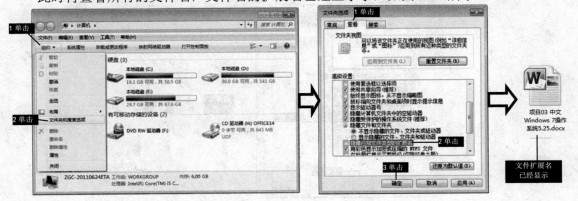

图 3-45 设置文件的扩展名可见　　　　图 3-46 "文件夹选项"对话框　　　　图 3-47 显示的文件扩展名

8．设置文件及文件夹的属性

选择文件或文件夹，单击鼠标右键，在弹出的菜单中选择"属性"，打开文件及文件夹属性对话框，根据需要进行设置，如图 3-48 所示。

若将文件设置为隐藏属性即可将文件隐藏起来，默认情况下是看不到隐藏文件的，查看隐藏文件方法如下。

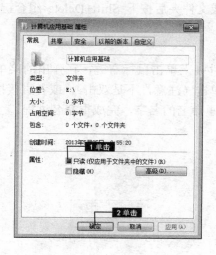

图 3-48　设置文件及文件夹的属性

（1）打开"计算机"，在功能栏中选择"组织"，在弹出的下拉菜单中选择"文件夹和搜索选项"命令，打开文件夹选项对话框，如图 3-49 所示。

（2）在弹出的"文件夹选项"对话框中单击"查看"标签，在"查看"选项卡中下拉，单击"显示隐藏的文件、文件夹和驱动器"单选按钮。单击"确定"按钮，完成设置。

此时再查看所有的磁盘及文件夹，则显示隐藏文件和文件夹，这些文件和文件夹是浅色的效果，如图 3-50 所示。

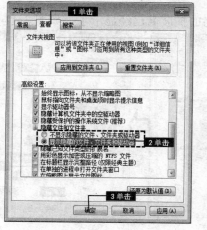

图 3-49　显示隐藏文件及文件夹的属性　　图 3-50　隐藏文件夹

9．删除文件和整个文件夹

选中文件或文件夹，在其上单击鼠标右键，在弹出的右键菜单中选择"删除"命令，或者按键盘上 Delete 键，单击"确定"按钮，弹出"删除文件夹"对话框，单击"是"按钮，完成删除过程，如图 3-51 所示。

图 3-51　删除文件和文件夹对话框

10．文件及文件夹的选定

① 如选定一个对象，则单击左键即可。

② 如选择所有的对象，则使用编辑菜单中的"全部选定"命令或按下 Ctrl + A 组合键。

③ 如选择连续几个文件或文件夹，则按住键盘的 Shift 键后，用鼠标单击第一个和最后一个即可

④ 如选择不连续的几个文件或文件夹，则按住键盘的 Ctrl 键后用鼠标单击要选择的所有文件和文件夹。

⑤ 利用鼠标拖动的方式选择对象，具体如下：

将鼠标放置空白处，按住鼠标不放拖动鼠标会出现一矩形方块，用此方块包含所选对象，松开左键即可。

【练习 3-2】打开"计算机"，完成下面各项操作。

（1）在 E 盘上根目录建立文件夹，命名为"计算机应用基础"

（2）在"计算机应用基础"文件夹下分别建立 3 个文件夹"Word""Excel"和"PowerPoint"。

（3）在"Word"文件夹中建立 Word 文件，名为"歌曲目录.docx"。

（4）将"Word"文件夹中的文件"歌曲目录.docx"复制到"Excel"文件夹中。将文件名改为"歌曲目录 123.docx"。

（5）设置"Word"文件夹的属性为只读。

3.4　Windows 7 系统设置

3.4.1　控制面板简介

控制面板是 Windows 系统中重要的设置工具之一，方便用户查看和设置系统状态。单击桌面左下角的圆形"开始"按钮，从开始菜单中选择"控制面板"就可以打开系统的控制面板。

控制面板缺省以"类别"的形式来显示功能菜单，如图 3-52 所示。分为系统和安全、用户账户和家庭安全、网络和 Internet、外观和个性化、硬件和声音、时钟语言和区域、程序、轻松访问等类别，每个类别下会显示该类的具体功能选项。

除了"类别"，Windows 7 控制面板还提供了"大图标"和"小图标"的查看方式，只需单击控制面板右上角"查看方式"旁边的小箭头，从中选择自己喜欢的形式就可以了。"小图标"形式的控制面板如图 3-53 所示。

图 3-52　控制面板的"类型"形式　　　　　图 3-53　控制面板的"小图标"形式

　　下面我们介绍一下控制面板中常用的"个性化""日期和时间""键盘""鼠标""打印机""添加/删除程序"等各项功能的使用方法。

3.4.2　"个性化"设置

1. 设置桌面主题

　　在桌面的空白处单击鼠标右键选择"个性化"命令，如图 3-54 所示。或是打开"控制面板"，单击其中的"个性化"，都可打开"个性化"对话框。在"个性化"对话框中选择某个主题，如"建筑"主题，如图 3-55 所示，此时窗口的效果改为该主题效果。Windows 7 的主题新增的 Aero 效果，窗口是半透明的，非常炫目。

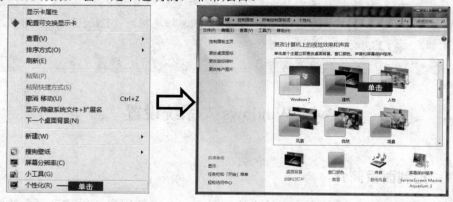

图 3-54　桌面右键菜单　　　　　　　　图 3-55　"个性化"对话框设置主题

2. 设置桌面背景

　　单击"个性化"对话框下面的"桌面背景"按钮，弹出"桌面背景"对话框，在对话框中单击"图片位置"后的"浏览"按钮，在弹出的"浏览文件夹"对话框中选择背景图片所在位置，单击"确定"按钮后回到"桌面背景"对话框。在"更改图片的时间"下拉框中选择时间，如"30 分钟"，则 30 分钟切换一次背景图片。单击"保存修改"按钮完成背景的设置过程，如图 3-56 所示。

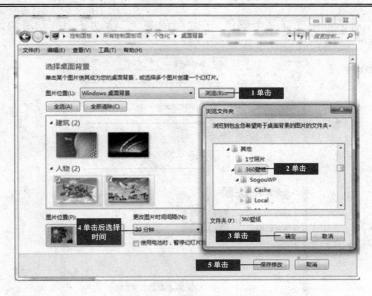

图 3-56 "桌面背景"对话框

3. 设置屏幕保护程序

当较长时间不使用计算机时，可以设置屏幕保护程序以避免长时间使用显示器影响显示器的使用寿命。单击"个性化"对话框下面的"屏幕保护程序"按钮，弹出"屏幕保护程序设置"对话框，如图 3-57 所示。

通过屏幕保护程序列表选择需要的屏幕保护程序，如"字幕"，等待的时间为 15 分钟是指当 15 分钟都不对计算机进行任何操作就会执行屏幕保护程序。"在恢复时显示登录屏幕"是指从屏幕保护程序中恢复到正常状态时需要密码，这样有助于个人计算机的安全。

图 3-57 "屏幕保护程序"对话框

4. 设置窗口颜色

单击"个性化"对话框下面的"窗口颜色"按钮，弹出"窗口颜色和外观"对话框，如

图 3-58 所示。在对话框中选择某个颜色，在"颜色浓度"滑动条上拖动滑块，调整颜色浓度。
单击"保存修改"按钮完成设置过程。

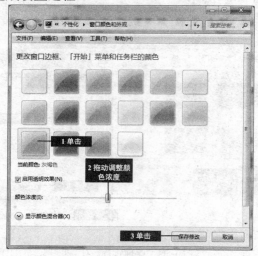

图 3-58 "窗口颜色和外观"对话框

5. 设置声音

单击"个性化"对话框下面的"声音"按钮，弹出"声音"对话框，如图 3-59 所示。在
对话框中选择某个声音，单击"测试"按钮试听该声音，单击"浏览"按钮打开文件浏览对
话框，选择对应的声音文件。单击"确定"按钮完成设置过程。

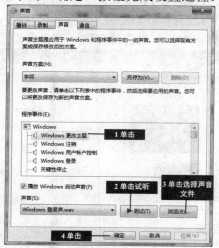

图 3-59 "声音"对话框

6. 设置分辨率

在桌面的空白处单击鼠标右键选择"屏幕分辨率"，打开"屏幕分辨率"对话框，如图
3-60 所示。屏幕分辨率可以拖动滑块进行更改，一般 17 英寸的显示器设置为 1024×768 即可，
笔记本的分辨率设置为 1366×768。分辨率越高，清晰度越高，而颜色质量越高，显示效果越
好。但同时这些的属性设置也会影响计算机的运行速度。

3.4.3　设置日期和时间

在 Windows 7 中，时间和日期设置窗口有了质的变化，它并没有继承以前的 Windows XP 系统样式，而是进行改进使其有了更为典雅的界面。下面学习如何对时间和日期进行设置。

① 将鼠标移动至时间显示上（任务栏右侧）然后单击，此时可以看到"时间和日期设置"窗口，如图 3-61 所示。如果将鼠标移动至时间上稍微停留片刻，可以看到一个小的时间提示标签，如 2013年5月25日 星期六 。

图 3-60　设置屏幕分辨率

图 3-61　时间和日期设置窗口

② 单击"时间和日期设置"窗口中的"更改日期和时间设置…"文字，将出现具体的设置对话框。

③ 在"日期和时间"窗口中单击"更改日期和时间"按钮，如图 3-62 所示，将出现"日期和时间设置"对话框。

④ 在"日期和时间设置"对话框中，我们可以通过日历中的左右箭头选择年、月，在日期处选择当前的日期。在设定好日期后，我们可以使用显示时间框后的上下箭头来调整当前时间（当然我们也可以直接鼠标拖动涂黑选中数字直接修改），调整结束后单击"确定"按钮完成调整，如图 3-63 所示。

图 3-62　"日期和时间"对话框

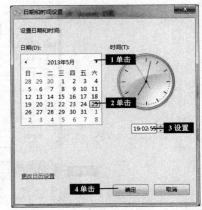

图 3-63　日期和时间设置对话框

3.4.4 添加/删除程序

Windows 7 中可以添加或删除程序。添加程序一般直接双击安装程序就可以直接开始安装，安装结束后该程序一般在"开始"菜单的"所有程序"中有其快捷方式，或是在桌面上有其快捷方式图标，双击该快捷方式就可以打开该应用程序。若想删除某个应用程序，其过程如下。

① 单击"开始"菜单中的"控制面板"，打开"控制面板"窗口。在"类别"视图状态中单击"程序"分类下的"卸载程序" 📗 程序，打开"程序和功能"对话框。

② 在对话框中选中要删除的应用程序，然后单击"卸载/更改"按钮，弹出该应用程序的卸载向导，按向导指导完成卸载过程，如图 3-64 所示。

图 3-64 "程序和功能"对话框

3.4.5 添加打印机

打印机是计算机常见的设备，Windows 7 系统用户如果需要使用打印机时往往需要先通过添加打印机才能正常使用。以下是 Windows 7 系统添加打印机的步骤。

① 首先单击桌面左下角的"开始"按钮，选择"设备和打印机"进入设置页面，如图 3-65 所示。也可以通过"控制面板"中"硬件和声音"中的"设备和打印机"进入。

图 3-65 "开始"菜单中的"设备和打印机"

② 在"设备和打印机"页面，选择"添加打印机"，此页面可以添加本地打印机或添加

网络打印机，如图 3-66 所示。

图 3-66　"添加打印机"对话框

③ 选择"添加本地打印机"后，会进入到选择打印机端口类型界面，选择本地打印机端口类型后单击"下一步"按钮。

④ 此页面需要选择打印机的"厂商"和"打印机类型"进行驱动加载，如"EPSON PX-V500（M）"，选择完成后单击"下一步"按钮。如果 Windows 7 系统在列表中没有你所使用的打印机的类型，可以单击"从磁盘安装"按钮添加打印机驱动。或单击"Windows Update"按钮，然后等待 Windows 联网检查其他驱动程序，如图 3-67 所示。

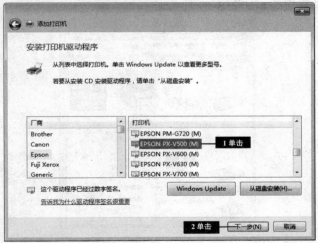

图 3-67　添加打印机

⑤ 系统会显示出你所选择的打印机名称，确认无误后，单击"下一步"按钮进行驱动安装。

⑥ 打印机驱动加载完成后，系统会出现是否共享打印机的界面，你可以选择"不共享这台打印机"或"共享此打印机以便网络中的其他用户可以找到并使用它"。如果选择共享此打印机，需要设置共享打印机名称，如图 3-68 所示。

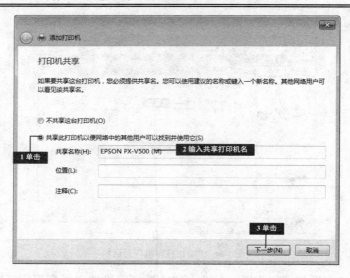

图 3-68 "添加打印机"对话框

⑦ 单击"下一步"按钮，添加打印机完成，设备处会显示所添加的打印机。你可以通过"打印测试页"检测设备是否可以正常使用。

如果计算机需要添加两台打印机时，在第 2 台打印机添加完成页面，系统会提示是否"设置为默认打印机"以方便你使用。也可以在打印机设备上单击鼠标右键在右键菜单中选择"设置为默认打印机"进行更改，如图 3-69 所示。

图 3-69 设置默认打印机

3.4.6 添加新硬件

只需将硬件或移动设备插入计算机中，便可以安装大多数的硬件或移动设备。如果硬件可用，Windows 7 将自动安装适当的驱动程序；如果硬件不可用，Windows 7 将提示插入软件光盘（光盘可能随硬件设备附带）。

也可打开"控制面板"，在"类型"视图中选择"硬件和声音"中的"添加设备"，打开"添加设备"对话框，按照向导指示添加硬件。

3.4.7 设置系统

打开"控制面板",在"小图标"视图中单击"系统"按钮,打开"系统"对话框。或是在桌面上右击"计算机"图标,在弹出的右键菜单中选择"属性",也可打开"系统"对话框,如图 3-70 所示。

图 3-70 "系统"对话框

1. 设备管理器

在"系统"对话框左侧单击"设备管理器",打开"设备管理器"对话框,如图 3-71 所示。如果有未安装驱动程序的硬件设备,会在"设备管理器"中以黄色叹号显示,可删除该设备,重新安装驱动即可。也可右键单击该硬件设备,在弹出的菜单中选择"更新驱动程序软件"命令,完成硬件设备的安装。

图 3-71 "设备管理器"对话框

2. 系统属性

在"系统"对话框左侧单击"设备管理器"按钮,打开"系统属性"对话框。在"高级"标签中可以单击"性能"中的"设置"按钮,在"性能"对话框中进行设置,如图 3-72 所示。单击"计算机名"标签,在"计算机描述"的文本框中输入计算机名字,如"LC",单击"确定"按钮,则计算机名被改变,在局域网上该计算机名为"LC",如图 3-73 所示。

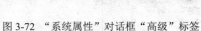

图 3-72 "系统属性"对话框"高级"标签　　　图 3-73 "系统属性"对话框"计算机名"标签

3.4.8　磁盘管理

1. 通过磁盘管理器新建磁盘分区

右击"计算机"图标，在弹出菜单中选择"管理"命令，打开"计算机管理"视窗，在左边视窗中展开"存储"中的"磁盘管理"选项，在"计算机管理"的视窗右侧是磁盘管理的项目（用户必须是管理员成员才可以启动磁盘管理器）。在这个视窗中我们可以看到磁盘的信息，并可以进行我们所需要的各种操作。下面介绍新建磁盘分区过程。

① 在硬盘中的空白未分配磁盘上单击鼠标右键，在弹出的菜单中选择"新建简单卷"，如图 3-74 所示。

② 单击"下一步"按钮，填入需要建立新分区的磁盘大小，如再分一个 999MB 的分区出来。即在"简单卷"文本框输入 999，然后单击"下一步"按钮，如图 3-75 所示。

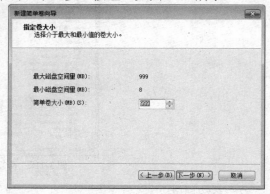

图 3-74 "计算机管理"对话框"磁盘管理"　　图 3-75"新建简单卷向导"设置磁盘空间大小

③ 接着给新分出来的盘进行盘符分配，默认即可。如果想更换的话单击红框处弹出下拉列表进行更换，然后单击"下一步"按钮，进入磁盘格式化。在这一步里，卷标可以留空，也可以命名，其他默认，单击"下一步"按钮，如图 3-76 所示。

④ 按向导继续单击"下一步"按钮，格式化分区设置如图 3-77 所示。继续操作直到完成所有设置，一个新的 G 盘出现了。在"计算机管理"对话框的"磁盘管理"界面效果如图 3-78 所示。打开"计算机"窗口，可以看到新创建的磁盘分区，如图 3-79 所示。

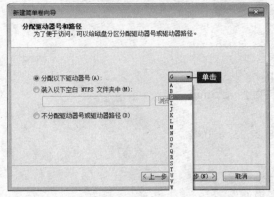

图 3-76　分配驱动器号　　　　　　　　图 3-77　格式化分区设置

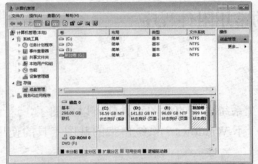　

图 3-78　"磁盘管理"中显示新建磁盘分区　　　图 3-79　"计算机"中显示新建磁盘分区

2．格式化磁盘

双击"计算机"图标，打开"计算机"窗口，在新建的磁盘分区上右击，如图 3-80 所示。在弹出的菜单中选择"格式化"，打开"格式化新加卷"对话框，如图 3-81 所示。在对话框中选择"快速格式化"前的复选框，单击"开始"按钮，弹出确定对话框，单击"确定"按钮进行格式化。

图 3-80　格式化新建磁盘分区　　图 3-81　"格式化新加卷"对话框　　图 3-82　更改磁盘卷标

3. 更改磁盘卷标

打开"计算机"窗口，在新建的磁盘分区上右击，弹出的菜单中选择"属性"，弹出"属性"对话框，在"常规"标签中输入新的卷标，如"学习"，则该磁盘分区的卷标被改变，如图3-82所示。

【练习3-3】完成下面各项操作。

（1）设置桌面主题为"风景"。

（2）设置桌面背景的图片切换时间为5min。

（3）设置屏幕保护程序为"变幻线"，等待时间是5min。

（4）设置系统分辨率为1024×768。

（5）设置系统时间为2013年3月25日08点25分0秒。

（6）删除系统中某个应用程序。

（7）添加一个打印机。

（8）快速格式化E盘，将E盘卷标改为"软件"。

3.5 Windows 7 的常用附件程序

3.5.1 截图工具

在Windows 7系统中，只需要使用Windows 7系统自带的截图工具就可以截图了，这个功能在Windows XP系统下是没有的。下面介绍一下Windows 7系统自带的截图工具的使用方法。

① 在"开始"菜单中打开"附件"就可以找到"截图工具"。

② 启动"截图工具"后，就会直接进入截图状态，此时我们可以拖动鼠标进行截图，按Esc键或单击"取消"按钮即可回到正常界面。单击"新建"按钮后的下箭头，在这里包含"任意格式截图""矩形截图""窗口截图""全屏幕截图"四种截图方式，如图3-83所示。

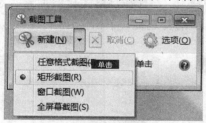

图3-83 "截图工具"新建下拉列表

③ 截图状态下，我们只需要拖动鼠标，选取需要截取的部分再松开鼠标即可，如果截取的图不适合，重新操作即可。

④ 截取成功后，会自动打开"截图工具"，在这里，我们可以对所截取的图片进行简单的编辑处理。截完图后"截图工具"效果，如图3-84所示。

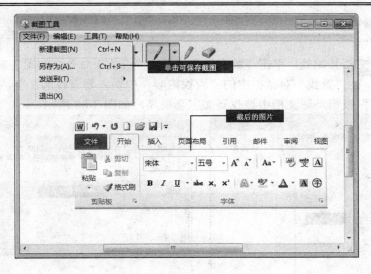

图 3-84　"截图工具"截图后的效果

3.5.2　记事本

记事本是 Windows 7 系统中自带的文本处理软件。它的体积小，占用内存小，所以打开速度很快，与 Word 等文本处理软件相比，使用记事本可以满足对一般文字的简单处理功能。

1．打开记事本

在"开始"菜单中打开"附件"就可以找到"记事本"程序 ，即可打开记事本。

2．记事本中输入文本信息

在打开的记事本中，光标停在输入区最左侧，此时可以输入文字信息。

3．保存文本文件

单击"文件"菜单中的"保存"或是"另存为"命令，如图 3-85 所示。可弹出"另存为"对话框，在"文件名"文本框中输入要保存的文本文件名，注意，文本文件的扩展名为".txt"，保存类型为"文本文档（.txt）"，单击"保存"按钮，完成保存过程，如图 3-86 所示。

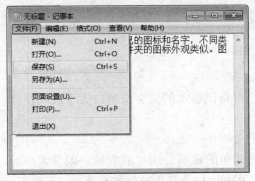

图 3-85　"记事本"的"文件"菜单

图 3-86　"另存为"对话框

4．查找、替换文字

（1）查找文字

将光标停到文档开始处，单击"编辑"菜单中的"查找"命令，如图 3-87 所示。可弹出"查找"对话框。在"查找"对话框中的"查找内容"中输入要查找的文字，如"文件"。单击"查找下一个"按钮，则文档中被找到文字会反显，如图 3-88 所示。

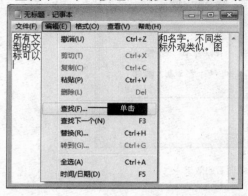
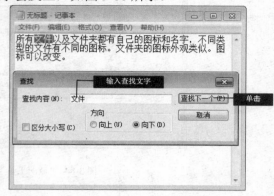

图 3-87　记事本"编辑"菜单　　　　　　图 3-88　记事本"查找"对话框

（2）替换文字

将光标停到文档开始处，单击"编辑"菜单中的"替换"命令，可弹出"替换"对话框。在"替换"对话框中的"查找内容"中输入要查找的文字，如"文件"，在"替换为"文本框中输入要替换的文字，如"历史"。单击"替换"按钮，如图 3-89 所示，则文档中被找到文字会反显，再次按"替换"按钮完成替换，且下一个找到的文字被反显。

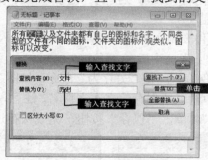

图 3-89　记事本"替换"对话框

5．自动换行

单击"格式"菜单中的"自动换行"命令，可将记事本的文字按窗口大小自动换行。

3.5.3　画图

画图程序的主要功能就是图片处理，如一些简单的裁剪、图片的旋转、调整大小等，根本无需动用 Photoshop 这样的大型程序，而使用 Windows 7 画图就能轻松实现。

① 单击"开始"按钮，打开"附件"菜单中的"画图"命令 画图，即可启动画图程序。

② 需要了解图片部分区域的大致尺寸时，可以利用标尺和网格线功能。可以在"查看"

菜单中，勾选"标尺"和"网格线"即可。在画图程序中，可以通过画图程序右下角的滑动标尺进行调整将显示比例缩小。单击"全屏"按钮可全屏显示图片，如图 3-90 所示。

③ 截取部分图片。选择"图像"分组中的"矩形工具"，在画布图片上拖曳鼠标，选中一块矩形区域，然后单击裁剪按钮，则矩形区域外的部分被去掉，完成裁剪，如图 3-91 所示。

图 3-90　"画图"中显示标尺和网格线　　　　图 3-91　"画图"裁剪图片大小

④ 在图片上插入文字。选择"工具"分组中的"文本"按钮 A，图片上出现文本框，在文本框中输入文字，如图 3-92 所示。自动出现"文本"功能区，在"字体"分组中选择文字的字体、字号、加粗、倾斜、下划线等样式。在"颜色"分组中选择字体的颜色。设置后的效果如图 3-93 所示。

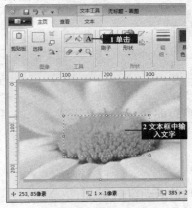
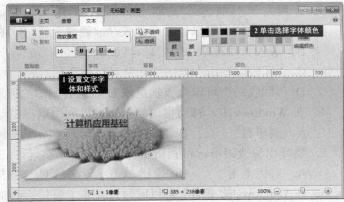

图 3-92　裁剪后的图片，插入文字　　　　图 3-93　插入并设置文字样式和颜色

【练习 3-4】完成下面各项操作。

（1）打开截图工具，将桌面截图，并将其保存到 E 盘根目录，图片文件名为"桌面.jpg"。

（2）打开记事本，输入文字"欢迎来到记事本程序"，将其保存到 E 盘根目录，文件名为"欢迎.txt"。

（3）打开画图，打开（1）建立的"桌面.jpg"文件。截取尺寸为 200×300 大小，截取图片。将该图片文件另存为"部分桌面.jpg"。

（4）将"部分桌面.jpg"上面插入文字"这是桌面的一部分"，将文字设置为"黑体、14号字、加粗、倾斜"，字体颜色为"绿色"，保存图片文件并退出。

小结

本章主要介绍操作系统 Windows 7 的各种功能，还介绍了 Windows 7 的系统安装过程，Windows 7 的启动与退出，鼠标和键盘的操作，Windows 7 的桌面，Windows 7 的文件管理（复制、剪切、粘贴、重命名等操作），Windows 7 控制面板，设置桌面主题、桌面背景、屏幕保护程序、窗口颜色、声音、分辨率的方法等，添加打印机，添加/删除程序，Windows 7 的附件程序截图工具、记事本和画图的使用方法。

习题

一、选择题

1．Windows 启动后，屏幕上显示的画面叫作（　　）。

　　A．桌面　　　　　　B．对话框　　　　　　C．工作区　　　　　　D．窗口

2．操作系统的作用是（　　）。

　　A．把源程序编译成目标程序　　　　　　B．便于进行文件夹管理

　　C．控制和管理系统资源的使用　　　　　　D．高级语言和机器语言

3．下列关于"回收站"的叙述中，错误的是（　　）。

　　A．"回收站"可以暂时或永久存放硬盘上被删除的信息

　　B．放入"回收站"的信息可以被恢复

　　C．"回收站"所占据的空间是可以调整的

　　D．"回收站"可以存放软盘或 U 盘上被删除的信息

4．在 Windows 中，移动窗口的位置可以利用鼠标拖动窗口的（　　）来完成。

　　A．菜单栏　　　　　B．工作区　　　　　　C．边框　　　　　　　D．控制栏

5．要弹出快捷菜单，可利用鼠标（　　）来实现。

　　A．右键单击　　　　B．左键单击　　　　　C．双击　　　　　　　D．拖动

6．在 Windows 的桌面上可以同时打开多个窗口，其中当前活动窗口是（　　）。

　　A．第 1 个打开的窗口　　　　　　B．第 2 个打开的窗口

　　C．最后打开的窗口　　　　　　　D．无当前活动窗口

7．Windows 窗口常用的"复制"命令的功能是把选定内容复制到（　　）。

　　A．回收站　　　　　B．库　　　　　　　　C．Word 文档　　　　D．剪贴板

8．在 Windows 中"画图"文件默认的扩展名是（　　）。

　　A．bmp　　　　　　B．txt　　　　　　　　C．rtf　　　　　　　　D．文件

9．要参看或修改文件夹或文件的属性，可选中该文件夹或文件单击鼠标右键的（　　）命令。

　　A．属性　　　　　　B．文件　　　　　　C．复制　　　　　　D．还原

10．在"计算机"窗口中复制文件可利用鼠标拖动文件，同时按住（　　）键。

　　A．Shift　　　　　　B．Ctrl　　　　　　C．Alt　　　　　　D．Win

二、填空题

1．打开一个窗口并使其最小化，在＿＿＿处会出现代表该窗口的按钮。

2．在资源管理器中，选中不连续多个文件，在使用鼠标的同时要按＿＿＿键。

3．Windows 允许用户同时打开多个窗口，但任意时刻只有＿＿＿个是活动窗口。

4．在 Windows 中文件夹和文件的属性分为＿＿＿文件、＿＿＿文件和存档文件。

三、操作题

1．在 C:\根目录下，创建两个文件夹：NS1、NS2，再在 NS1 文件夹下创建 ND 二级文件夹。

2．利用计算器进行如下计算：Int(sin89+cos60 *212)，并将计算结果复制到新建的 E:\计算机结果.txt 文件中。

3．为你的计算机设置一个桌面主题，设置背景图片切换时间为 10 分钟。

第4章

应用计算机网络

计算机网络的发展，给人们的日常生活带来了很大的便利，缩短了人际交往的距离，甚至已经有人把地球称为"地球村"。

计算机网络是计算机技术与通信技术相结合的产物，它实现了远程通信、远程信息处理和资源共享等。自 20 世纪 60 年代产生以来，计算机网络经过半个世纪特别是最近 10 多年的迅猛发展，越来越多地被应用到政治、经济、军事、生产、教育、科学技术及日常生活等各个领域。

计算机网络技术的理论知识较难学懂，而网络技术在现实中又有非常实际的需求，为此，基于工学结合的思想，本章以项目"基于宽带路由器组建家庭局域网"为主线讲授计算机网络的实用技能。

1．通过家庭网络实现设备、宽带和文件共享，方便使用

现在计算机普及的速度越来越快，很多家庭不止拥有一台计算机，有时还会把单位的笔记本计算机带回家中使用。如此多的计算机一起使用，如果没有家庭网络，则要把下载的电影、文件从笔记本计算机拷贝到家里的台式机上，只能通过移动硬盘或 U 盘来做中转。要把笔记本上的文件打印出来，就只能用 U 盘把文件从笔记本上拷到连接打印机的台式机中再打印，或者把打印机从台式机上拆下来再连到笔记本计算机上；要上网，就得将台式机先从网络上断开，把网线从台式机上拔下来再插到笔记本上。有了家庭网络，这一切都解决了。把笔记本往一个空闲的网络插座上一连，就可以轻松实现同时上网、共享打印机、文件传递等功能，甚至可以在房间的任何地方用笔记本计算机上网。

2．搭建家庭网络，为数字家庭做好准备

目前，家庭的网络和通信中心一般是放计算机的书房，人们通过计算机上网，在计算机上玩游戏，在客厅里看电视。随着数字家庭理念的不断深入和相应产品的不断成熟，未来数字家庭的网络中心将不再是书房，而是客厅。通过客厅里与宽带相连接的类似机顶盒的设备，把电视、计算机、游戏机甚至冰箱、空调等家用电器全部连起来，人们在客厅的电视上看网络电视，在书房的计算机上玩游戏，孩子在自己的房间里玩游戏，甚至可以在办公室里遥控家里的空调等设备。没有网络，这一切将无从实现。

4.1　任务 1——网络规划

1. 无线还是有线

选用有线网络还是无线网络，要根据不同的房子情况来决定。

如果是全新的房子，还没有装修，那么，应该使用有线网络，在装修的时候将电缆埋进地下或墙内，不影响美观。有线网络费用低，安全性好，速度快。有线网络使用双绞线电缆作为连接通道，传输速率可以达到 100Mbit/s 以上，完全可以满足今后相当长时间内的网络需求。信号通过铜线传输，基本不会受到外界干扰，传输速率有保证。有线网络也有缺点，就是扩充性不好，将来要增加网络接口比较困难。

如果房子已经装修过，还是采用无线方式比较好。因为要用有线网络，需要重新布中线，走暗线，要在干净整洁的墙上开槽打洞，会对原来的装修造成较大的破坏，如果走明线，又会破坏房间的美观。用无线方式就不会有这些问题。

无线网络通过电磁波传输信号，不需要布放电缆，安装比较简单、快捷，只需要把相关设备连起来再做简单的设置就可以了，将来增加了电脑也不用担心，再买一块无线网卡装上就行了。现在无线网络的传输速率已经达到 54Mbit/s，完全可以满足一般家庭的需要。无线网络的缺点有两个：一是无线网络可能会受到其他无线电设备的干扰，使传输速度下降；二是费用比较高。

2. 基本规划

组建家庭网络，规划是关键，所谓规划，就是要确定主要网络设备的安放位置，确定哪些房间的什么位置需要安装网络接口、安装数量是多少。下面以三室二厅为例来设计（如图 4-1 所示）。

这是一套三室二厅的房子，为了方便今后的使用，在卧室、客厅和餐厅都安装网络接口、客厅在放沙发的位置和放电视的位置分别留一个接口，主卧室在床头附近和床对面放电视的位置分别留一个接口，次卧留两个接口，分别在两面墙上。

图 4-1　三室二厅家庭网络布线图

开发商在建房子时，一般都为每个房间引入了电话线和小区的宽带线路，以方便住户以后选择宽带接入方式。如果线路的位置在房间的中心，就把线路入户的地方作为整个家庭的网络中心，把所有的网络设备和通向各个房间的线路都集中到这里来。

3. 需要的网络配件和预算

构建家庭网络需要双绞线、水晶头、网卡、信息模块（如图 4-2 所示）（就是装在墙上的网线插座）、路由器或交换机以及宽带调制解调器等材料和设备。一般网线的用量在 100m 以内，网卡根据计算机数量而定，每台计算机一块（现在很多计算机都带有网卡）。路由器或交换机一台，ADSL 宽带调制解调器一台（如果选择小区宽带，则不需要）。整体费用大概在九百元左右（不含施工费用）（如表 4-1 所示），预算随市场情况而变化，请参考当时、当地的市场行情。

图 4-2   信息模块和插座

表 4-1   家庭网络配件预算

设　　备	单　　价	数　　量	金额（元）
网络	2 元/米	100 米	200
有线网卡	50 元/块	1～3 块	50～150
宽带路由器	150 元/台	1 台	150
信息模块	10 元/个	10 个	100
水晶头	2 元/个	20 个	40
ADSL 调制解调器	200 元/台	1 台	200
总计			740～840

4．布线设计

买好材料后，就可以开始施工了。首先在线路入户的地方装一个配线盒，把 ADSL 调制解调器、路由器（或交换机）甚至集线器等设备及从各个房间出来的网线全部放进去，这样整个屋子会比较整洁美观。要给配线盒留电源接口，因为 ADSL 调制解调器和交换机（路由器、集线器）都需要用电。

所有的双绞线都应该穿进 PVC 线管中再埋进地下或墙里，拉到各个房间。布线时注意拐弯处要用弯头，方便以后电缆损坏时换线。布线时要尽量避免和交流电源线并行走线，网络插座与电源插座要保持 20cm 以上的距离，防止交流电产生磁场干扰。另外，网线长度还应该留有足够的富余量，一般是 20cm 左右，因为要给这些双绞线安装水晶头或模块。每根双绞线还要贴上标签，标明是通向哪个插座的。

双绞线布放好之后，还需要另外再制作一些网络连接线，用于连接信息插座和计算机网卡。

等所有的线路、设备安装好之后，用网络把计算机与墙上的插座连起来，整个家庭网络就建成了。通过相应的设置，就可以共享打印机，利用网络传递文件，非常方便。

4.2   任务 2——选择交换机或路由器

为了让家中的每台计算机都能通过宽带登录互联网，购买何种网络设备组网成为关键。在组建家庭网络的过程中，不少用户感到很困惑，买路由器组网还是买交换机组网呢？之所以有这种困惑，主要是因为用户对交换机和路由器没有一个全面的认识。

4.2.1　交换机

1．什么是交换机

交换机的英文名称之为"Switch"，它是集线器（Hub）的升级换代产品。从外观上来看，它与集线器基本上没有多大区别，都是带有多个端口的长方体，如图 4-3 所示。交换机是按照通信两端传输信息的需要，用人工或设备自动完成的方法把要传输的信息送到符合要求的相应终端上的技术设备。

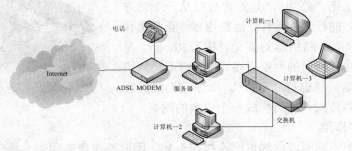

图 4-3　采用交换机的家庭网络拓扑图

交换机与集线器的最大不同就是，交换机可以同时进行多个点对点之间的数据传输，而集线器则只能同时进行一个点对点之间的数据传输。更重要的是，交换机所提供的带宽非常大，一台 10Mbit/s 的 8 口集线器，其网络数据最大吞吐量是 10Mbit/s，而一台 10Mbit/s 的 8 口交换机，每个端口的数据最大吞吐量都可以达到 10Mbit/s。

2．交换机的分类及功能

交换机的功能是连接同种类型的网络，一些企业级交换机可以连接不同类型的网络，如连接局域网和广域网。按传输速度分，交换机可以分为 10Mbit/s 交换机，100Mbit/s 交换机和 1 000Mbit/s 交换机；按应用规模划分，交换机可以分为桌面交换机、部门交换机和企业级交换机；按网络应用层次划分，交换机可以划分为二层交换机和三层交换机，其中，三层交换机具备路由、链路汇聚等功能。

时下，100Mbit/s 交换机已经成为主流。在家庭组网中，所用到的交换机也仅仅是最简单的 100Mbit/s 桌面型交换机。

3．采用交换机的家庭局域网

交换机的最基本应用就是将多台计算机、打印机等设备连接在一起，成为一个小型的局域网。另外，交换机还可以把多个小型的局域网连接在一起，组成一个大的局域网。

总之，交换机是组建网络的一个网络设备。用交换机组建网络，仅仅需要把计算机和打印机等设备用双绞线连接起来就可以了。

不过，采用交换机的家庭网络要连上互联网的话，必须有一个计算机作为服务器，如图 4-3 所示。这其实是一种浏览器/服务器模式，本质上也是客户/服务器模式，但是浏览器/服务器结构把传统的二层客户/服务器模式发展成了 Web 上的应用。这样，其他计算机要上网的话，必须通过服务器，早期的家庭网络一般是用这种方式上网。这种方式最大的问题是如果其他房间的计算机要上网，必须开启服务器。当然，这样做也有好处，如控制儿童上网等。

在组网中，什么情况下才会用到路由器呢？路由器的作用是什么呢？

4.2.2 路由器

通俗地说，路由器是一个把局域网和互联网连接在一起，让彼此能够互相通信的设备。目前，路由器已经被广泛应用于家庭、企业和电信运营商等。借助路由器，局域网和局域网之间可以通过互联网这个平台进行通信。

1．什么是路由器

要想弄明白什么是路由器，如图 4-4 所示，必须清楚什么是路由。所谓"路由"，是指把数据从一个地方传送到另一个地方的行为和动作，而路由器，正是执行这种行为动作的机器。路由器的英文名称为 Router，是一种连接多个网络或网段的网络设备，它能将不同网络或网段之间的数据信息进行"翻译"，以使它们能够相互"读懂"对方的数据，从而构成一个更大的网络。

图 4-4　家庭宽带路由器

2．路由器的作用

由于路由器把不同网段的局域网连接在一起，因此路由器必须为其提供有序、快捷的通信保证。路由器要为网络中需要传输的数据寻找一条最近的通路，并且保证数据传输不能冲突。打个比方来说，路由器相当于生活中的交通警察，网络中的数据相当于人和车辆。

3．路由器的功能

路由器的功能主要有以下 3 点。

（1）网络互连：将局域网和互联网连接在一起，实现不同网络之间的互相通信。

（2）数据处理：对传输的数据进行分组交换、加密及压缩。

（3）网络管理：提供网络传输线路备份、容错管理及流量控制等服务。

不难看出，路由器在网络中充当一个网络互连、数据转发和网络管理的角色，这些功能是交换机所不具备的。在家庭组网中，应该选购哪种网络设备，还要看实际环境。

4.2.3 家庭组网用交换机还是路由器

从上面的介绍可以了解到，交换机仅仅能够单纯地实现多个局域网之间的通信，而路由器可以实现局域网与广域网之间的通信。目前，家庭宽带有 LAN 宽带接入，ADSL 宽带接入两种主要模式，在这两种环境下，多台计算机共享宽带上网，应该分别选购什么网络设备呢？

1．LAN 宽带接入模式

目前，全国大部分地区的 LAN 宽带接入模式，都是共享小区交换机上网，由于每个 LAN用户只能得到一个 IP 地址，因此，要想让家里的多台计算机共享宽带上网，用交换机是无法实现的。这种情况之下，LAN 宽带接入用户要想共享上网，只能购买路由器，让路由器连接家庭局域网和 LAN 宽带广域网，如图 4-5 所示。

其实，市场上的家庭宽带路由器不仅仅具备路由的功能，还具备交换机的功能，因为家庭宽带路由器都提供了 4 个 LAN 口，方便了家庭用户组网。以售价不足百元的阿尔法 G3 为例，该款路由器不但支持 LAN、PPPoE 虚拟拨号、光纤等接入模式，还提供了 4 个 LAN 接口，供家庭组建小型的局域网及拓展网络之用。在网络管理方面，防火墙、虚拟服务器、DHCP服务器等功能也一应俱全。同样是阿尔法 5 口的交换机，仅仅具备网络终端拓展功能，其售价也在 70 元左右。相比之下，家庭路由器是 LAN 宽带用户组网的首选。

2．ADSL 宽带接入模式

ADSL 宽带接入模式通常是 ADSL 宽带调制解调器直接与计算机相连，然后在计算机中安装专用的拨号软件实现宽带上网的目的。无论是 PPPoE 虚拟拨号的 ADSL 宽带，还是固定 IP 的 ADSL 宽带，都需要用路由器。

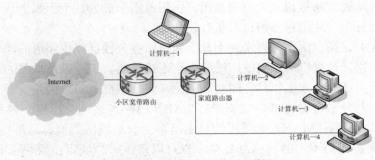

图 4-5　用小区的局域网接入互联网

不过，如果 ADSL 宽带用户的调制解调器支持路由或桥接功能，用户就无需购买路由器，只需要购买一台交换机即可。如果启用了 ADSL 宽带调制解调器的路由功能，宽带调制解调器的负担必定会加重，更重要的是，带有 4 个 LAN 口的交换机与路由器价格差别不大，家庭宽带路由器不失为组建家庭网络的一个不错选择。图 4-6 所示为 ADSL 接入方式下的家庭组网结构图。

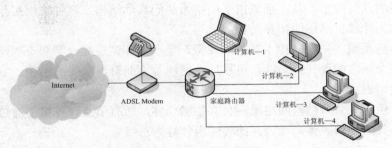

图 4-6　ADSL 宽带接入方式

重点：如今，家庭宽带路由器已经不仅仅具备路由功能，而是集路由和交换机功能于一身的网络设备。在家庭宽带路由器与家庭交换机价格差越来越接近的今天，组建家庭网络，路由器是一个最佳选择。因为家庭组建网络的目的是为了共享互联网，所购买的网络设备必须具备连接互联网和家庭局域网的功能，在路由器拥有交换功能的情况下，谁还会选购家庭用的小型交换机呢？

4.2.4　计算机网络的分类

计算机网络的分类非常多，从不同的出发点考虑，有不同的分类方法。

1．根据网络覆盖的范围

计算机网络由于覆盖的范围不同，它们所采用的传输技术也不同，按照其覆盖的地理范围进行分类，可以很好地反映不同类型网络的技术特征。按覆盖的地理范围，计算机网络可以分为3类。

- 局域网（Local Area Network，LAN）。
- 广域网（Wide Area Network，WAN）。
- 城域网（Metropolitan Area Network，MAN）。

广域网 WAN 通常跨接很大的物理范围，作用范围一般为几十千米到几千千米。广域网包含很多用来运行用户应用程序的机器集合。

局域网 LAN 是指范围在几百米到十几千米内，办公楼群或校园内的计算机相互连接所构成的计算机网络。计算机局域网被广泛应用于连接校园、工厂以及机关的个人计算机或工作站，以利于个人计算机或工作站之间共享资源（如打印机）和数据通信。

以上两种为传统的划分方式，近年来在 LAN 与 WAN 之间又出现一种新的分类。即城域网（MAN）。城域网（MAN）所采用的技术基本上与局域网类似，只是规模上要大一些。城域网既可以覆盖相距不远的几栋办公楼，也可以覆盖一个城市；既可以是私人网，也可以是公用网；既可以支持数据和话音传输，也可以与有线电视相连，距离一般在十几千米以上。

2．按拓扑结构划分

拓扑（Topology）是从图论演变而来的，是一种研究与大小形状无关的点、线、面特点的方法。在计算机网络中，抛开网络中的具体设备，把工作站、服务器等网络单元抽象为"点"，把网络中的电缆等通信介质抽象为"线"，这样从拓扑学的观点看计算机和网络系统，就形成了点和线组成的几何图形，从而抽象出了网络系统的具体结构。这种采用拓扑学抽象理论的网络结构被称为计算机网络的拓扑结构。

计算机网络系统的拓扑结构主要有总线型、星型、环型、混合型和不规则网状等。网络拓扑结构对整个网络的设计、功能、可靠性、费用等方面有着重要的影响。

（1）总线型网络

如图 4-7 所示，总线结构网络采用公共传输媒体，所有节点计算机都通过相应的网络接口直接连到公共的传输媒体，该公共的传输媒体称为总线。

图 4-7　总线型

总线型网络采用广播通信方式，即由一个节点发出的信息可被网络上的多个节点接收到，可以方便地进行广播通信。但网络中的大部分通信都是一对一的，为了保证一对一的通信，网络中的每台计算机都有唯一的地址，计算机发送的数据中包含有地址信息，其他所有计算机收到数据后，会判断该数据地址是否和自己的相符，如果一致则接收此数据并上交给计算机进行处理，否则丢弃数据。

由于多个节点连接到一条公用总线上，因此必须采取某种介质访问控制规程来分配信息，以保证在一段时间内，只允许一个节点传送信息。

在总线结构网络中，作为数据通信必经之路的总线的负载能力有限，这是由通信介质本身的物理性能决定的。所以，总线结构网络中工作站节点的个数是有限制的，如果工作站节点的个数超出总线负载能力，就需要采用分段等方法，并加入相当数量的附加部件，以便使总线负载符合容量要求。

总线型网络结构简单灵活、可扩充、性能好，所以，进行节点设备的插入与拆卸非常方便。另外，总线型网络可靠性高、网络节点间响应速度快、资源共享能力强、设备投入量少、成本低、安装使用方便。因此，总线结构网络是最普遍使用的一种网络结构。但是由于所有的工作站通信均通过一条共用的总线，所以，实时性较差，并且总线的任何一点故障，都会造成整个网络瘫痪。

总线型网络的优点总结如下。

- 所需要的电缆数量少、设备投入量少、成本低。
- 结构简单，总线是无源的，可靠性较高。
- 易于扩充，增加或减少用户比较方便。

总线网络的缺点总结如下。

- 总线的传输距离有限，通信范围受到限制。例如，传统的以太网总线的最长距离是100m，想要增加通信距离，只能采用其他的附加设备。
- 当某个接口发生故障时，将影响整个网络，且诊断和隔离故障较困难，俗称"错误会被放大"。
- 由于用户共享信道，因此会出现多个用户争用信道的现象。为了避免发生冲突，使通信正常进行，必须使用比较复杂的媒体访问控制机制。
- 由于用户共享的总线负载能力有限，因此网络中工作站节点的个数必须是有限的，否则会造成网络的拥塞。如果工作站节点的个数超出总线负载能力，就需要采用分段等方法，并加入相当数量的附加部件，以便使总线负载符合容量要求。

总线网络的典型应用是早期的以太网（CSMA/CD）和令牌总线网（Token-bus）。这两种类型的局域网络现在基本不再使用。

（2）星型网络

如图 4-8 所示，星型结构由一个功能较强的转接中心以及一些各自连到中心的从节点组成。网络中的各个从节点间不能直接通信，从节点间的通信必须经过转接节点。

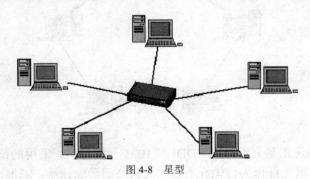

图 4-8　星型

星型结构有两类：一类的转接中心仅起到使各从节点连通的作用；另一类的转接中心是一个很强的计算机，从节点是一般计算机或终端，这时转接中心有转接和数据处理的双重功能。强的转接中心也成为各从节点共享的资源，转接中心也可按存储转发方式工作。

星型网络的优点有以下几点。

- 控制简单。
- 故障诊断和隔离容易，中央节点可以逐一隔离，进行故障检查和定位。同时，每个节点的故障只影响本设备，不会影响全网。
- 方便服务。

星型网络的缺点有以下几点。

- 电缆长度和安装工作量可观。
- 中央节点的负担较重，形成传输速率的瓶颈。
- 各站点对中央节点的可靠性要求较高。中央节点一旦发生故障，将使全网瘫痪。

现在星型网络在局域网中使用最为普遍，传统以太网（**CSMA/CD**）使用星型结构组网实际上是总线被 Hub（集线器）所取代。目前 Hub 已基本被以太网交换机所取代，组成了现在使用最多的局域网——交换以太网。

（3）环型网络

环型网是局域网常用的拓扑结构，由站点和连接站点的链路组成一个闭合环，如图 4-9 所示。数据在环上单向流动，每个节点按位转发所经过的信息，任意两点都可通信。为了避免用户发送信息时发生冲突，可用令牌来协调控制各节点发送信息。

环型网络的优点有以下几点。

- 电缆长度短。环型网络所需的电缆长度与总线网络相当，要远远小于星型网络。
- 增加或减少工作站时，仅需简单的连接操作即可实现。
- 可使用光纤作为传输媒介，可提高局域网的传输速率。

环型网络的缺点有以下几点。

- 节点的故障会引起全网故障。
- 故障检测困难。
- 环型网络采用的是令牌控制的方式，在负载很轻时，信道利用率相对来说较低。

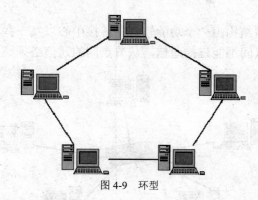

图 4-9　环型

环型网络的典型应用是光纤环网 **FDDI** 和 **IBM** 令牌环网，采用的都是令牌控制方式。由于光纤环网 **FDDI** 能用光纤作为传输介质，大大提高了传输速率，刚推出来时曾经风靡一时，但随着快速以太网和吉比特以太网的出现，**FDDI** 逐渐被以太网所取代，退出了历史舞台。

（4）混合型网络

将总线型、星型、环型中的某两种拓扑结构混合起来，取两者的优势构成的网络称为混合型网络。常见的混合型有"星—环"结构，如图 4-10 所示。混合型的网络兼有两者的优点，一定程度上克服了彼此的缺点。在实际的网络中，FDDI 采用的是"星—环"结构，传统以太网中采用的是"星—总线"结构。

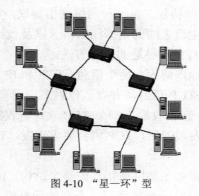

图 4-10　"星—环"型

（5）不规则的网状结构

网状结构有两种方式，一是全部节点互连；二是根据需要，部分节点互连。全部互连的网络性能最优、可靠性最高，但在实际操作中是不可能实现的，所以在实际的网状网络中，均采用部分互连结构，如图 4-11 所示。

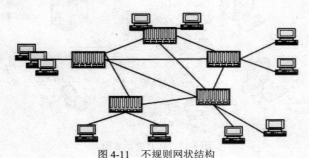

图 4-11　不规则网状结构

网状结构各个节点是直接或间接互连的。数据在传输过程中，如果一个连接出现故障，那么相应的设备（如路由器）可迅速地改变数据传送方向，确保数据的到达，提高传输的可靠性。两台计算机同时通信时，由于存在多条链路，为了确保最佳的传输路径，必须使用"路由选择"算法进行路径选择。

网状结构的优点是系统可靠性高，易于诊断故障。

网状结构的缺点是结构和配置复杂，投资费用高，必须采用"路由选择"算法与"流量控制"算法。

网状结构是广域网广泛采用的拓扑结构。

4.3　任务 3——理解 TCP/IP

为了继续下面的操作，需要了解有关 TCP/IP 的一些知识，如什么是 TCP/IP，什么是 IP，什么是 DNS，什么是 DHCP 等？

4.3.1　TCP/IP 简介

TCP/IP（传输控制协议/网间协议）是一种网络通信协议，它规范了网络上的所有通信设备，尤其是一个主机与另一个主机之间的数据往来格式以及传送方式。TCP/IP 是互联网的基础协议，也是一种计算机数据打包和寻址的标准方法。

在数据传送中，可以形象地理解为有两个信封，TCP 和 IP 就是信封，要传递的信息被划分成若干段，每一段塞入一个 TCP 信封，并在该信封上记录有分段号的信息，再将 TCP 信封塞入 IP 大信封，发送上网。在接收端，一个 TCP 软件包收集信封，抽出数据，按发送前的顺序还原，并加以校验，若发现差错，TCP 将会要求重发。TCP/IP 在互联网中几乎可以无差错地传送数据。

对互联网用户来说，并不需要了解网络协议的整个结构，仅需了解 IP 的地址格式，即可与世界各地进行网络通信。但是有一点要清楚，不同的计算机、不同的操作系统之间之所以能够互联，关键是采用了相同的 TCP/IP，所以，有时候也可以称互联网网络为 TCP/IP 网络，如图 4-12 所示。

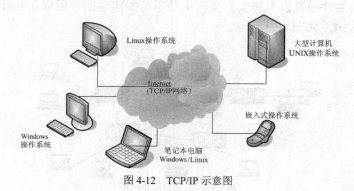

图 4-12　TCP/IP 示意图

4.3.2　设置 TCP/IP

以 Windows XP 为例，在桌面的"网上邻居"上单击鼠标右键，在弹出的快捷菜单中单击"属性"，出现"网络和拨号连接"窗口，在该窗口的"本地连接"上单击鼠标右键，在弹出的快捷菜单中单击"属性"，出现"本地连接属性"对话框（如图 4-13 所示），双击"Internet 协议（TCP/IP）"，出现"Internet 协议（TCP/IP）属性"对话框（如图 4-14 所示）。这里有以下几个概念需要理解。

- IP 地址。
- 子网掩码。
- 网关。
- DNS。

了解了这几个概念，就可以基本明白 TCP/IP 应该如何设置了。

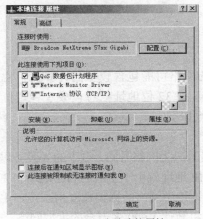

图 4-13　本地连接属性

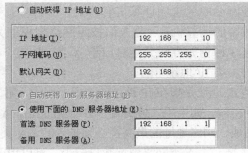

图 4-14　TCP/IP 的属性

4.3.3　IP 地址

1．什么是 IP 地址

谈到互联网，不能不提 IP 地址，因为无论是从学习还是以使用互联网的角度来看，IP地址都是一个十分重要的概念，互联网的许多服务和特点都是通过 IP 地址体现出来的。

我们知道互联网是全世界范围内的计算机联为一体而构成的通信网络的总称。连在某个网络上的两台计算机之间在相互通信时，在它们所传送的数据包里都会含有某些附加信息，这些附加信息就是发送数据的计算机地址和接收数据的计算机地址。因此，人们为了通信的方便，给每一台计算机事先分配一个类似我们日常生活中的电话号码一样的标识地址，该标识地址就是 IP 地址。根据 TCP/IP 规定，IP 地址由 32 位二进制数组成，而且在互联网范围内是唯一的。例如，某台连在互联网上的计算机的 IP 地址为

11010010 01001001 10001100 00000010

很明显，这些数字不太好记忆。为了方便记忆，人们将组成计算机的 IP 地址的 32 位二进制分成 4 段，每段 8 位，中间用点隔开，然后将每八位二进制转换成十进制数，这样上述计算机的 IP 地址就变成了：210.73.140.2。

2．IP 地址的分类

互联网是把全世界的无数个网络连接起来的一个庞大的网间网，每个网络中的计算机通过其自身的 IP 地址而被唯一标识，据此可以设想，在互联网这个庞大的网间网中，每个网络也有自己的标识符。这与日常生活中的电话号码很相像，例如，有一个电话号码为 0515163，这个号码中的前 4 位表示该电话是属于哪个地区的，后面的数字表示该地区内的某个电话的号码。类似地，把计算机的 IP 地址也分成两部分，分别为网络标识和主机标识。同一个物理网络上的所有主机都用同一个网络标识，网络上的每一个主机（包括网络上工作站、服务器和路由器等）都有一个主机标识与其对应。IP 地址的 4 字节划分为 2 个部分，一部分用以标明具体的网络段，即网络标识；另一部分用以标明具体的节点，即主机标识，也就是某个网络中特定计算机的号码。例如，某市信息网络中心的服务器 IP 地址为 210.73.140.2，对于该 IP 地址，可以把它分成网络标识和主机标识两部分，这样上述的 IP 地址就可以进行如下分析。

网络标识：210.73.140.0

主机标识：2

合起来写：210.73.140.2

由于网络中包含的计算机有可能不一样多，有的网络可能包含较多的计算机，也有的网络包含较少的计算机，于是人们按照网络规模的大小，把 32 位地址信息设成 3 种定位的划分方式，这 3 种划分方法分别对应于 A 类、B 类、C 类 IP 地址。

（1）A 类 IP 地址

A 类 IP 地址是指在 IP 地址的 4 段号码中，第 1 段号码为网络号码，剩下的 3 段号码为本地计算机的号码。如果用二进制表示 IP 地址的话，A 类 IP 地址就由 1 字节的网络地址和 3 字节主机地址组成，网络地址的最高位必须是"0"。A 类 IP 地址中网络的标识长度为 7 位，主机标识的长度为 24 位，A 类网络地址数量较少，可以用于主机数达 1 600 多万台的大型网络。

（2）B 类 IP 地址

B 类 IP 地址是指在 IP 地址的 4 段号码中，前 2 段号码为网络号码，后 2 段为本地计算机号码。如果用二进制表示 IP 地址的话，B 类 IP 地址就由 2 字节的网络地址和 2 字节主机地址组成，网络地址的最高位必须是"10"。B 类 IP 地址中网络的标识长度为 14 位，主机标识的长度为 16 位，适用于中等规模的网络，每个网络所能容纳的计算机数为 6 万多台。

（3）C 类 IP 地址

C 类 IP 地址是指在 IP 地址的 4 段号码中，前 3 段号码为网络号码，剩下的 1 段号码为本地计算机的号码。如果用二进制表示 IP 地址的话，C 类 IP 地址就由 3 字节的网络地址和 1 字节主机地址组成，网络地址的最高位必须是"110"。C 类 IP 地址中网络的标识长度为 21 位，主机标识的长度为 8 位。C 类网络地址数量较多，适用于小规模的局域网络，每个网络最多只能包含 254 台计算机。

除了上面 3 种类型的 IP 地址外，还有几种特殊类型的 IP 地址。例如，TCP/IP 规定，凡 IP 地址中的第一字节以"1110"开始的地址都叫多点广播地址，因此，任何第一字节大于 223 小于 240 的 IP 地址都是多点广播地址。IP 地址中的每字节都为 0 的地址（"0.0.0.0"）对应于当前主机；IP 地址中的每字节都为 1 的 IP 地址（"255.255.255.255"）是当前子网的广播地址；IP 地址中凡是"11110"的地址都留着将来作为特殊用途使用；IP 地址不能以十进制"127"作为开头，27.1.1.1 用于回路测试；同时网络 ID 的第一个 6 位组也不能全置为"0"，全"0"表示本地网络。

常用的 3 类 IP 地址的使用范围如表 4-2 所示。

表 4-2　　　　　　　　　　IP 地址的使用范围

网 络 类 别	最大网络数	第一个可用的网络号	最后一个可用的网络号	每个网络中的最大主机数
A	126 (2^7-2)	1	126	16 777 214
B	16 384(2^{14})	128.0	191.255	65 534
C	2 097 152(2^{21})	192.0.0	255.255.255	254

注意：这里需要指出的是，由于近年来已经广泛使用不分类的 IP 地址进行路由选择，A 类、B 类和 C 类地址的区分已成为历史。

3．子网掩码的概念

子网掩码是一个 32 位地址，用于屏蔽 IP 地址的一部分以区别网络标识和主机标识，并说明该 IP 地址是在局域网上，还是在远程网上。

除非要划分子网，在家庭网络使用中，子网掩码系统会自动生成，不用特别计算。也就是说，当指定一个 IP 地址时，子网掩码会自动产生。

4.3.4　网关

1．网关

顾名思义，网关（Gateway）就是一个网络连接到另一个网络的"关口"。

按照不同的分类标准，网关也有很多种。TCP/IP 里的网关是最常用的，这里所讲的"网关"均指 TCP/IP 下的网关。

那么网关到底是什么呢？网关实质上是一个网络通向其他网络的 IP 地址。例如，家庭网络中有 A、B、C 3 台计算机，通过路由器连接互联网，3 台计算机彼此可以互相访问，如共享文件、共享打印服务等。这台计算机如果要上网，就要通过网关去访问外面的网络，所以说，只有设置好网关的 IP 地址，TCP/IP 才能实现不同网络之间的相互通信。那么这个 IP 地址是哪台机器的 IP 地址呢？网关的 IP 地址是具有路由功能设备的 IP 地址，具有路由功能的设备有路由器、启用了路由协议的服务器（实质上相当于一台路由器）或者代理服务器（也相当于一台路由器），网关示意如图 4-15 所示。

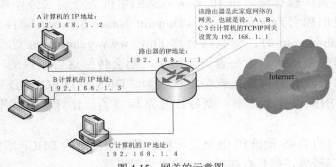

图 4-15　网关的示意图

2．默认网关

如果理解了什么是网关，默认网关也就好理解了。就好像一个房间可以有多扇门一样，一台主机可以有多个网关。默认网关的意思是一台主机如果找不到可用的网关，就把数据包发给默认指定的网关，由这个网关来处理数据包。现在主机使用的网关，一般指的是默认网关。

一台计算机的默认网关是不可以随便指定的，必须正确地指定，否则一台计算机就会将数据包发给不是网关的计算机，从而无法与其他网络的计算机通信。默认网关的设定有手动设置和自动设置两种方式，在家庭网络中一般可采用自动设置，即利用 DHCP 服务器来自动给网络中的计算机分配 IP 地址、子网掩码和默认网关。这样做的好处是一旦网络的默认网关发生了变化，只要更改了 DHCP 服务器中默认网关的设置，则网络中所有的计算机均获得了新默认网关的 IP 地址。这种方法适用于网络规模较大、TCP/IP 参数有可能变动的网络。

4.3.5　动态主机配置协议

DHCP 的全名是动态主机配置协议。在使用 DHCP 的网络里，用户的计算机可以从 DHCP 服务器那里获得上网的参数，几乎不需要做任何手工的配置就可以上网。

一般情况下，DHCP 服务器会尽量保持每台计算机使用同一个 IP 地址上网。如果计算机长时间没有上网或配置为使用静态地址上网，DHCP 服务器就会把这个地址分配给其他计算机。

用 ADSL 上网时，用户的 IP 地址就由服务商的 DHCP 服务器动态分配。而一般的宽带路由器也带了 DHCP 功能，使得用户不用操心 IP 地址的分配问题。

4.3.6　域名服务器

DNS 全称为 Domain Name Server，即域名服务器。在说明 DNS 之前，要先说明什么叫 Domain Name（域名）。正如上面所讲，在网上辨别一台计算机的方法是利用 IP 地址，但是 IP 用数字表示，没有特殊的意义，很不好记，因此，一般会为网上的计算机取一个有某种含义又容易记忆的名字，这个名字我们就叫它域名。例如，对著名的 Yahoo 搜索引擎来说，一般使用者在浏览这个网站时，都会输入 http://www.yahoo.com，很少有人会记住这台服务器的 IP 是多少，所以 http://www.yahoo.com 就是 Yahoo 站点的域名。

但是由于在互联网上真实辨认机器的还是 IP，所以当使用者在浏览器中输入域名后，浏览器必须先到一台有域名和 IP 对应信息的主机去查询这台计算机的 IP，而这台被查询的主机，我们称它为域名服务器（Domain Name Server），简称 DNS。例如，当输入 http://www.yahoo.com 时，浏览器会将 http://www.yahoo.com 这个名字传送到离它最近的域名服务器去做辨认，如果查询到结果，则会传回这台主机的 IP 地址，进而跟它发生连接，但如果没有查询到，就会出现类似"DNS NOT FOUND"等告警信息。因此一旦计算机的 DNS 设置不正确，就好比是路标错了，计算机也就不知道该把域名送到哪里去解释了。

ADSL 上网用户的 DNS 地址和 IP 地址一样，是由服务商的 DHCP 服务器动态分配的，一般不需要用户自己设置，但是有些时候，可以自己设置。

4.4　任务 4——设置宽带路由器

本节以水星 MR804 高性能宽带路由器为蓝本介绍如何设置宽带路由器，以实现共享上网。

4.4.1　水星 MR804 介绍

宽带路由器支持多种宽带接入方式，允许多用户或局域网共用同一账号，实现宽带接入设备，供有线接入。水星（Mercury）MR804 路由器属于一款高性能宽带路由器，支持网通、电信，市场参考价格为 90 元（以当时、当地价格为准），如图 4-16 所示。

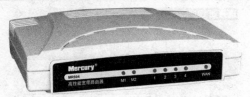

图 4-16　水星 MR804

水星产品和 TP-Link 产品是由一家公司研发生产的。水星 MR804 提供多方面的管理功能，可对 DHCP 服务器、系统、防火墙、DMZ 主机、静态路由表进行管理，满足家庭用户的需求。

配置方面，水星 MR804 内置防火墙，可对计算机和网站设置过滤规则；内置 DHCP 服务器，可进行静态地址分配；支持 MAC 地址过滤和域名过滤，以减少和避免不良网站的侵入，确保网络资源合理利用；同时还可以即插即用，拥有全中文 Web 配置界面、人性化的配置向导。以上功能非常实用，操作起来方便。

接口方面，水星 MR804 配有 4 个 10/100M 自适应的局域网接口，一个 10/100M 的广域网接口，可外接 4 台交换机一起使用，实现高速上网，方便管理 SOHO、家庭用户和小型企业，硬件连接如图 4-17 所示。

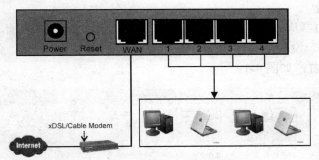

图 4-17　水星 MR804 硬件连接图

4.4.2　进入路由器管理

宽带路由器一般都提供基于 Web 页面方式的可视设置界面，通过在浏览器里输入管理地址打开这个界面。要能访问到这个界面，需要对用来配置宽带路由器的计算机进行网络配置。

水星 MR804 宽带路由器的默认管理 IP 地址是 192.168.1.1，默认子网掩码是 255.255.255.0，这些地址在做了基本设置以后是可以改的。将连接的计算机的 IP 地址配置成与宽带路由器相同网段的 IP，如将 IP 设置为 192.168.1.3，掩码设置为 255.255.255.0，网关（就是路由器的默认管理 IP）设置为 192.168.1.1。做完这个准备配置以后就可以对宽带路由器进行访问并进一步设置了。

启动浏览器，在地址栏输入"http://192.168.1.1"建立连接后，弹出登录窗口，如图 4-18 所示。输入管理员用户名：admin，密码：（此处为空，由用户自己设置），单击"确定"按钮，进入管理界面，基本设置就在"首页"里，包括 WAN（广域网设置）、LAN（局域网设置）、DHCP 服务设置。

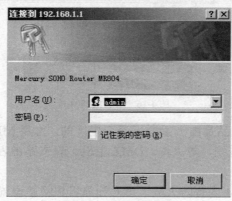

图 4-18　登录宽带路由器

4.4.3　广域网设置

广域网设置就是对宽带接入线路的设置，由于用户选择的宽带接入线路类型不同，因此所做设置要对应于自己的接入方式——网络服务提供商的线路。共有 3 种 WAN 类型：动态 IP 地址、固定 IP 地址和 PPPoE 拨号，要根据自己实际的线路类型选择其中一种来设置。

1．动态 IP 地址

适用于宽带路由器从 ISP（互联网服务提供商）处自动获取 IP 地址。这种方式基本除了选择 WAN 类型以外，没有别的设置。MAC 地址的修改除非 ISP 要求，否则无需修改。单击"保存"按钮完成设置，如图 4-19 所示。

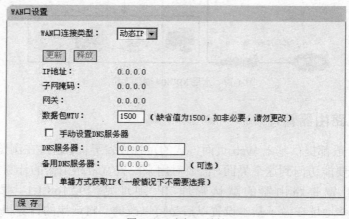

图 4-19　动态 IP 地址

2．固定 IP 地址

这种方式适用于 ISP 指定全部的 WAN 口 IP 信息，输入 ISP 提供的 IP 地址、子网掩码、网关、DNS（可能有一个主的一个次的，主的 DNS 一定要填）。MAC 地址除非 ISP 要求，否则请勿更改。向 ISP 咨询是否要求 MTU（最大传输单元）。单击"保存"按钮完成设置，如图 4-20 所示。

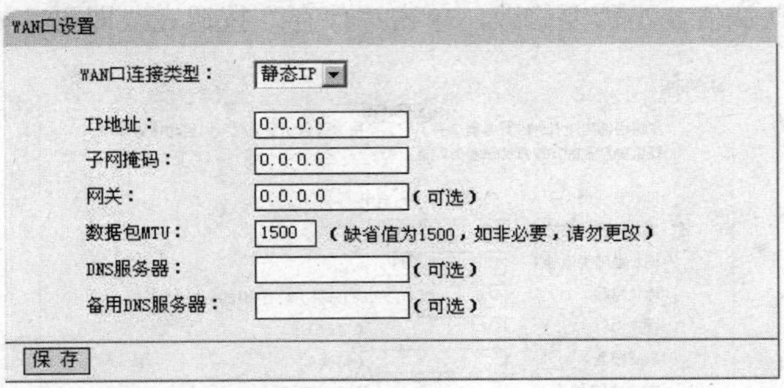

图 4-20　固定 IP 地址

3．PPPoE 方式

这种方式适用于中国电信、中国网通或中国铁通等提供的 ADSL 拨号接入方式。这是目前国内最大用户数量的宽带接入方式。PPPoE 有"动态 PPPoE"和"静态 PPPoE"两种方式。动态 PPPoE 会自动从 ISP 处获取 IP 地址（普遍采用）；静态 PPPoE 由 ISP 指定 IP 地址（已很少采用）。

"上网账号"是 ISP 提供的 PPPoE 用户名；"上网口令" 是 ISP 提供的 PPPoE 用户密码。"服务名称"可不填。"IP 地址"适用于静态 PPPoE 方式，由 ISP 指定。"主要 DNS 服务器""次要 DNS 服务器"由 ISP 提供（在高级设置里）。"自动断线等待时间"设置线路连接不活动保持的最大时间，超过就自动断线，这个功能对于按时计费的 ADSL 有用。单击"保存"按钮完成设置，如图 4-21 所示。

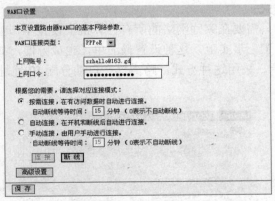

图 4-21　PPPoE 方式

4.4.4　LAN 设置

LAN 的设置就是设置路由器本身的 IP 地址（这是整个内网的网关 IP，在为内网主机分配 IP 时要用到）。默认 IP 是 192.168.0.11，子网掩码是 255.255.255.0，可根据内网的实际 IP 规划方案进行修改，一般情况下不要修改，直接单击"保存"按钮完成即可。

4.4.5　DHCP 服务设置

DHCP 用来为内网主机自动分配 IP 地址。这里需要设置分配的 IP 地址的起止范围、租期时间，一般使用默认值，不需要修改，单击"保存"按钮完成即可，如图 4-22 所示。

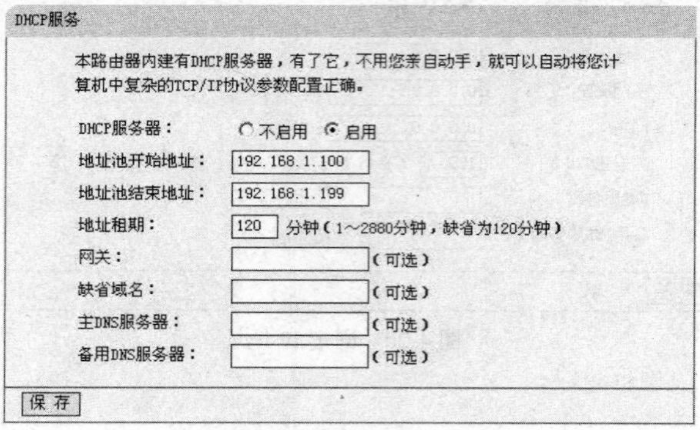

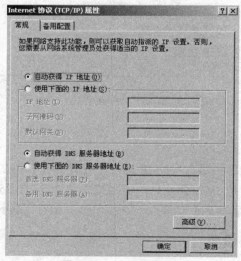

图 4-22　DHCP 设置

4.5　任务 5——设置计算机

以 Windows XP 为例，在桌面的"网上邻居"上单击鼠标右键，在弹出的快捷菜单中单击"属性"，出现"网络和拨号连接"窗口，在"本地连接"上单击鼠标右键，在弹出的快捷菜单中单击"属性"，出现"本地连接属性"对话框，双击"Internet 协议（TCP/IP）"，出现"Internet 协议（TCP/IP）属性"对话框。在该对话框中完成 TCP/IP 的设置。

1. 自动 IP 获取方式

这种方式很简单，只需要在家庭网络的所有计算机上设置 IP 地址为自动获取，DNS 也设置成自动获取就可以了。事实上，这种设置最简单，也最方便，如果网络不复杂，可以这样设置，如图 4-23 所示。采用这种方式，路由器会自动分配 IP 地址给各个计算机，包括 IP 地址、DNS、网关等。

图 4-23　IP 自动获取方式

2. 手动配置

如果在图 4-23 所示对话框中选择"使用下面的 IP 地址"和"使用下面的 DNS 服务器地址",就需要自己输入 IP 地址、网关和 DNS,建议有一定计算机基础的用户选择这种方式。

IP 地址设置:

192.168.1. X（$2 \leqslant X \leqslant 254$）

子网掩码:

255.255.255.0

默认网关:

192.168.1.1

DNS,请咨询网络服务提供商,以深圳电信为例,DNS 设置为:

202.96.128.86

202.96.134.133

4.6 任务 6——网络测试

完成布线、连接好设备并完成设置后,就可以上网了。但是,可能经常会遇到这样一种情形,就是明明设备都连上并设置好了,但是就是不能上网。原因很多,归纳起来无非有两种情况,一是线路不通（如接线错误、网卡或路由器损坏等）,二是 TCP/IP 设置不正确。这时需要判断线路通与不通或 TCP/IP 设置是否正确。下面介绍几个网络测试命令,了解和掌握它们将会有助于更好地使用和维护网络。

4.6.1 网络连通测试命令 ping

ping 命令是各种网络操作系统中都含有的一个专用于 TCP/IP 的探测命令。网络管理员可以使用该命令查看所测试的网络设备是否可达。ping 命令通过向所测试的设备发送网际控制报文协议（ICMP）回应报文并且监听回应报文的返回,以校验同远端网络设备或本地网络设备的连接情况。对于每个发送报文,ping 最多等待 1s,并输出发送和接收报文的数量,比较每个接收报文和发送报文,以校验其有效性。

在 Windows 系统中 ping 命令的格式如下。

ping IP 地址或主机名[-t] [-a] [-n count] [-l size]

参数含义如下。

-t 表示不停地向目标主机发送数据。

-a 表示以 IP 地址格式来显示目标主机的网络地址。

-n count 指定要 ping 多少次,具体次数由 count 来指定。

-l size 指定发送到目标主机的数据包的大小。

ping 命令经常用来对 TCP/IP 网络进行诊断。通过向目的计算机发送一个报文,让它将这个报文返送回来,如果返回的报文和发送的报文一致,那就说明 ping 命令成功了。如果在指定时间内没有收到应答报文,则 ping 就认为该计算机不可达,然后显示"Request time out"信息。通过对 ping 的数据进行分析,就能判断出计算机是否开着,网络是否存在配置、物理故障。也可以使用 ping 命令测试计算机名和 IP 地址，如果能够成功校验 IP 地址却不能成功校验计算机名，则说明名称解析存在问题。当然，报文返回时间越短，Request time out 出现的次数越少，则意味着与此计算机的连接稳定，且速度快。

如果 ping 命令执行不成功，则故障可能出现在以下几个方面：网线是否连通，网络适配器配置是否正确，IP 地址是否可用等。如果 ping 命令执行成功而网络仍无法使用，那么问题很可能出在网络系统的软件配置方面。总之，ping 成功可以保证当前主机与目的主机间存在一条连通的物理路径。

用 ping 命令检查网络中任意一台网络设备上 TCP/IP 的工作情况时，只要在网络中其他任何一台计算机上 ping 该网络设备的 IP 地址即可。例如，要检查计算机是否连通路由器，只要在开始菜单中的"运行"中输入 ping 192.168.1.1 就可以了。如果该设备的 TCP/IP 工作正常，即会在 DOS 环境中显示如图 4-24 所示的信息。

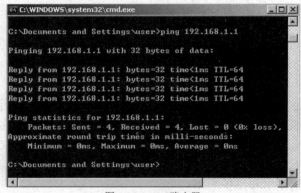

图 4-24　ping 路由器

4.6.2　IP 配置查询命令 ipconfig

ipconfig 命令可以在 Windows 窗口或 DOS 环境下显示网络 TCP/IP 的具体配置信息，如网络适配器的物理地址、主机的 IP 地址、子网掩码以及默认网关等，还可以查看主机的相关信息，如主机名、DNS 服务器以及节点类型等。

ipconfig 命令的格式如下。

ipconfig [/命令参数 1][/命令参数 2]……

其中最实用的命令参数是"/all"。选用该参数将显示与 TCP/IP 相关的所有细节，其中包括主机名、节点类型、是否启用 IP 路由、网卡的物理地址和默认网关等。

其他参数可通过输入"ipconfig/?"命令来查看。

ipconfig 是了解系统网络配置的主要命令，特别是当用户网络采用动态 IP 地址配置协议 DHCP 时，利用 ipconfig 可以使用户很方便地了解到 IP 地址的实际配置情况。

以图 4-25 为例，执行"ipconfig/all"命令后，可以知道以下信息。

网卡的物理地址是 00-1C-23-25-52-19；计算机被分配的 IP 地址是 192.168.1.100；网关是 192.168.1.1；DHCP 服务器为 192.168.1.1；DNS 服务器为 202.96.128.86。

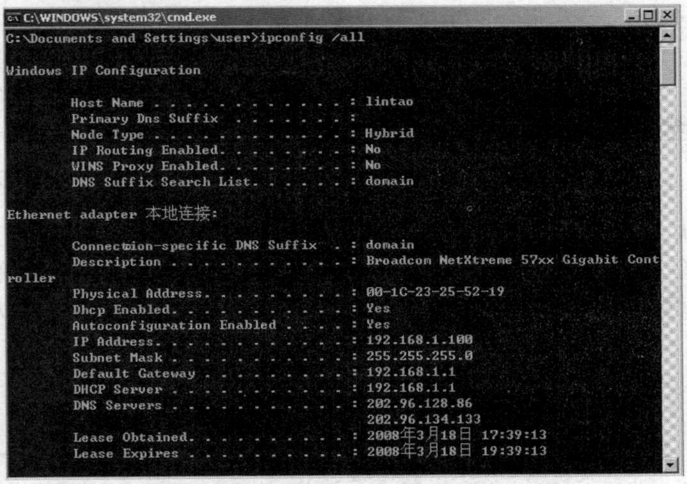

```
C:\WINDOWS\system32\cmd.exe
C:\Documents and Settings\user>ipconfig /all

Windows IP Configuration

        Host Name . . . . . . . . . . . . : lintao
        Primary Dns Suffix  . . . . . . . :
        Node Type . . . . . . . . . . . . : Hybrid
        IP Routing Enabled. . . . . . . . : No
        WINS Proxy Enabled. . . . . . . . : No
        DNS Suffix Search List. . . . . . : domain

Ethernet adapter 本地连接:

        Connection-specific DNS Suffix  . : domain
        Description . . . . . . . . . . . : Broadcom NetXtreme 57xx Gigabit Cont
roller
        Physical Address. . . . . . . . . : 00-1C-23-25-52-19
        Dhcp Enabled. . . . . . . . . . . : Yes
        Autoconfiguration Enabled . . . . : Yes
        IP Address. . . . . . . . . . . . : 192.168.1.100
        Subnet Mask . . . . . . . . . . . : 255.255.255.0
        Default Gateway . . . . . . . . . : 192.168.1.1
        DHCP Server . . . . . . . . . . . : 192.168.1.1
        DNS Servers . . . . . . . . . . . : 202.96.128.86
                                            202.96.134.133
        Lease Obtained. . . . . . . . . . : 2008年3月18日 17:39:13
        Lease Expires . . . . . . . . . . : 2008年3月18日 19:39:13
```

图 4-25　ipconfig 实例

4.7　任务 7——设置浏览器 IE

IE 是普通网民使用最频繁的软件之一，也最容易受到网络攻击，很多人都会安装不少第三方软件来避免这种攻击。其实，在 IE 中有不少容易被忽视的安全设置，通过这些设置，能够在很大程度上避免受到网络攻击。

运行 IE 后，单击“工具”菜单下的“Internet 选项”，可以打开“Internet 选项”对话框。该对话框包括了 6 个选项卡，本节介绍几个主要选项卡。

4.7.1　“常规”选项卡

“常规”选项卡主要用来对 IE 的多媒体、颜色、链接、工具栏和字体进行设置。

在“地址”栏中可以输入想要作为默认初始页面的 Web 站点或页面的 URL。

“Internet 临时文件”下的“删除文件”按钮用于删除“Temporary Internet Files”文件夹中的所有内容。该文件夹中保存了用户使用 IE 下载的每个文件，包括 HTML 文档、图像、音频文件、视频文件、Cookie 文件以及其他文档的缓存。删除这些文档可以腾出更多的硬盘空间，但由于所有的缓存资料被清除，因此再去那些曾经去过的站点时，仍需要花费和以前一样的时间。单击其下的“设置”按钮，可以打开“设置”对话框，在该对话框中可以指定要以哪种方式对缓存的 Web 页面进行检查，以便及时查看它们是否发生了变化。也可以通过移动“可用的磁盘空间”下的滑块来指定“Temporary Internet Files”文件夹所使用的磁盘空间数量。

“历史记录”用于指定想要在“IE 历史”列表中保存项目的天数。如果在 Web 上访问了许多网页，那么这个历史列表可能会大规模地增长，此时可以单击“清除历史记录”按钮来清除相关内容。

单击“颜色”“字体”或“语言”按钮，可以从弹出的对话框中自定义 IE 的显示方式。如果经常需要查阅有不同语言的网页，那么可以在“语言”对话框中确定当一个网页包含了

计算机应用基础案例教程（Windows 7+Office 2010）

多种语言时，IE 将要显示的语言。"访问选项"则用来控制 IE 在访问网页时所采用的编排格式和样式表选项。

4.7.2　"安全"选项卡

"安全"选项卡中的选项和 Outlook Express "选项"对话框中"安全"选项卡中的内容较为相似。单击"区域"窗口右侧向下的箭头可以选择想要配置的安全区域。单击"站点"按钮则 IE 会显示一个对话框来指定每个安全区的指定站点或设置。有些时候，为了阻止恶意的网页广告，需要设置安全级别为高，但是一般情况设置为中比较合适，如图 4-26 所示。

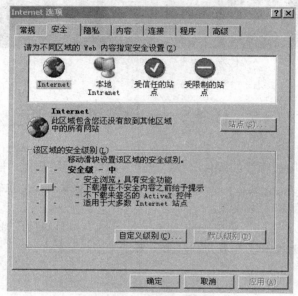

图 4-26　IE 安全区域设置

4.7.3　"内容"选项卡

在"内容"选项卡中，我们可以对分级审查、使用证书特性以及个人登记处进行设置。"内容审查程序"主要用于控制上网的用户在网页上浏览时所看到的内容。单击"内容审查程序"下的"启用"按钮，在弹出的"内容审查程序"对话框的"常规"选项卡单击"创建密码"按钮，如图 4-27 所示，在"创建监督人密码"对话框中设置密码。在"内容审查程序"对话框的"分级"选项卡下单击"请选择类型，查看分级级别"窗口中的任一类型，然后用鼠标拖动等级滑块来设定该项类别的级别。在"常规"选项卡下，监督人可以更改密码。"高级"选项卡下包含"PICSRules"和"分级部门"两个选项。IE 提供了 RASC 分级系统，也可以将新的分级系统添加进去并使用。"分级部门"由分级系统决定，RASC 分级系统不包含任何分级部门。

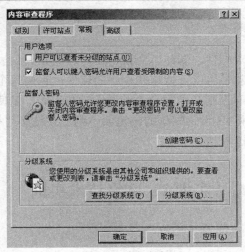

图 4-27 内部审查

在"证书"选项区中可以指定证书设置以便识别自己、站点以及发行商的身份。

"个人信息"允许用户自己设置 Windows 地址簿目录,包括姓名、地址、电子邮件和其他个人信息。单击"编辑配置文件"按钮,IE 将会显示个人"属性"对话框,可以输入个人的信息以及家庭情况、业务联系、NetMeeting 及数字标识。

4.7.4 "连接"选项卡

该选项卡包含了如何将 IE 连接到 Internet 上的信息。

单击"选项卡"按钮可以启动"新建连接向导",在它的指引下可以一步步地完成连接工作。在此过程中如果选中"使用调制解调器与 Internet 连接"复选框后,再单击右侧的"设置"按钮,可以打开"拨号设置"对话框并对其进行设置。

在"局域网(LAN)设置"选项组中单击"局域网设置"按钮,在打开的"局域网(LAN)设置"对话框中的"代理服务器"选项组中单击"高级"按钮可以打开"代理服务器设置"对话框,一般局域网用户多用到此设置,其具体内容可以向网络管理员咨询。图 4-28 所示为某学校的代理服务器设置。

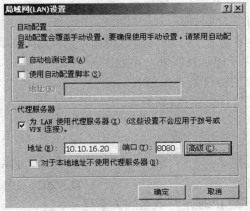

图 4-28 代理服务器设置

4.7.5 "程序"选项卡

在此选项卡下，可以对邮件、新闻、会议、日历、联系人列表等程序进行设置，但前提是必须在计算机系统中安装了可以支持这些程序的软件，否则每个程序后的下拉列表选项框都将是空的。"Internet 呼叫"则必须配合"Internet Meeting"来使用，如果系统中安装了一个以上的浏览器，并且想将 IE 设为默认的浏览器，则应该选中"检查 Internet Explorer 是否为默认的浏览器"前的复选框。

实训 2 网络技术实训

1．实训目的
（1）熟悉网络的连接。
（2）熟悉宽带路由器。
（3）熟悉 TCP/IP 设置。
（4）解决网络连接中的问题。

2．实训内容
基于宽带路由器，创建一个家庭网络，要求如下。
（1）连接起码两台电脑。
（2）使用无线或者有线宽带路由器。
（3）给出网络连接拓扑图。
（4）写出每台电脑的 IP 地址、网关和 DNS。
（5）写出路由器的设置过程。

测 试 题

1．关于网络协议，下列（　　）选项是正确的。
  A．是网民们签订的合同
  B．协议，简单地说就是为了网络信息传递，共同遵守的约定
  C．TCP/IP 只能用于国际互联网，不能用于局域网
  D．拨号网络对应的协议是 IPX/SPX
2．IPv6 地址有（　　）位二进制数组成。
  A．16　　　　　　B．32　　　　　　C．64　　　　　　D．128
3．合法的 IP 地址是（　　）。
  A．202：196：112：50　　　　　　B．202、196、112、50
  C．202，196，112，50　　　　　　D．202.196.112.50
4．在互联网中，主机的 IP 地址与域名的关系是（　　）。
  A．IP 地址是域名中部分信息的表示

  B．域名是 IP 地址中部分信息的表示

  C．IP 地址和域名是等价的

  D．IP 地址和域名分别表达不同含义

5．计算机网络最突出的优点是（ ）。

  A．运算速度快   B．联网的计算机能够相互共享资源

  C．计算精度高   D．内存容量大

6．提供不可靠传输的传输层协议是（ ）。

  A．TCP   B．IP   C．UDP   D．PPP

7．关于 Internet，下列说法不正确的是（ ）。

  A．Internet 是全球性的国际网络   B．Internet 起源于美国

  C．通过 Internet 可以实现资源共享 D．Internet 不存在网络安全问题

8．当前我国的（ ）主要以科研和教育为目的，从事非经营性的活动。

  A．金桥信息网（GBNet）   B．中国公用计算机网（ChinaNet）

  C．中科院网络（CSTNet）   D．中国教育和科研网（CERNET）

9．下列 IP 地址中，不正确的 IP 地址组是（ ）。

  A．259.197.184.2 与 202.197.184.144 B．127.0.0.1 与 192.168.0.21

  C．202.196.64.1 与 202.197.176.16 D．255.255.255.0 与 10.10.3.1

10．传输控制协议/网际协议即（ ），属工业标准协议，是 Internet 采用的主要协议。

  A．Telnet   B．TCP/IP   C．HTTP   D．FTP

11．配置 TCP/IP 参数的操作主要包括 3 个方面：（ ）、指定网关和域名服务器地址。

  A．指定本地机的：IP 地址及子网掩码 B．指定本地机的主机名

  C．指定代理服务器   D．指定服务器的 IP 地址

12．Internet 是由（ ）发展而来的。

  A．局域网   B．ARPANET   C．标准网   D．WAN

13．计算机网络按使用范围划分为（ ）和（ ）。

  A．广域网 局域网   B．专用网 公用网

  C．低速网 高速网   D．部门网 公用网

14．网上共享的资源有（ ）、（ ）和（ ）。

  A．硬件 软件 数据   B．软件 数据 信道

  C．通信子网 资源子网 信道 D．硬件 软件 服务

15．调制调解器（Modem）的功能是实现（ ）。

  A．数字信号的编码   B．数字信号的整形

  C．模拟信号的放大   D．模拟信号与数字信号的转换

16．LAN 常指（ ）。

  A．广域网   B．局域网   C．资源子网 D．城域网

17．Internet 是全球最具影响力的计算机互联网，也是世界范围的重要（ ）。

  A．信息资源网 B．多媒体网络   C．办公网络   D．销售网络

18．Internet 主要由 4 大部分组成，其中包括路由器、主机、信息资源与（ ）。

  A．数据库   B．管理员   C．销售商   D．通信线路

19. TCP/IP 是 Internet 中计算机之间通信所必须共同遵循的一种（　　）。

    A. 信息资源   B. 通信规定   C. 软件   D. 硬件

20. IP 地址能唯一地确定 Internet 上每台计算机与每个用户的（　　）。

    A. 距离   B. 费用   C. 位置   D. 时间

21. 网址 www.zzu.edu.cn 中 zzu 是在 Internet 中注册的（　　）。

    A. 硬件编码   B. 密码   C. 软件编码   D. 域名

22. 将文件从 FTP 服务器传输到客户机的过程称为（　　）。

    A. 上传   B. 下载   C. 浏览   D. 计费

23. 域名服务 DNS 的主要功能为（　　）。

    A. 通过请求及回答获取主机和网络相关信息

    B. 查询主机的 MAC 地址

    C. 为主机自动命名

    D. 合理分配 IP 地址

24. 下列对 Internet 叙述正确的是（　　）。

    A. Internet 就是 www

    B. Internet 就是"信息高速公路"

    C. Internet 是众多自治子网和终端用户机的互联

    D. Internet 就是局域网互联

25. 下列选项中属于 Internet 专有的特点为（　　）。

    A. 采用 TCP/IP

    B. 采用 ISO/OSI 7 层协议

    C. 用户和应用程序不必了解硬件连接的细节

    D. 采用 IEEE 802 协议

26. 中国的顶级域名是（　　）。

    A. cn   B. ch   C. chn   D. china

27. 下面的接入网络方式，速度最快的是（　　）。

    A. GPRS   B. ADSL   C. ISDN   D. LAN

28. 局域网常用的设备是（　　）。

    A. 路由器   B. 程控交换机

    C. 以太网交换机   D. 调制解调器

29. 用于解析域名的协议是（　　）。

    A. HTTP   B. DNS   C. FTP   D. SMTP

30. 万维网（World Wide Web）又称为（　　），是 Internet 中应用最广泛的领域之一。

    A. Internet   B. 全球信息网   C. 城市网   D. 远程网

31. 网站向网民提供信息服务，网络运营商向用户提供接入服务，因此，分别称它们为（　　）。

    A. ICP、IP   B. ICP、ISP   C. ISP、IP   D. UDP、TCP

32. 中国教育科研网的缩写为（　　）。

    A. China Net   B. CERNET   C. CNNIC   D. China EDU

33．IPv4 地址由（　　　）位二进制数组成。

    A．16　　　　　　　　B．32　　　　　　　　C．64　　　　　　　　D．128

34．支持局域网与广域网互联的设备称为（　　　）。

    A．转发器　　　　　　　　　　　　　　　B．以太网交换机

    C．路由器　　　　　　　　　　　　　　　D．网桥

35．一般所说的拨号入网，是指通过（　　　）与 Internet 服务器连接。

    A．微波　　　　　　　　　　　　　　　　B．公用电话系统

    C．专用电缆　　　　　　　　　　　　　　D．电视线路

36．下面（　　　）命令可以查看网卡的 MAC 地址。

    A．ipconfig/release　　　　　　　　　　B．ipconfig/renew

    C．ipconfig/all　　　　　　　　　　　　D．ipconfig/registerdns

37．下面（　　　）命令用于测试网络是否连通。

    A．telnet　　　　　　B．ns lookup　　　　　C．ping　　　　　D．ftp

38．安装拨号网络的目的是为了（　　　）。

    A．使 Windows 完整化　　　　　　　　B．能够以拨号方式连入 Internet

    C．与局域网中的其他终端互联　　　　　D．管理共享资源

39．在拨号上网过程中，在对话框中填入的用户名和密码应该是（　　　）。

    A．进入 Windows 时的用户名和密码　　B．管理员的账号和密码

    C．ISP 提供的账号和密码　　　　　　　D．邮箱的用户名和密码

40．TCP 称为（　　　）。

    A．网际协议　　　　　　　　　　　　　B．传输控制协议

    C．Network 内部协议　　　　　　　　　D．中转控制协议

第 5 章

使用 Word 2010

Word 是 Microsoft 公司推出的 Office 套件中的一款功能强大的文字处理软件，也是目前全球最流行的文字处理软件之一。它以友好的图形窗口界面、完善的文字处理性能，为人们提供了一个良好的文字编辑工作环境。本章将以中文 Word 2010 为背景，按照项目驱动教学法的要求，采用实用案例的形式组织教材内容。

随着计算机的普及，使用 Office 软件已不是问题，了解 Office 的每一个功能也不是首要任务，最重要的是结合工作中最需要的技能来学习和使用 Word。基于此指导思想，本章选用"公司报告""报纸编排""产品说明书""产品广告"等案例来学习实用排版技术。

5.1 任务 1——认识 Office 2010

打开 Microsoft Office Word 2010、Microsoft Office Excel 2010、Microsoft Office PowerPoint 2010 时，将看到许多与早期版本类似的东西，如 Word 文档或 Excel 工作表。但是，用户也会注意到窗口顶部外观上的变化。

旧的菜单和工具栏外观已被窗口顶部的功能区所取代。功能区包含了一些选项卡，单击这些选项卡可找到相关的命令。

花上一点时间来接触它，将会发现，功能区帮助了人们的工作，而不是阻碍了工作。实际上，功能区是为了满足 Office 用户的要求而开发的，这些用户要求程序更易于使用，并且更易于用户找到命令。

1. 功能区

我们熟悉的 Microsoft Office 程序中有许多新的变化。令人欣喜的是，所需的命令和其他工具现已处于显眼的位置，并且更便于使用。

以往大约有 30 个工具栏不会显示出来，而且命令也隐藏在菜单或对话框中，现在我们拥有一个汇集基本要素并直观呈现这些要素的控制中心。而且，一旦学会如何在一个程序中使用功能区，你将会发现，其他程序中的功能区同样易于使用，如 Office Excel 2010、Office PowerPoint 2010。Microsoft Office Word 2010 的功能区如图 5-1 所示。

2. 功能区上有什么

功能区由 3 个基本组成部分，如图 5-2 所示。

（1）选项卡

选项卡横跨在功能区的顶部，如图 5-2 中①所示。每个选项卡都代表特定的程序中执行的一组核心任务。

图 5-1　Word 2010 功能区

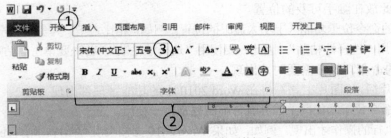

图 5-2　Word 2010 功能区的组成

（2）组

组显示在选项卡上，是相关命令的集合，如图 5-2 中②所示。用户可能需要使用一些命令来执行某种类型的任务，而组将需要的所有命令汇集在一起，并保持显示状态且易于使用，为用户提供了丰富、直观的帮助。

（3）命令

按组来排列，如图 5-2 中③所示。命令可以是按钮、菜单或者供用户输入信息的框。

例如，Word 2010 中的第 1 个选项卡是"开始"选项卡。在 Word 中，主要的任务是撰写文档，因此，"开始"选项卡上的命令是用户在撰写文档时最常用的那些命令，其中有"字体"组中的字体格式设置命令，"段落"组中的段落选项以及"样式"组中的文本样式。

在其他 Office system 2010 程序中，我们将会发现相同的组织方式，也就是第 1 个选项卡中包含了用于执行最重要的工作类型的命令。Excel、PowerPoint 和 Access 中的首要选项卡也是"开始"选项卡。在 Outlook 中，创建邮件时，此选项卡为"邮件"选项卡。

3．如何组织命令

Word 和 Excel 中的"粘贴""剪切"和"复制"命令由于经常被使用，因此习惯把它们放在功能区上的第 1 个选项卡中，即"开始"选项卡中，如图 5-3 所示。

命令按其使用方式来组织。Microsoft 发现，Microsoft Office 的用户都偏爱使用一组核心命令，他们往往会反复使用这些命令。这些核心命令现在处于最显眼的位置，如"粘贴"命令，它是最常用的命令之一，Office 2010 把与它相关的"剪切"和"复制"命令一起放在了窗口中最显眼的位置。

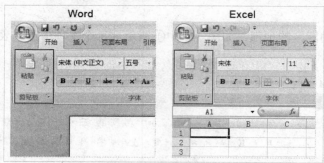

图 5-3　如何组织命令

　　常用的命令不必再与一系列不太相关的命令共处于一个菜单或工具栏上。它们是常被使用的命令，因此放在触手可及的位置。

　　不太常用的命令位于功能区上不太显眼的位置。例如，相比之下，大多数用户经常使用"粘贴"，而不太常用"选择性粘贴"，因此，要使用"选择性粘贴"，首先要单击"粘贴"下的箭头。

4．更多的命令，仅在需要时才出现

　　在插入图片后，"图片工具"将在 Word 2010 中的功能区顶部出现。

　　最常用的命令位于功能区上，并且任何时候都易于使用。至于其他一些命令，只有在需要时，为了响应执行的操作才出现。例如，如果 Word 2010 文档中没有图片，则并不需要用于处理图片的命令。但是，在 Word 2010 中插入图片后，"图片工具"将会出现，同时还会出现"格式"选项卡，它包含了用于处理图片的所需命令。完成对图片的处理后，"图片工具"将会消失。

　　如果想再次处理图片，只需单击它，对应的选项卡就会再次出现，并带有需要的所有命令。Word 2010 知道用户正在做什么，并提供所需的工具，功能区会响应用户执行的操作。因此，如果不能在任何时候都看到所需的所有命令，不要担心，只需执行几个步骤，即可得到需要的命令。

5．需要时有更多选项

　　如果在某个组的右下角看到一个小箭头，则表示为该组提供了更多选项。该箭头称为对话框启动器，单击它，将会看到一个带有更多命令的对话框或任务窗格。

　　例如，在 PowerPoint 2010 中的"开始"选项卡上，"字体"组包含用于更改字体的所有最常用命令，其中有更改字体和字体大小的命令，以及加粗字体、倾斜字体或为字体加下划线的命令。

　　如果要使用不太常用的选项，如"上标"，可单击"字体"组中的箭头，打开"字体"对话框，它包含了"上标"和其他与字体相关的选项，如图 5-4 所示。

6．选择前预览

　　在 Office 2000/2003 中，反复地试做，撤销，再试做，再撤销是每个用户经常做的事情。可能选择了一种字体、字体颜色或样式，或者对图片进行了修改，但是却发现所选的选项不是想要的，因此，只好撤销并重试，而且可能要反复多次，直到最终达到心目中的理想效果。

　　在 Office 2010 中，在做出选择之前，可以看到所做选择的实时预览效果。通过一次选择就可以得到想要的选项，可以更快地获得更好的结果，而不必反复撤销和重试。

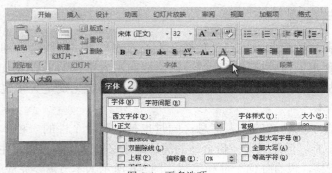

图 5-4　更多选项

要使用实时预览，只需将鼠标指针放在某个选项上，在实际做出选择之前，文档会发生改变，以显示该选项将产生的外观效果。看到理想的预览结果后，即可单击选项以做出选择。

7．浮动工具栏

有些格式命令非常有用，无论执行哪些操作，都希望可以访问这些命令。

如果用户想要快速设置一些文本的格式，而此时正在使用"页面布局"选项卡，可以单击"开始"选项卡来查看格式选项。除以上方法之外，还有如下更快捷的方法。

（1）通过拖曳鼠标选择文本，然后指向所选的文本。

（2）浮动工具栏将以淡出形式出现。如果指向浮动工具栏，它的颜色会加深，可以单击其中一个格式选项，如图 5-5 所示。

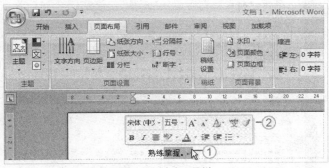

图 5-5　浮动工具栏

> 提示：文档可以用多种格式保存，一种是 2003 格式，文件后缀是".doc"，这时候用 Word 2010 制作的文档兼容 Word 2003，即文件可以在 Office 2010 中打开；另一种是 2010 的格式，后缀是".docx"，此时文件只能用 Office 2010 打开。Word 2010 还提供 PDF、XPS、RTF 等多种格式的输出。

5.2　任务 2——制作简历

> 使用由 Word 2010 和 Office Online 提供的模板快速制作文档。

5.2.1　任务与目的

临近毕业，许多高校毕业生早已"转战"于各人才市场，期间会看到许多大学生们手持简历，不知疲倦地奔走于招聘摊位前，诚惶诚恐地向用人单位的工作人员递上代表着自己的简历，希望他们能从这份简历中了解自己并给予机会。简历无疑是大学生向用人单位展示自己的一个机会。

一份简历里包含了应聘者的个人信息，同时也是应聘者个性的一种体现。

设计一份简历不难，但是设计一份合适的简历却未必容易。很多大学生的简历看起来千篇一律，都是一张张表格，没有任何个性和美感。图 5-6 所示为本节需要完成的一份个人简历。

图 5-6　个人简历

5.2.2　使用模板快速创建文档

也许读者已经心急准备动手设计了，但且慢动手，因为我们不必完全从头开始创建 Word 2010 文档，可以用模板来完成需要设计的文档。

Word 2010 自带了 30 多个文档类型的模板，文档类型包括信函、传真、报告、简历和博客文章等。下面是找到这些模板的方法，如图 5-7 所示。

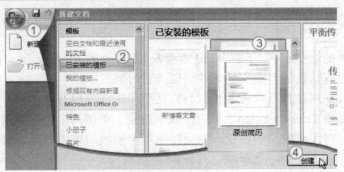

图 5-7 选择模板创建文档

（1）单击"Office"按钮，然后单击"新建"按钮。

（2）在"新建文档"窗口中，单击"已安装的模板"按钮。

（3）单击任一缩略图并在右侧查看其预览，此处选择"原创简历"。

（4）找到所需的模板后，单击"创建"按钮。

打开基于该模板的新文档，可以按照用户需要进行所需的更改，如图 5-8 所示。

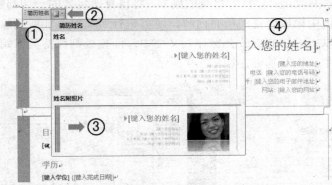

图 5-8 修改用模板创建的个人简历文档

（1）单击空白①处，会出现"简历姓名"选项。

（2）单击②处，会出现"姓名"和"姓名附照片"菜单。

（3）选择"姓名附照片"方式。

（4）在相应位置填写个人信息。

对模板生成的文档做适当调整，就可以完成图 5-6 所示的个人简历了。

提示： 在实际使用中，需要先删掉原始图片，插入自己的照片，然后选择图片，出现图片的命令组。选择图片效果，如映像，再选择一种映像方式。

5.2.3 模板的知识

用丰富的模板建立文档是最快的方法，在很多时候，这种方法会经常使用。Word 2010 提供了很多此类模板，内容涵盖广泛，从信件和简历到日历和小册子，它们可帮助用户节省设计的时间。

模板是一种文档类型，它包含内容（如文本、样式和格式）、页面布局（如页边距和行距）以及设计元素（如特殊颜色、边框和辅色），是典型的 Word 主题。

用户可以将模板看作是非常有用的起点。例如，如果每周都有工作会议，必须重复创建相同的会议议程，且每次会议议程只有轻微的细节变化，那么从大量已有的信息着手就可显著提高工作效率。

看一下这方面的一些示例，了解 Word 本身及 Microsoft Office Online 中已有的众多模板，可以利用它们创建有特色的专业文档，并可以节省时间。

从 Office Online 网站打开模板的步骤与直接套用现成模板非常相似。打开"新建文档"窗口，在"Microsoft Office Online"下的区域中查找。单击其中一个类别，查看所提供的所有模板的缩略图。对于已安装的模板，则会提供每个模板的较大预览。其中一些类别，如信函，包含可以选择的子类别，如学院、商务和随函。

要下载其中一个模板，选择其缩略图并单击"下载"按钮。下载完毕后该模板在计算机上以新文档的形式打开，可以进行所需的添加，然后保存。

对模板进行操作后并不会更改原始模板，它仍位于 Office Online 上，但会将模板本身的一个副本保存到计算机中。再次使用该模板时，不必再次转到 Office Online，可以在 Word 2010 的"我的模板"文件夹中打开它。在打开模板时，会打开基于所选模板的新文档，是该模板的一个副本，而不是模板本身。

这就是模板的特殊功能：它打开自身的副本，将自身所包含的一切都赋予给全新的文档。使用该新文档，可使用模板内置的所有内容，还可进行所需的添加或删除操作。因为新文档不是模板本身，所以所进行的更改会保存到文档中，而模板则保持其原始状态。因此，一个模板可以是无限多个文档的基础，如图 5-9 所示。

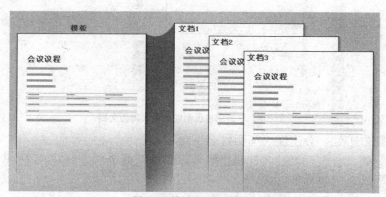

图 5-9　模板和文档的区别

所有文档都是基于某种类型的模板的，模板只是在后台工作。

提示：如果使用的 Office 2010 是盗版的，将不能从 Office Online 上下载模板。

5.3　任务 3——认识 Word 2010

5.3.1　入门

在文档的上方，功能区①横跨 Word 2010 的顶部。用户通过使用功能区上的按钮和命令来告诉 Word 要做什么，如图 5-10 所示。

图 5-10　Word 界面

Word 2010 等待输入时，插入点②是一条闪烁的竖线，位于页面的左上角，它指示输入的内容将出现在页面上的哪个地方。插入点左方和上方的空白区域是页边距。如果现在开始输入，则将从左上角开始在页面中填入内容。

如果不想在页面的最顶部开始输入，而是想在下面一点的地方开始输入，则按键盘上的 Enter 键，直到插入点位于想输入的地方为止。

如果想缩进输入的第一行，可在开始输入前按键盘上的 Tab 键，将插入点向右移动半英寸（1.27cm）。在输入时，插入点会向右移动。在到达页面右侧的行尾时，只需继续输入，Word 会在输入的同时自动移到下一行。要开始新的一段，按 Enter 键。

5.3.2　拼写检查

在输入时，Word 2010 有时候可能会在文本下面插入波状的红色、绿色或蓝色下划线。

- 红色下划线

这表示可能有拼写错误，或者 Word 2010 不认识某个单词，如专有名称或地名。如果输入了拼写正确的单词，但 Word 2010 不认识它，则可以将它添加到 Word 2010 的词典中。

- 绿色下划线

绿色下划线表示 Word 2010 认为此处应修改语法。

- 蓝色下划线

蓝色下划线表示拼写正确，但似乎单词在句子中不适用。例如，输入"too"，但该单词应该是"to"。

对于下划线可以执行什么操作呢？右键单击带有下划线的单词可查看建议的修订，不过 Word 2010 有时可能无法提供任何备选的拼写。单击一种修订可替换文档中的单词并删除下划线。注意，如果打印带有这些下划线的文档，下划线将不会显示在打印的页面上。

Word 2010 在拼写检查方面的功能确实很出色，在大多数情况下都是很简明的。但是语法和正确的单词用法需要运用一些判断力。如果认为自己是对的，Word 2010 是错的，则可以忽略建议的修订，并删除下划线。

> **提示**：如果不喜欢在每次看到波状下划线时都停下来，可以直接忽略它们。当你完成工作后，可以指示 Word 同时检查拼写和语法。在练习中将介绍具体的操作。

5.3.3　移动、复制、粘贴、撤销

1．移动、复制和粘贴

（1）选择要移动或复制的项目。

（2）执行下列操作之一。

① 要移动项目，按 Ctrl+X 组合键。

② 要复制项目，按 Ctrl+C 组合键。

（3）如果要将项目移动或复制到另一文档，切换到该文档。

（4）单击要显示项目的位置。

（5）按 Ctrl+V 组合键。

（6）要调整所粘贴项目的格式，单击显示在粘贴内容下方的"粘贴选项"按钮，然后单击所需选项。

2．撤销错误或恢复操作

（1）在快速访问工具栏上，将指针指向"撤销"，Word 2010 会显示可以撤销的最近执行的操作。

（2）单击"撤销"按钮 或按 Ctrl+Z 组合键。如果要撤销不同的操作，单击"撤销"按钮 旁边的箭头，然后在最近执行的操作列表中单击该操作。

（3）当撤销某个操作时，还会撤销列表中位于该操作上方的所有操作。

（4）如果稍后决定不需要撤销某个操作，单击快速访问工具栏上的"恢复"按钮 ，或按 Ctrl+Y 组合键。

> 提示：如果要去掉文本以前的格式，使文本采用现在文档的格式，如从网页中复制的文字，就要用"选择性粘贴"粘贴文本，打开对话框后选择"无格式文本"完成粘贴操作。

5.3.4　更改页边距

单击"页面布局"选项卡上的"页边距"按钮可以更改页边距。

页边距是页面边缘的空白区域。页面的上、下、左、右 4 边各有 1 英寸即 2.54cm 的页边距。这是最常见的页边距宽度，适用于大多数文档。

但是，如果要获得不同的页边距，则应了解如何更改页边距。例如，如果输入的是一封极为简短的信函、一个食谱、一封邀请函或一首诗，则可能需要不同的页边距。

比如，报纸四周不需要留那么大的空白，因此，做了适当调整。

要更改页边距，可使用窗口顶部的功能区。单击"页面布局"选项卡，在"页面设置"组中单击"页边距"，将看到显示在小图片或图标中的不同页边距大小，以及每个页边距的度量值，如图 5-11 所示。

列表中的第 1 种页边距是"普通"，这是当前的页边距。要获得更窄的页边距，可单击"窄"；如果希望左右页边距变得更宽，则单击"宽"按钮。当单击所要的页边距类型时，整个文档会自动变为所选的页边距类型。

选择页边距时，所选页边距的图标会具有不同的颜色背景。如果再次单击"页边距"按钮，该背景颜色将显示为文档设置了的那种页边距。

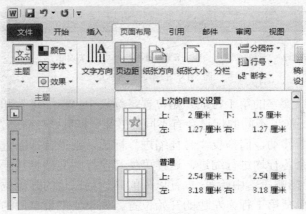

图 5-11　更改页边距

5.3.5　文字修饰

文字修饰包括以下内容。

- 文字的字体。
- 文字的字号。
- 文字的颜色。
- 用加粗、倾斜或下划线格式强调文本。

　　文字的格式就是文字的外观。在 Word 2010 工作区内的每一处光标插入点都有一定的文字格式。在输入文字之前可以先设定好文字的格式，然后再输入文字，也可以在文字录入完成之后再修改文字的格式。要修改文字的格式必须先选定文字，然后再设定。

　　文字的基本格式设置可直接在格式栏中进行。这些设置包括：设置字体、字号、加粗、倾斜、加简单的下划线、简单的字符边框和底纹、字符缩放以及字的颜色等，如图 5-12 所示。

图 5-12　字体修饰组

5.3.6　段落

　　段落是独立的信息单位，具有自身的格式特征，如对齐方式、间距和样式等。每个段落的结尾处都有段落标记。一个段落是以回车作为结束标记的。当段落结束时，输入回车键则产生新的段落，新段落的格式与上一段落的格式相同。仅对某一段落设置格式，只需把光标定位在该段落即可；要对若干连续段落设置同样的格式，则需选定段落，然后再设定。

1．缩进

　　段落的缩进有首行缩进、左缩进、右缩进和悬挂缩进 4 种形式，标尺上有这几种缩进所对应的标记。用鼠标拖曳标记可进行不同的缩进。这几个标记分别代表了段落不同部分的位置，如图 5-13 所示。

图 5-13　段落的缩进标记

首行缩进就是一段文字的第 1 行的开始位置。标尺中"左缩进"和"悬挂缩进"两个标记是不能分开的，但是拖曳不同的标记会有不同的效果。拖曳"左缩进"标记，可以看到"首行缩进"标记也在跟着移动，而拖曳"悬挂缩进"标记，则"首行缩进"标记不动，即段落的首行位置不变，其余各行均进行缩进，这样可使其他行的文档悬挂于第 1 行之下。

"悬挂缩进"标记影响段落中除第 1 行以外的其他行左边的开始位置，而左缩进标记则影响到整个段落的（包括第 1 行）左边的开始位置。如果要把整个段的左边往右挪的话，直接拖曳"左缩进"标记就行了，而且这样可以保持段落的首行缩进或悬挂缩进的相对量不变。"右缩进"标记表示的是段落右边的位置，拖曳这个标记，段落右边的位置会发生变化。

2．设置段落的对齐

对齐方式决定了段落相对于左右缩进的位置，对齐的方式有：与左边对齐、与右边对齐、文本居中、文本两端对齐、文本分散对齐。文档默认的对齐方式为两端对齐。

3．设置行间距

行间距决定了段落中各行间的垂直间距。在默认情况下，各行间为单倍行距，该间距就是该行中最大字体（一行中可能有多种字体）的高度加上其空余距离。设置行间距在"段落"组的"更多"选项中。

4．设置段落间距

段落间距决定了段落前后的空间。如果需要将某个段落与同一页中的其他段落分开，或者改变多个段落的间距，可以增加它们前面、后面的间距。设置段落间距同行间距一样，在"段落"组的"更多"选项中。

5．格式刷

要将多个格式比较复杂、位置比较分散的段落或文字的格式设成一致，如果为每一个对象都设置格式的话，工作量较大。此时，用户可以利用常用工具栏中的"格式刷"按钮快速地完成这一复杂的操作。

通过"格式刷"可以将某一段落或文字的格式复制给另一段落或文字，其操作方法如下。

（1）对于段落而言，将光标移至想使用此格式的段落上，然后单击工具栏中的"格式刷"按钮，此时鼠标指针变成一把小刷子，将鼠标移至想改变格式的段落上并单击它。此时，这一段落就变成想要的格式了。

（2）对于文字而言，选定某段的文字，单击工具栏中的"格式刷"按钮，此时鼠标指针变成一把刷子。用鼠标将想改变其格式的文字定义成块，此后这些文字就可转变成想要的格式。

以上这样的操作每次只能刷一次，若双击"格式刷"按钮，使其处于被按下的状态，则可以接连刷若干次。要取消格式光标时，只需按 Esc 键或再次单击"格式刷"按钮即可。

5.3.7　项目符号与编号

使用项目符号或编号来设置项目是使观者对列表引起注意的最好方法。仅对某一段设置项目符号和编号，只需把光标定位在该段落即可；要对若干连续段落设置同样的格式，则需选定段落，然后再设定。

1．自动编号

自动编号可自动识别输入。例如，当输入"1."，然后输入项目内容，回车后，下一行就出现了一个"2."，如果认为输入的是编号，就会调用编号功能，设置起编号来很方便。若不想要这个编号，按下 Backspace 键，编号就消失了。在编号列表中移动、插入或者删除了某些项，则 Word 会按顺序重新为列表进行编号。

2．项目符号

一般在一些列举项目的地方会采用项目符号来进行编排。此时，可选中段落，单击段落组上的"项目符号"按钮，就给它们加上了系统默认的项目符号。

这里要注意区别项目符号与插入符号。插入的符号是可进行选定的，它的格式设置与普通文本的格式设置一样；而项目符号是不可选定的，要改变它的格式，必须打开"项目符号"对话框，选择要修改的项目符号，单击"定义新项目符号"按钮，再进行格式修改。

5.3.8　添加封面

Office Word 2010 提供了一个封面库，其中包含预先设计的各种封面，使用起来很方便。下面，我们选择一种封面，并用自己的文本替换示例文本。

不管光标显示在文档中的什么位置，总是在文档的开始处插入封面。

（1）在"插入"选项卡上的"页码范围"组中，单击"封面"。

（2）单击选项库中的封面布局。

插入封面后，用自己的文本替换示例文本。

> **说明**
> - 如果在文档中插入了另一个封面，则该封面将替换插入的第 1 个封面。
> - 如果在 Word 的早期版本中创建了封面，则不能使用 Office Word 2010 中的封面替换该封面。
> - 要删除封面，单击"插入"选项卡，单击"页面"组中的"封面"，然后单击"删除当前封面"。

5.4　任务 4——报纸的设计排版

任务要求：通过案例的学习，掌握文字的修饰，包括字号、字体、颜色；掌握段落的控制，行距、段前后距离的控制；掌握图片、线条、形状在排版中的应用。

5.4.1　任务与目的

王新在深圳某 IT 企业工作，最近接受了一项任务，为了公司的 10 周年庆典，公司要求他制作一份反映公司变迁的报纸，要求主题突出、布局美观、图文并茂。开始他很高兴，觉得这工作很简单，可以把学校学的 Word 知识充分利用起来了。但是，随着制作过程的深入，他发现问题不像想象的那么简单，很多效果制作不出来，例如，如何对图片和文字进行合理布局？什么时候、什么地方该使用图片和形状修饰？整体布局该如何设计？一大堆问题使他无从下手。

工作中，常常需要进行类似报纸排版的工作。用 Word 进行文字排版似乎很简单，几乎谁都会，但是要排版一份报纸，却不是那么容易的事情，特别是要制作一份精美的报纸，更不容易。

报纸的设计排版是排版技术中最重要的工作，很多核心的排版技术都体现在报纸的设计和排版过程中。图 5-14 所示为本节需要完成的任务，一份新闻周刊的设计和排版。

图 5-14　报纸设计和排版案例

报纸排版和普通文档排版最大的区别是如何合理地布局、规划版面，既不能留太多的空白区域，也不能太拥挤。不过，对于初学者来说，需要先学习基本的文字处理技术，然后才是整体排版技术。

本节的重点是通过报纸排版来学习排版的基本知识点，并将各知识点融会贯通。

（1）文字控制（大小、颜色、字体、间距）。

（2）段落控制（行距、段前、段后）。

（3）页面控制（上、下、左、右的距离）。
（4）文本框。
（5）形状（线、矩形等）。
（6）图片及处理技术。
（7）版面排版技术。

5.4.2　修饰字体

报纸排版的第 1 步是字体修饰，如图 5-15 所示。

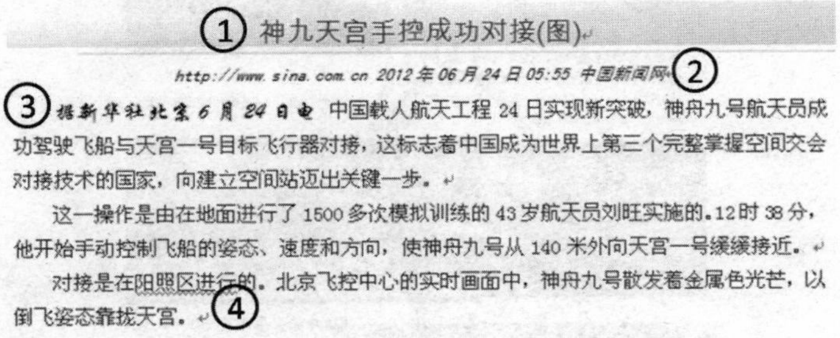
① 神九天宫手控成功对接(图)
http://www.sina.com.cn 2012 年 06 月 24 日 05:55 中国新闻网 ②
③ 据新华社北京 6 月 24 日电 中国载人航天工程 24 日实现新突破，神舟九号航天员成功驾驶飞船与天宫一号目标飞行器对接，这标志着中国成为世界上第三个完整掌握空间交会对接技术的国家，向建立空间站迈出关键一步。
这一操作是由在地面进行了 1500 多次模拟训练的 43 岁航天员刘旺实施的。12 时 38 分，他开始手动控制飞船的姿态、速度和方向，使神舟九号从 140 米外向天宫一号缓缓接近。
对接是在阳照区进行的。北京飞控中心的实时画面中，神舟九号散发着金属色光芒，以倒飞姿态靠拢天宫。④

图 5-15　字体修饰

① 标题

格式：“华康少女文字”、4 号。

文中是一篇新闻稿。但是，所有文字看起来感觉都一样。既没有标题，也没有指引了解文档的说明性标志，也就是说，没有指示“这里很重要，请看这里”的说明。

标题是文章最重要的信息，需要加大字体，有时候可用特别的字体。本案例中使用了“华康少女文字”（该字体可在网上下载，然后在 Windows 系统的控制面板“字体”中安装）。

② 副标题

格式：黑体、小 5 号、倾斜。

副标题“http://www.sina.com.cn 2012 年 06 月 24 日 05:55 中国新闻网”用倾斜格式来添加强调效果，提醒人们注意这些重要的信息，但是字体比正常小 1 号，因此又不会喧宾夺主。

③ 新闻单位

格式：华文行楷、小 4。

发稿单位一般需要与正文区别，因此，选用华文行楷字体，此字体比宋体显小，选小 4 号。

④ 正文

格式：宋体、5 号、行距 18 磅。

正文是整个报纸的核心，一般不宜使用太多字体，也不宜使用太花哨的字体。这样整个版面才能显得稳重、大方。这里选择最常用的宋体和 5 号字体。

行距设置为 18 磅。但是要注意，当所有内容（图片、文字、修饰形状）都放进来后，行距要视版面情况做适当调整。

5.4.3　插入图片和 Logo

报纸排版的第 2 步是插入图片，设计好 Logo 并插入，如图 5-16 所示。

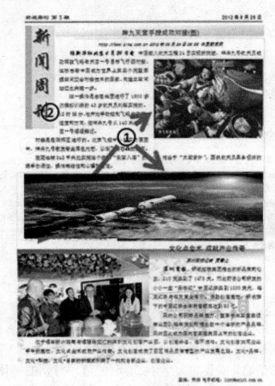

图 5-16　插入图片和报纸 Logo

1. 图片插入

要开始插入一张新的图片，可在功能选项卡上选择"插入"→"图片"（本案例可以直接从素材中复制、粘贴）。

在插入图片或双击图片之后，会自动出现"图片工具"下的"格式"功能面板，如图 5-17 所示。

图 5-17　图片功能面板

可以看到关于图片的工具都会集中呈现在面板上，分为"调整""图片样式""排列""大小" 4 个组。Word 2010 重点加强了前两个组的内容。

（1）调整（图片工具）

图片工具主要剥离了旧版图片工具中的亮度、对比度等功能，增加了"重新着色""压缩图片"的工具，可采用直接单击和下拉菜单选择相结合的操作。

作为 Word 2010 工具操作的特点，选中图片对象后，只要将鼠标移至相应的工具选项，在页面上马上就可以看到效果。

- 亮度、对比度

亮度、对比度都预设了分级选项，操作起来一目了然，在"图像修正"中可以对这两项指标作更详细的设置。

- 重新着色

预先设置了具有不同风格的颜色样式对图片进行格式化处理，以满足不同要求，免去了对图片效果有特殊要求的用户另外使用图片处理软件的麻烦。

- 压缩图片

新增的实用功能，为了实现对原始图片（数码相机的照片）进行预处理，分别设置了"打印""屏幕""电子邮件" 3 个压缩级别。

（2）图片样式

这是 Word 2010 图片处理新增的最为出彩的功能，它使用了文字样式功能，对图片的样式预设了几十种风格。这个功能使图片的表现力更加出色。

操作上与前述工具类似，选定图片后直接将鼠标指针拖曳至目标样式后，就可以预览不同样式的效果。此功能使用户可以看到预设的 20 种图片样式和对图片的处理效果，这样不用再花费太多工夫对图片预处理，也可以制作出具有较专业级别的特殊效果。

通过该组右侧的"图片形状"和"图片轮廓"则可以对图片框线做进一步处理，而在"图片效果"中更有多达几十种图片样式。

图片效果分为"预设""阴影""映像""发光""柔滑边缘""三维旋转"等种类繁多、十分精彩的预设样式，每一项都有更加详细的个性设置，有了这样的工具，基本不用担心自己需要的效果出不来了。另外，单击右下角的下拉箭头可以有更多细节供设置。

（3）排列

图片排列功能基本保留了旧版的内容，将几个常用的功能突出在面板上，新增了很多位置排列的功能。

（4）大小

与之前版本相比，Word 2010 中的图片大小的调整基本没有变化，面板突出了"裁减"工具，工具栏还增加了位置排列的内容，在排版上更加方便。

各种功能需要配合使用才可以使图片处理更为出色。

关于 Word 2010 的图片处理功能，先介绍到此，它具有很大的可开发空间，需要在实践中去学习，最大限度发挥它的功用。

下面我们将依次插入（复制）3 张图片到正文，选择文字环绕方式为四周型环绕。

所谓文字环绕方式，是指文字和图片的位置关系，单击环绕菜单中的"其他布局选项"，可以直观地看到几种环绕方式（这也是 Word 2003 的传统方式），如图 5-18 所示。不过，熟悉使用以后可以直接选择，没必要再进菜单选择了。

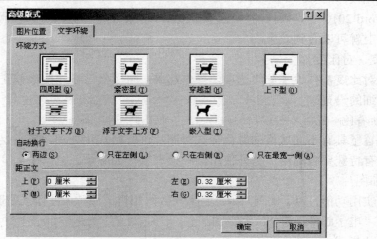

图 5-18　文字环绕方式

当图片比较多的时候，使用四周环绕会使图片互相影响，为此，可使用 Word 2010 新增功能"位置"中的文字环绕方式，本案例使用了其中一种方式。

2．插入形状

在功能选项卡上选择"插入"→"形状"。

- 图形位置调整

选择图形之后直接用鼠标拖动可以移动该图形，另外还可以用键盘的上、下、右、左移动键对图形位置进行微调。

- 图形编辑

要想编辑某个图形对象，可以通过绘图工具栏进行，常用的编辑操作有设置线型和设置线条的颜色，对于封闭的图形还可设置填充的颜色和效果。

在插入形状或双击形状之后，会自动出现"绘图工具"下的"格式"功能面板，如图 5-19 所示。可以看到有关形状的工具都会集中呈现在面板上，分为"插入形状""形状样式""阴影效果""三维效果""排列"和"大小" 6 个组。Word 2010 重点加强了"阴影效果"和"形状样式"两个组的内容。

图 5-19　形状功能面板

本例制作两个矩形，填充颜色选择接近的蓝色，如图 5-16②所示，然后将两个矩形组合成一个形状。

- 组合

有时需要把若干图形组合起来，以方便对图形进行统一的编辑操作（如一起移动），方法如下。

按住 Shift 键不放，同时单击各个对象，选择要组合的图形，单击"排列"组的"组合"按钮，在弹出的菜单中单击"组合"命令，就把各个对象组合成了一个图形。现在移动它们，可以看到移动的是整个图形。

要取消图形的组合，只要单击"取消组合"命令，就可将当前的组合取消。

也可以选择图形，然后单击鼠标右键，选择"组合"或"取消组合"。

3．插入文本框

在较早版本的 Word 中同样有文本框的功能，但是多少显得有些单薄。Word 2010 对文本框做了改进，可以在插入文本框的同时进行装饰和美化方面的处理。

在插入文本框或双击文本框之后，会自动出现"文本框工具"下的"格式"功能面板，如图 5-20 所示。

图 5-20　文本框功能面板

Word 2010 文本框制作的顺序如下。

选择文本框类型、输入文字、文本框设计、文本框布局、文本框格式。

（1）单击"插入"，在"文本"组中单击"文本框"选项，弹出文本框下拉菜单。

（2）在下拉菜单中，有"模板""绘制文本框""绘制竖排文本框"等命令，其中"绘制文本框""绘制竖排文本框"与以前版本的插入一样。

（3）Word 2010 提供了 30 多种文本框模板供选择，这些模板主要在排版位置、颜色、大小上有所区别，用户可根据需要选择一种。插入后可看到"文本框工具"已经弹出。在文本框中输入所需要的内容，之后对文本进行美化。

（4）在"文本框样式"组中，可对文本框填充颜色、外观颜色进行调整。还可单击右下角的小箭头，弹出"设置自选图形格式"对话框，设置大小、版式等。

本案例选择简单文本框，然后在功能区设置如下。

① 字体：方正行楷繁体（如果没有，需要安装）。

② 字号：初号。

③ 颜色：深红。

④ 填充：选择无填充。

⑤ 形状轮廓：无。

⑥ 文字方向：垂直。

4．Logo 设计

本案例使用两个矩形文本框合成报纸的 Logo，如图 5-21 所示。

叠放次序：对于封闭边界的图形，如果叠放在一起，则要设置叠放次序，以规定它们的位置关系。可以将某个图形设置为底层，也可以设置为顶层；可以将某个图形上移一层，也可以下移一层；可以在各功能组中选择设置，也可以通过快捷菜单按照传统的方式选择叠加次

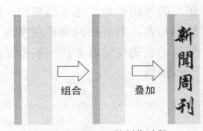

图 5-21　Logo 的制作过程

序。在本案例中，"新闻周刊"字样图形被选择"置于顶层"或者将形状"矩形"设置成"置于底层"。

5.4.4　报纸排版技巧

版面是报纸各种内容编排布局的整体表现形式，报纸是否可读、能否在报摊上吸引读者视线，很大程度上决定于版面的设计。透过版面，读者可以感受到对新闻事件的态度，更能感受到报纸的特色和个性。版面吸引读者，主要是吸引读者的视觉，利用人的视觉生理和视觉心理，产生强大的视觉冲击波，牢牢吸引读者的眼球。要求报纸放在报摊上能脱颖而出，读者在几米外就能首先映入眼帘，这就要求在版面设计中，创新多种编排手段突显主题，在读者的视觉感受上产生不同凡响的效果。

1. 让眼球首先被吸引——营造版面视觉冲击波

人们在欣赏绘画作品时，都会遵循这样的欣赏次序：先通观全画，产生总体印象后，视线便会迫不及待地停留于画面上的某一处，这个地方就是画面的"视觉中心"，然后，视线才会移动，慢慢读遍全画。之所以有这种现象，是因为从人类眼球的生理构造看，只能产生一个视焦，人的视线是不可能同时停留在两处以上的，欣赏作品的过程就是视焦移动的过程。这一理论，运用于报纸编排，主要是想强调加大版面视觉中心的处理，让读者在几米之外就能被它吸引。众多报纸放在报摊上，还要使本报的视觉中心成为众多报纸版面的视觉中心，浏览之下，读者的视线便迫不及待地停留在这个视觉中心上，首先购买。从具体的编排手段来说，以下因素往往能突显视觉中心。

（1）突出中心主题

在零售市场上，报纸是对折放在报摊上的，只能展示版面的上半部分，因而将最具有视觉冲击力的图片和标题放在版面上部，做重点处理，极为重要。通过加大头条稿件所占面积、加大头条文字的排栏宽度、拉长头条标题、加大标题字号及使头条标题反白等技巧，都能使头条成为视觉中心。但同时要注意，不能把版面处理得过于花哨而转移了读者对新闻本身的注意力。这样就能使读者在路过报摊时无意地一瞥，便留住了脚步。国外某报标题与正文所占的版面比例在 1∶2 左右，多用大图片、大标题、粗线条分割的办法给读者以强烈的视觉感染力、穿透力和震撼力（如图 5-22 所示）。此外，版面表现重大事件时，往往在体现内容丰富多彩的同时，还需突出一个中心。版面突出的中心就是编者最想说的话。采用多种编排手段，突出一个主题，会给读者留下一个深刻的印象，达到很好的宣传效果。

（2）慧眼巧用图片

现代社会是个"读图"的时代，图文并茂是设计优秀版面的原则之一。随着时代的发展，图片的作用和地位越来越突出，所占据的版面位置也越来越大。报纸对大小不同照片的安排恰当与否，对版面的美观程度以及形成版面的视觉中心有直接影响。图片为一天的新闻制造气氛，它诱使读者去读一条本来可能会被忽视的报道，或者刺激读者的视觉，吸引读者去买一份报纸。

图 5-22　报纸的视觉冲击

（3）增加版面亮点

有时报纸头条、二条会让位给政治性内容，读者一般对此不感兴趣。此刻，就要在版面的中下部突出读者爱看的稿件，增加版面亮点，使之成为视觉中心，从而改变版面上部大标题、长消息，下部小标题、短消息，报纸"头重脚轻"的不良版式。在突出处理中下部稿件时，可以采取局部的图案套衬、加大标题字号和所占版面的空间、突出的题图设计、标题形状的奇特变化、加大文章所占的版面空间、独特的花边形式、题图压衬等方式，还可采取"稀有因素"对比的方式，例如，在许多垂直线中有一条斜线，或在许多斜线中有一条垂直线一样，稀有因素往往因数量对比的原因显得异常突出，在画面中成为视觉中心。对比关系是产生视觉刺激的基础，对比包括明暗对比、方向对比、大小对比、曲直对比等。此外，一条有声有色、感染力强的标题，三言两语便扣住了读者的心弦，标题的编排形式多样，标题各行左端平头或右端平头、引题主题副题适当留白、黑白错落有致等均极富现代气息，能吸引读者的视线。

视觉中心理论能更好地活跃版面，较好地处理版面全局与局部、局部与局部的关系，甚至可以通过版面表现力的强弱，明确视觉层次，让读者在不知不觉中按编辑的要求，做到先看什么，再看什么，最后看什么。但是，版面视觉中心不能过多，突出处理的稿件过多，也就谈不上视觉中心了。

2．刻画报纸"生动表情"——视觉美感的形成

精良的版式设计能够刻画报纸的"生动表情"，给读者留下深刻的视觉印象，使报纸充满韵律。韵律不仅是指版式设计富有动感和流畅性，更重要的是编排的内容富有趣致，既矛盾又统一，从标题的精心制作到内文的详略得当、图片的清晰和装饰的可圈可点。内容与形式的统一是创造版面美的前提，版面的美感是通过视觉感受到的，版面中各视觉因素结合起来，既统一又变化多样，从而使版面既不觉单调又不显杂乱无章，充满灵性、诗意和美感。

（1）丰富新闻的"表情"

不同的版面有不同的内在灵魂，把握住内涵就能刻画新闻的"表情"。现代的版式设计，已不再是几根线条和几块网纹的组合，它所体现的是报纸的个性，传达的是报纸对新闻的态度，这就要求编辑运用艺术的手法和有针对性的版面语言来描述新闻，创作出带有"表情"的版面。新闻版的"表情"力求凝重沉稳，处理版式注重大气、庄重，体现新闻稿件的分量和内在的震撼；文体版的"表情"力求活泼和激奋人心，琳琅满目的图片，展示扑面而来的强烈文化气息或观看比赛时的紧张刺激；生活副刊版的"表情"热情、时尚而轻松，透过充满趣味的编排方式，传达现代人的生活方式。

（2）视觉效果的多样统一

现代的版式设计，是让读者在众多的报纸面孔中，不用看报头，一眼就知道报纸的名字。版面的名字，这就是报纸独特的个性风格。没有个性的版面是失败的，就像一张毫无个性的面庞，在视觉上不易让人记住。整张报纸的风格要有统一的设计，形成一个整体，报纸的整体视觉设计正如它的 CI 形象设计，应该从更深层次上体现报纸的定位、它的办报宗旨以及适应目标受众的欣赏口味；同时在整体风格保持一致的前提下，又要形成各自的个性风格，逐日规划新鲜的、醒目的版面，达到多样统一的视觉效果。从版面的具体编排而言，各种元素的统一不仅是方便阅读的需要，也是产生视觉美感的需要，过多的变化只能进一步加重负担，而统一这一要素从视觉效果来看，更能体现秩序感。此外，有效地利用"节奏"也能使版面产生美感。节奏指同一现象的周期反复，例如，一般好的版式会让多个标题呈"梯形"排列，使得版面产生音乐般的效果。

（3）追求视觉的均衡

版面设计就是组版元素在版面上的计划和安排。优秀的版面设计，能表现出其各构成因素间和谐的比例关系，达到视觉上的均衡。在绘画的构图理论中，均衡是指画面构成要努力使各种力量均等，从而获得一种稳定感。黑格尔说："在较大幅的构图里，最好的办法是把整体划分为若干容易认出的部分，而同时又不使它们显得零散。"在版面设计中亦是如此，必须把版面中的组版元素作为视觉力感、数量因素、物理因素来考虑，使它们在画面中的分布能够上下左右大体相等，从而体现对比、统一、平衡、节奏、动感的原则，并处理好主次与聚散、图与地（即背景）、群组与间距、四角与对角线、空白与版面率等关系。此外，比例法则也是实现形式美感的重要基础，达·芬奇说："美感完全建立在各部分之间神圣的比例关系上"。版面的比例，我们可以采用"三三黄金律"（两条垂直线和两条水平线交汇的四点，是视觉中心）、"四分法"（版面作纵三横四分割，几个相邻矩形组合一起，形成美丽的匀称和平衡）、"黄金分割"理论（长宽之比为 1∶0.618，以此设定字号的大小、线条的粗细、围框的大小、点线面组合的比例）等，达到版面视觉的均衡。

3．以视线流畅为出发点——减轻视觉的生理和心理压力

如今是信息爆炸的社会，现代的读者又是多元化的读者，是匆匆忙忙的读者。在竞争激烈的报刊市场，谁能使读者在尽可能短的时间内获得尽可能多的信息，谁就是赢家。大众传播学理论将新闻传播的过程，即从记者采写到读者接受的过程解释为编码和译码的过程，这一过程中如果存在"噪声"，就会影响受传者对传播者传递的信息的理解。因而这一过程越短、越简明，传播的效果就越好。所以，我们设计版式，必须服从于简洁易读这一原则，减轻读者视觉的生理和心理压力，不使读者产生视觉疲劳，从而获得更好的传播效果。从生理学的研究我们知道：眼球只有停下时才能看到字，跳动时看不到字；视线由一行读到另一行，眼球在跳动，也看不见字；每次眼球停留时最多读 6 个字，眼球跳动次数越多感觉越疲劳……掌握了这些知识，可以更好地设计出视线流畅的版面。

（1）简化版面的构成要素

从近几年获奖版面所体现出的设计风格，我们可以看到，这些版面都在尽可能地舍去甩来甩去的走文、繁褥的花线、变来变去的字体、可有可无的花网，而追求粗眉头（大标题）、小文章、大眼睛（大图片）、轮廓分明（块面结构）的阳刚直率之美，行文上很少拐弯，不化整为零，字体较少变化，线条又粗又黑。《工人日报》较早地采用了这种"粗题短文多板块，钢筋结构大窗户"的版式（如图 5-23 所示）。记者、编辑想说的话非常清楚，让读者在短时间内即能一目了然，提高了单位时间、空间里的读报效率。此外，空白也可以使人在读报时产生轻松、愉悦之感，标题越重要，就越要多留空白；而照片上面的空白千万不要随便使用。美国一位报人对报纸上的空白有过十分形象的比喻，他说："读者在密密麻麻的版面上看到空白，犹如一个疲倦的摩托车手穿过深长的山洞后瞥见光明。"彩报也是如此，如今，有不少彩报编辑热衷于对色彩的使用，凭喜好罗列一些漂亮的颜色，涂抹在版面上，色彩过于"凸出"或"凹陷"，翻开报纸，读者有一种在百货公司浏览各种颜色面料的感觉，视觉极易疲劳。高明的编辑从不滥用色彩，只是让报纸的颜色更接近于自然。

图 5-23 视觉的均衡

（2）模块式编排

对于模块式编排，美国密苏里新闻学院莫恩教授做了这样的解释："模块就是一个方块，最好是一个长方块，它既可以是一篇文章，也可以是包括正文、附件和图片在内的一组辟栏，版面都由一个个模块组成。"这种设计最大的好处是方便读者阅读。现代读者读报时，视线在版面上停留往往只是瞬间，因此，每篇稿件把意义相近、相反的稿件都框起来，独立成块，不与其他稿件交叉，就能将读者的视线锁定，产生简化而规整的美感。读者读完一栏自然转到下一栏，不用无规则地穿插跳跃，不用在读完一栏文字后费力地搜寻下一栏。从视觉心理上分析，模块式有其特定的优势，格式塔派心理学的一个重要原理就是"整体大于部分之和"。根据这个原理，我们可以明显地看到模块设计的优势。如果将一组意义相关、相近或相反的稿件散拼在版面上，那么它们也仅仅是一篇篇独立的稿件；如果将它组合在一个"方阵"之内，就可能产生一种不用文字表达的新信息，甚至出现"1+1大于2"的效果。此外，模块式编排基本上以横题、横排为主，从生理学上分析眼球的转动可知，横向阅读比直向阅读省力。如果报纸采取横题编排，简洁明快、干净利落，读者在这种版式上阅读稿件时，视线以横向阅读为主，移动基本顺畅，用不着因为稿件的藏头露尾而东寻西找，阅读省力。

5.4.5　版面设计和美化

完成了图片和文字排版后，需要进行版面设计，包括版块分割、背景设计、标题美化等，从而完成报纸的设计工作，如图 5-24 所示。

图 5-24　版面设计和美化工作

1．页眉和页脚

页眉和页脚是指位于上页边区和下页边区中的注释性文字或图片。通常，页眉和页脚可以包括文档名、作者名、章节名、页码、编辑日期、时间、图片以及其他一些域等多种信息。

根据"页面设置"中"版式"选项卡上的设定，可在文档不同页上设置不同的页眉和页脚。要插入页眉和页脚，可在功能区选项卡上选择"插入"→"页眉和页脚"。在插入页眉或双击页眉、页脚区域之后，会自动出现"页眉和页脚工具"的"格式"功能面板。

页眉、页脚区的位置受两个因素影响：一是"页面设置"中"页边距"选项上距边界选项区的选择；二是页眉、页脚区的高度。因此，改变距边界的大小和页眉、页脚区的高度，可以改变页眉、页脚区的位置。

插入页眉后在其底部加上一条页眉线是默认选项，如果不需要，可自行删除。删除方法：进入页眉和页脚编辑状态后，选择"页眉和页脚"，在其中选择"删除/页眉"或"删除/页脚"即可完成。

Word 2010 有很多页眉/页脚样式供选择。本案例选择带标题和日期的页眉，页脚提供编辑信息。

2．线条分割

本案例报纸有 3 篇文章，用细、浅色线条分割开来。合理运用线条是版面设计的关键，看起来平淡无奇的线条，如果运用合理，可以使版面显得整洁、宁静和清新。

3．图片背景

报纸已基本完成，但还需要一些装饰，使其更美观。使用 Word 2010 中的装饰元素可使其少一些平淡，多一些精彩和优雅。

例如，为页面和图片添加定义边框、为 Web 文档使用彩色背景以及使用页面水印等。使用合适的图形做背景，可增加报纸的醒目程度。可用的背景包括纯色或渐变色、纹理、图案和图片。

使用图片作为背景应用之前，要使用编辑器将需要使用的图片冲蚀颜色，如图 5-25 所示。

图 5-25　调整图片的颜色

注意：不要让选择的背景喧宾夺主而影响文字。使用背景是为了衬托文字，而不是使文字无法阅读。

本案例设计中，使用图片进行浅色变体处理，然后调整亮度，最后生成适合文中背景的图片（如图 5-26 所示），然后设置图片的环绕方式为"文字下方"。

图 5-26　图片颜色的处理过程

4．矩形修饰

绘制一个矩形，边框设置为"无"，填充设置成"渐变"，颜色设置成"半透明"，如图 5-27 所示。放置矩形在标题的下方，设置文字环绕方式为"衬于文字下方"。合适的图形运用可以使标题更加醒目、漂亮，同时也可以加强整个版面的效果。

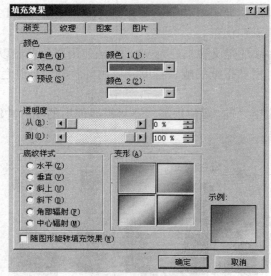

图 5-27　矩形的填充

5.5　任务 5——产品广告的设计排版

通过案例的学习，掌握文本框的综合运用、掌握图片效果的使用、掌握各种形状在修饰中的作用、掌握 Word 2010 排版技术在产品广告设计上的应用。

5.5.1　任务与目的

在工作中，需要设计各种产品说明书、宣传页。本节设计一份雅芳的产品广告（如图 5-28 所示），通过这个案例来学习如何运用 Word 2010 的排版技术去设计一份产品广告。

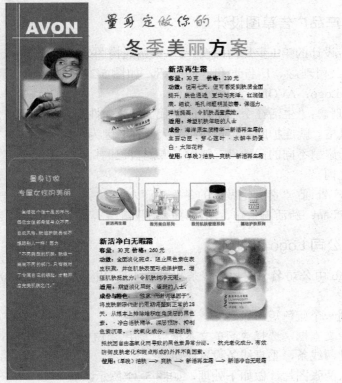

图 5-28　雅芳产品广告案例

"雅芳是一家属于女性的公司，其目标是成为一家最了解女性需要，为全球女性提供一流的产品以及服务，并满足她们自我成就感的公司。简言之，成为一家比女人更了解女人的公司。因为雅芳深信，女性的进步和成功，就是雅芳的进步和成功。"

——摘自雅芳网站

各个行业的产品广告有所不同，但是无论怎样，都要求设计精美。版面美的前提条件是构成版面的材料要美。这里说的材料，不是指纸张、油墨等，而是指编排手段，如字体、图片、线条、装饰等。这些材料必须是美的。好看的字体、优美的图片、秀丽的线条、漂亮的刊头，都能够使版面大为生色。粗陋的材料，无论如何也不会形成美的版面。因此，在版面设计中，要精心挑选字体、图片和线条，精心设计各种刊头、栏头、题头和版花。

版面美的基本要求是，版面各部分的总体组合要符合形式美的基本规律，即多样统一规律。多样统一是形式美的最高法则。多样，是指构成整体的各个部分的差异性，即各个部分要有变化；统一，是指这种差异性的彼此协调，即各种变化要有一致的方面，包括各个部分之间的和谐、比例、节奏、均衡等。多样统一就是寓多于一，多统于一。一中见多，即把"多"与"一"有机地结合起来，在丰富多彩的变化中保持着一致性。多样统一规律体现了自然界和社会生活中对立统一的规律，将多样统一规律运用在版面上，就是指版面的总体组合要做到变化与统一相结合，在变化中贯穿着统一，在统一中包含着变化。只有这样，才算得上是美的版面。

5.5.2 产品广告草图设计

产品广告设计的第1步是构图设计。本案例的构图分4个部分：公司 Logo、公司理念、广告词和产品介绍，如图 5-29 所示。

① 公司 Logo：AVON。

② 公司理念："生活在个性十足的年代，每位女性都希望与众不同、自成风格。就连护肤品也不想跟别人一样！因为不同类型的肌肤，就像一扇扇不同的门，只有找对了专属自己的钥匙，才能开启完美肌肤之门。"

③ 公司广告词："量身定做你的冬季美丽方案"。

④ 公司产品：新活再生霜、新活净白无暇霜。

图 5-29　草图设计

5.5.3 公司 Logo 区设计

公司 Logo 由公司名、图片、线条和底色 4 部分构成（如图 5-30 所示），具体制作步骤如下。

（1）绘制一个蓝色矩形做底图。

（2）插入文本框，选择"简单文本框"，颜色"白色"，字号"小初"，输入"AVON"。

（3）绘制两线条，垂直线条设置阴影。

（4）插入两张图片，做如下处理，如图 5-31 所示。

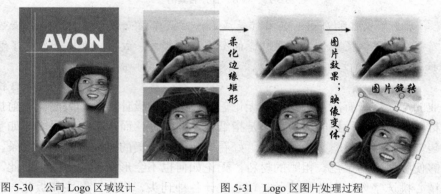

图 5-30　公司 Logo 区域设计　　　图 5-31　Logo 区图片处理过程

① 双击图片，出现图片格式功能面板。

② 选择图片样式为"柔化边缘矩形"。

③ 选择图片效果→"映像"→"映像变体"。

④ 单击图片，出现带绿色小圈的矩形，用它可以调整图片的角度。

5.5.4 公司信息设计

（1）选择插入"文本框"。

（2）选择"运动型引述"样式。

（3）形状填充选择"无"。

（4）形状轮廓选择"无"。

（5）输入文字，颜色设为白色，宋体 5 号。

（6）选择 1.5 倍行距。

（7）标题设置为华康少女字体，3 号。

（8）调整文本框大小到合适为止。

5.5.5　广告语设计

一页产品宣传页包括很多信息，本案例有 4 个区，最重要的信息在产品区里。但是，消费者一般不会一开始就仔细去阅读，因此整个版面设计的首要任务是在最短时间里给消费者最强的视觉冲击和最深的记忆。

增加视觉冲击的强度主要通过版面的不同强势来表现，基本方法如下。

1．强度

强度即增加版面空间或编排手段的刺激强度。要在版面空间方面增加刺激强度，可把文字安排在版面中强势大的上区；要在编排手段方面增加刺激强度，可给主要稿件的标题用大号字、用粗体字、加大标题周围的空白。

2．对比

对比即通过加强背景与主体之间的差别来形成强势。例如，在不加任何边框的背景中，给要突出的文字加框；在都是黑色的背景中，给要突出的稿件套色；在正文都排宋体字的背景中，给要突出的稿件排楷体字；在普遍基本栏的背景中，给要突出的稿件分栏等设计，都可以形成局部版面的强势。

3．变化

变化即通过采用不同于常态的编排方法来形成强势。变化是引起人们注意的条件之一。版面上不同于常态的编排就是一种变化，这种变化能给读者以新鲜感而引起读者的注意。例如，对于那些内容很有新意又重要的内容，偶尔使用手写体标题、特大字号的标题、经过美术装饰的标题等与常态不同的编排，容易引起读者注意，从而形成强势。

广告语"量身定做你的冬季美丽方案"是整个产品广告的中心。本案例采用了高强度（初号字体）、对比（靓丽的色彩）、变化（多种颜色组合、舒体和黑体组合）来达到视觉冲击的效果（如图 5-32 所示）。

制作过程如下。

① 插入文本框。

② 选择"简单文本框"。

③ 输入文字，字体设置为方正舒体、黑体，字号设置为初号。

图 5-32　广告语设计

④ 每个字选择合适的颜色。

⑤ 加带阴影的线条做修饰。

5.5.6 产品信息区设计

1. 用形状做背景

在使用文本框时，可以使用一些形状作为文本框的背景（如图 5-33 所示），制作步骤如下。

新活再生霜

容量： 30 克　**价格：** 210 元

功效： 使用七天，便可感受到肤质全面提升，肤色通透，更均匀亮泽，红润健康，细纹、毛孔问题明显改善，保湿力、弹性提高，令肌肤晶莹柔嫩。

适用： 希望肌肤年轻的人士

成份· 海洋原生质精华—新活再生霜的主要功臣　·穿心莲叶　·水解牛奶蛋白·太阳花籽

使用： (早晚) 洁肤—爽肤—新活再生霜

图 5-33　产品区设计

（1）首先建立文本框。

（2）在文本框中填入产品"新活再生霜"的文字说明。

（3）将文本框设置为"无填充颜色""无线条颜色"。

（4）利用形状绘制工具画两个矩形。

（5）选择矩形的填充颜色，将颜色调淡，增加透明度。

（6）将两个矩形组合起来，并设置为"文字下方"。

（7）插入产品的图片，配合文字说明。

（8）用图片样式"柔化边缘矩形"处理图片。

（9）选择"图片效果"→"映像"→"映像变体"，增强图片的效果。

2. 文本框链接

在编辑版式比较复杂的文档时，通过在文档中插入文本框，再利用各文本框之间的链接功能，可以大大增强文档排版的灵活性，方法如下。

（1）建立 2～3 个文本框。

（2）在其中一个文本框的边缘上（非文字区）单击鼠标右键，选"创建文本框链接"；或者选择文本框，在文本框功能面板选择"创建链接"，这时鼠标指针变成一个直立的水壶形。

（3）将鼠标移到另一个文本框上，指针变成一个倾倒的水壶，这时单击鼠标左键，链接便建立完成。

依此类推，可以进行若干个文本框的链接。

当文本框之间建立链接后，在前一文本框中输入文字占满文本框时，光标会自动跳到与其链接的文本框继续接受录入，且当文本框大小调整时，其中的文本也会自动调整。

基于此技巧，制作产品"新活净白无暇霜"的信息区，如图 5-34 所示，步骤如下。

新活净白无暇霜

容量： 30 克 **价格：** 260 元

功效： 全面淡化斑点，阻止黑色素在表
皮积聚，并在肌肤表面形成保护膜，增
强肌肤抵抗力，令肌肤纯净无瑕。

适用： 期望淡化黑斑、雀斑的人士。

成份与特色： ·独家"代谢调理因子"，
将皮肤新陈代谢的周期调整到正常的 28
天，从根本上排除堆积在角质层的黑色
素。·净白活肤精华，深层预防、抑制
色素沉着。·抗氧化成分，帮助肌肤

抵抗因自由基氧化而导致的黑色素异常分泌。·抗光老化成分，有效
防御皮肤老化和斑点形成的外界不良因素。

使用： (早晚)洁肤 ⟶ 爽肤 ⟶ 新活再生霜 ⟶ 新活净白无瑕霜

图 5-34 采用文本框链接的产品说明

（1）插入两个文本框（普通文本框）。

（2）将文本框设置为"无填充颜色""无线条颜色"。

（3）将文本框放到合适的位置，建立两个文本框之间的链接。

（4）在第 1 个文本框中填入产品"新活净白无暇霜"的文字说明。

（5）插入产品图片，制作效果（同前，略）。

（6）复制第 1 个产品的图片，调整大小，重新着色，调节亮度，然后设置文字环绕"衬于文本下方"。

5.6 任务 6——设计和制作专业合同

5.6.1 任务与目的

本节用 Word 2010 制作一份电子合同（如图 5-35 所示）。合同与普通 Word 文档的不同之处在于：合同的大部分内容是不需要更改的，甚至不允许更改，另外一些内容，如公司的名称、地址、账号等不允许出错；还包括一些可选的项目，如几个账号的选择等，类似于网页表单的文本。

本节的知识点是表格和控件，学会了这些，就可以做出一份满足上述要求的合同，并且这些知识还可以用于调查表设计、文件等方面的文档设计。

5.6.2 表格

使用表格可以将各种复杂的多列信息简明扼要地表达出来。与以前的版本相比，Word 2010 具有更强大和更便捷的表格制作与编辑功能。Word 2010 的表格可以输入各种文字、数据、图形，可以建立超级链接，还可以设置表格的环绕版式，实现表格与文字的混排，此外还有绘制斜线表头的功能，甚至可以在表格中嵌套表格。

深圳新世纪科技有限公司
0755-87987058　60870310
feast@sz.net.cn
www.feastgift.com

销售合同

合同号：232323-43434
签订日期：2008-3-13

甲方：深圳新世纪科技有限公司　乙方：_____

经双方协议，订立本合同如下：

产品型号	名　称	数　量	单　价	总　额
CK-1	XXXXXXXXX	10	1350	13500
CK-2	XXXXXXXXX	20	2450	49000
CK-3	XXXXXXXXX	30	1200	36000
CC-1	XXXXXXXXX	10	1000	10000
CS-4	XXXXXXXXX	20	1100	22000
CS-9	XXXXXXXXX	40	580	23200
小计		130	1280	153700
合计		壹拾伍万叁仟柒佰		

一、质量验收标准：_____
二、包装要求：_____
三、交货日期：_____
四、交货地点：_____
五、结算方式：_____
六、违约条款：违约方须赔偿对方一切经济损失。但因天灾人祸或其它人力不能控制之因素而导致损害灭失，甲方不要求乙方赔偿任何损失。
七、解决合同纠纷的方式：经双方友好协商解决，如协商不成的，可向当地仲裁委员会提出申请解决。
八、本合同一式两份，供需双方各执一份，自签定之日起生效。

甲方（盖章）：深圳新世纪科技有限公司　乙方（盖章）：
地址：深圳市南山科技园A区13栋　　地址：_____
签定代表：_____　　签定代表：_____
开户银行：招商银行　　开户银行：_____
帐号：955880121134678　　帐号：_____
委托代表：_____　　委托代表：_____
联系电话：_____　　联系电话：_____

图5-35　专业合同制作案例

1．创建一个表格

要在Word 2010中创建一个表格，可以选择"插入"选项卡，单击"插入"选项卡中的"表格"图标，然后直接用鼠标在表格配置上选择所需要插入的行数和列数（如图5-36所示）。如果知道需要创建一个几行几列的表格，那么这就是到目前为止创建表格的最简易的方式。

也可以选择其他菜单项并通过对话框（如图5-37所示）来插入表格。而且，还可以在文档中插入Microsoft Excel表格。单击"表格"图标下的"Excel电子表格"菜单项就会插入一个工作表对象。

一些预先设计好的表格模板也能够在"快速表格"菜单项中进行选择，例如，可以插入表格式列表、日历以及双表等，实际应用时只需要对表格中的一些名称等进行更改即可。

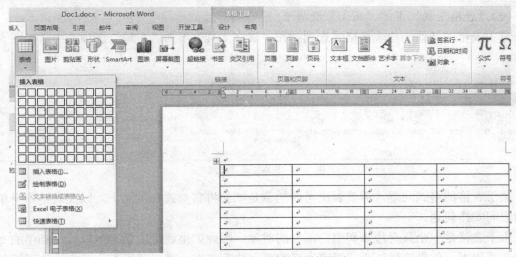

图 5-36　插入表格，直接设置行和列

2．表格工具

在 Word 2010 中进行与表格有关的操作时，"表格工具"就会出现在界面中。在"表格工具"选项卡下的两个选项卡中包含了许许多多可以用来自定义表格的格式工具。

（1）"表格工具"下的"设计"选项卡

当创建了表格并填妥了数据之后，接下来的步骤就是要为表格设计表样式。合适的样式设计能够使表格更好地传达其中的信息。在 Word 2010 中，无论什么时候处在文档的表格中，表格功能界面都会出现一个"表格工具"下的"设计"选项卡（如图 5-38 所示）。

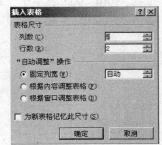

图 5-37　表格对话框

图 5-38　表格工具"设计"

在"设计"选项卡中，可以设计一些具有特色的样式，如首行、首列、阴影、边框以及颜色。用户可以使用预定义的样式，也可以自行创建。这些格式设置都能应用到指定的单元格、行、列或整个表格中。

"表格工具"下的"设计"选项卡包含了可以设置需要使用的边框类型、粗细程度以及颜色。

在"设计"选项卡中还可以设置阴影，也可以添加或移除边框线。所有可用的选项提供的都是非常灵活的样式设计。

（2）"表格工具"下的"布局"选项卡

有关表格的其他一些表格格式选项则在"表格工具"下的"布局"选项卡中，如图 5-39 所示。

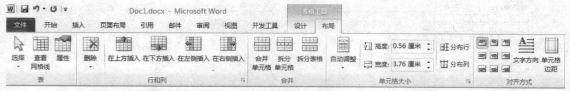

图 5-39　表格工具"布局"

关于表格的格式问题，需要做出考虑的就是如何将它安置在页面上，以及表格本身单元格的空间安排问题。

由于表格是一个具有边缘和空白部分的对象，因此如果愿意的话，可以让文档中的文本环绕在其周围。如果这样，必须指定表格的哪一边有文本，哪一边没有。这个操作可以使用"布局"选项卡中的"表"组来完成。如果单击表格快捷菜单的"表格属性"，所看到的对话框与 Word 2003 版本中"属性"对话框类似，在此，可以选择文字环绕的方式以及页面的对齐方式（如图 5-40 所示）。

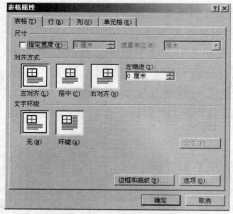

图 5-40　表格和文字的环绕方式

在"布局"选项卡中，还可以对表格插入行和列，行和列既可以插入在表格的尾端，也可以插入在现有的行和列之间。

其他一些格式，如粗体和斜体，则通过弹出的工具栏来进行操作。

3．表样式

Microsoft Office 2010 中的每个应用程序都包含了很多的主题和模板，Word 2010 的表格也是如此。Office 2010 与 Office 2003 相比，其区别在于前者能够在应用之前预览这些模板和主题。将鼠标拖曳到"设计"选项卡中的"表样式"上方，就能够对预设计的样式进行预览，从而决定是否应用。

4．将文本转换成表格

（1）插入分隔符（如逗号或文本符），以指示将文本分成列的位置。使用段落标记指示要开始新行的位置。

　　例如，在某个一行上有两个单词的列表中，在第 1 个单词后面插入逗号或制表符，以创建 1 个两列的表格。

　　（2）选择要转换的文本。

　　（3）在"插入"选项卡的"表格"组中，单击"表格"，然后单击"文本转换成表格"。

　　（4）在"将文字转换成表格"对话框的"文字分隔位置"选项栏中，单击要在文本中使用的分隔符对应的选项。

　　（5）在"列数"框中，选择列数。

　　（6）如果未看到预期的列数，则可能是因为文本中的一行或多行缺少分隔符。

　　（7）选择需要的任何其他选项。

5.6.3　合同的表格设计

　　设计合同时，合同的文字、页眉都不难，关键是合同的表格和控件的设计，先来设计表格，如图 5-41 所示。

产品型号	名　称	数　量	单　价	总　额
CK-1	××××××××	10	1350	13500
CK-2	××××××××	20	2450	49000
CK-3	××××××××	30	1200	36000
CC-1	××××××××	10	1000	10000
CS-4	××××××××	20	1100	22000
CS-9	××××××××	40	580	23200
小计		130	1280	153700
合计		壹拾伍万叁仟柒佰		

图 5-41　合同表格

1．插入表格

　　（1）插入一个 9 行、5 列的表格。

　　（2）居中方式设为"绝对居中"（上、下、左、右都居中）。

　　（3）标题加粗，加浅色底纹。

　　（4）合并单元格，构成"小计""合计"区。

　　（5）调整表格大小。

2．简单计算和数字格式转换

　　在 Word 2010 中，可以很轻松地对表格中的数据进行一些简单计算，并把数据转换成所需要的格式。

　　（1）数据计算

　　以图 5-41 所示表格为例，计算销售总的数量、平均销售价格和总销售额。

　　首先将鼠标光标定位于第 8 行第 3 列交叉处，此时在功能区会新增加"表格工具"工具栏，在其下方新增"设计"和"布局"选项卡。单击"布局"选项卡"数据"功能组中"公式"按钮。

　　在打开的"公式"对话框中，确认"公式"输入栏中的公式为"=SUM（ABOVE）"，如图 5-42 所示，确定后就可以得到销售数量的合计数值了。

　　至于平均价格，可以先将鼠标光标定位于第 8 行第 4 列交叉处，仍然用上面的方法打开

"公式"对话框，此时"公式"输入栏中的公式为"=SUM（ABOVE）"，删除该公式中除等号以外的内容，然后单击下方"粘贴函数"下拉按钮，在下拉列表中选择"AVERAGE"，然后在"公式"栏中"AVERAGE"后的括号中填入"ABOVE"，确定后，就可以得到需要的平均值了。

（2）格式转换

至于格式转换，有些简单的要求可以在"公式"对话框中实现。在单元格单击鼠标左键并打开"公式"对话框，修改相应的公式后，单击对话框中"编号格式"下拉按钮，可以在下拉列表中选择相应的数字格式，确定后即可，如图 5-43 所示。

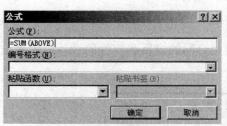

图 5-42　合同表格

图 5-43　计算时设置格式

如果要把计算所得的数字设置为中文大写格式，则可以复制该数字，并在相应的单元格中进行粘贴，将鼠标指针定位在出现的"粘贴选项"智能标记上，然后单击其右侧出现的小三角形，在弹出的快捷菜单中选择"仅保留文本"单选项，也可以用"选择性粘贴"来完成。

现在选中粘贴过来的数据，然后单击功能区"插入"选项卡"符号"功能组中的"编号"按钮，打开"编号"对话框。在"编号类型"列表中选择中文大写格式，确定后就可以得到希望的结果了，如图 5-44 所示。

图 5-44　数据转化成大写

5.6.4　合同中添加控件

1．准备控件

在设计合同时，有几个地方比较特殊：合同号、合同日期、开户银行、账号。这些数据比较关键，不能随便填写，最好从已经设置好的数据列表中选择，这样不容易出错，这时就需要添加控件来实现选择功能了。常用的控件有文本、日期、下拉列表、复选框等。

有一点要注意，首先要为 Word 添加"开发工具"选项卡，这是实现后期添加窗体控件的必要条件。在初始状态下，Word 2010 的功能区中是没有"开发工具"这个选项卡的，用户可以单击文件，然后选择"选项"，在弹出的"选项"对话框的"自定义功能区"中勾选"开发工具"，就可以看到该工具卡，如图 5-45 所示。

图 5-45 添加"开发工具"选项卡

2. 添加控件

"开发工具"中有一个"控件"组（如图 5-46 所示），利用此处提供的工具可以针对不同的项目，添加不同的控件。文档中最常见的是文本内容的输入，它对应于控件窗口中前两个分别叫作"格式文本"和"纯文本"的控件。在本节案例中，第 1 个需要用控件来输入内容的是合同编号。它是一个文本，有一定的格式要求，因此，插入一个"格式文本"控件，这也是它与"纯文本"控件的区别。插入格式文本控件后做相应设置，如图 5-47 所示。

图 5-46 控件组

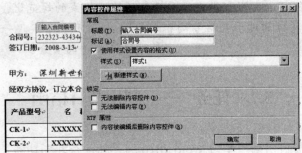

图 5-47 合同编号控件的设置

在"签订日期"后需要插入一个日期选择器，以便通过下拉菜单选择日期。这样可以避免日期输入错误和格式不一致，如图 5-48 所示。

图 5-48　日期控件

每个公司一般都有几个开户银行和账号，合同中将以列表形式选择，通过添加一个"下拉列表"的控件可以实现此功能。在最后生成的合同文档中，可以直接选择下拉菜单中的内容，而不用进行文本输入，以避免不必要的错误，如图 5-49 所示。

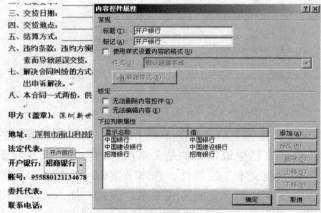

图 5-49　下拉菜单控件

3．文档保护和分发

所有的区域设置完成后，合同文档的基本操作完成，但这还不是最后的文档。送到客户手中的电子文本应该是部分锁定的，只能在窗体中添加内容。为了对文档进行保护，避免非正常的内容变更，需要对文档进行保护。选择"开发工具"中的"保护文档"功能组，选择"限制访问"，为文本添加密码，用来对文档进行加密，防止恶意篡改。

> **知识点**：控件不仅可以实现文本内容和日期的输入格式的规范化，还可以通过下拉菜单来避免不必要的失误（特别对于电话号码和账号），并且有利于实现一些称呼不同的名称的统一输入。最后，通过"保护文档"可以有效地保证文件的安全。

5.7　任务 7——制作节日信函

通过案例"制作节日信函"学习 Word 2010 的"邮件合并"功能。本节内容包括创建并装饰简报、创建用于信封的邮寄标签、创建一些节日装饰。

5.7.1　设计信函

节日期间，亲朋好友总要互致问候来联系感情，而编写节日信函是一件烦琐的事情，现在我们不妨用 Word 2010，通过它来调整版面、加以装饰甚至添加图片或家庭照片，或许是件很有趣的事情。另外，为了节省时间，还可以使用 Word 2010 现成模板。

开始操作的最简单方法之一是使用 Microsoft Office Online 模板网站中的简报模板。在那里，不仅有可供选择的各种信函模板，还有许多关于自定义模板帮助的文章。

如果想要基于现成的解决方案开始操作，使用模板是个不错的选择。当然，也可以从头开始创建简报。

如果从空白文档开始创建信函，需要确定想要的基本外观，即选择标准信函格式还是具有多栏的文档。要开始创建信函，单击"Office 按钮"，选择"新建空白文档"，然后将文档格式设置成分栏（"页面布局"→"分栏"→选择分栏数），效果如图 5-50 所示。

图 5-50　两栏格式的信函

也可以输入信函文本后再添加格式，这取决于个人喜好。有些人喜欢在输入时查看格式，而有些人喜欢先写下文本，然后再设置格式。

（1）关于设置栏格式的提示。

① 要创建看起来更整齐的栏，可打开"自动断字"，这会使长的单词分成两行（"页面布局"→"断字"→"自动"）。

② 如果感觉其中一栏太长，或者只是想强制开始一个新栏，可使用分栏符。Word 2010 会将分栏符插入点之后的文本移动到下一栏的顶部（"页面布局"→"分隔符"→"分栏符"）。

（2）写信时，需要记住下列几件事情。

① 不需要添加称呼或地址，因为这可以通过邮件合并完成（后面将详细介绍）。

② 如果信的内容是关于一年的情况汇报，浏览一下家庭日记或日历，想一想这一年所做的事情。

③ 书写内容后，不要忘记使用拼写检查器。

④ 若希望信函的大小合理，可使用单张双面页面。另外，在页面上保留足够的空白空间，以便于阅读。

⑤ 如果要在信函上署上手写签名，请留出签名空间。

5.7.2　装饰信函

现在，进行一些有趣的操作：用装饰物和图片使信函变得更加活泼。下面是一些建议，供制作时参考。

- 在页面四周加上边框。
- 加上水印或背景图像。
- 加上一些剪贴画。
- 插入家庭照片，然后为它添加边框。

不要过多地使用装饰，要保证让别人能阅读文本。考虑如何打印此信（也可以使用电子邮件发送），如果使用普通家用彩色打印机打印，则不要过多地添加彩色图形。

1．使用首字下沉

（1）选择要应用首字下沉的文字"瑞"。在"插入"选项卡的"文本"组中，单击"首字下沉"（如图 5-51 所示）。

图 5-51　插入剪贴画的信函

（2）单击其中一个选项，"下沉"或"悬挂"。

（3）要调整首字下沉的位置或更改字体，可执行下列操作之一。

① 重复上述步骤（1），然后单击菜单底部的"首字下沉选项"，并调整弹出对话框中的设置。

② 单击应用的首字下沉的边框，然后单击鼠标右键，在弹出的快捷菜单中单击"首字下沉"，并应用对话框中的设置。

2．使用艺术字

（1）在功能区上，单击"插入"选项卡，单击"艺术字"。

（2）单击选择某种艺术字类型，如图 5-52 所示。

（3）在弹出的对话框中，输入要成为艺术字的文字替换"请在此输入您自己的内容"。可以在此处更改字体或字号，并应用粗体或斜体格式。准备就绪后，单击"确定"按钮。

（4）要设置艺术字的格式，可选中艺术字，并在功能区的"艺术字工具"下，单击"格式"选项卡。

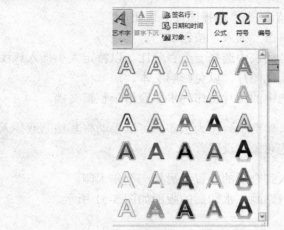

图 5-52　艺术字选择

① 使用"艺术字样式"组中应用的样式、艺术字填充和轮廓以及形状类型。

② 要选择更多效果，可使用"阴影效果"或"三维效果"。

③ "文字"组具有用于处理艺术字文字的选项。

3．插入图片或剪贴画

可以将多种来源（包括从剪贴画网站下载、从网页上复制或从保存图片的文件插入）的图片和剪贴画插入或复制到文档中。

还可以更改文档中图片或剪贴画与文本的位置关系。

（1）在"插入"选项卡上的"插图"组中，单击"剪贴画"。

（2）在"剪贴画"任务窗格的"搜索文字"文本框中，输入描述所需剪贴画的单词或词组，或输入剪贴画文件的全部或部分文件名。

（3）若要缩小搜索范围，执行下列两项操作或其中之一。

① 若要将搜索结果限制于剪贴画的特定集合，单击"搜索范围"框右侧的箭头并选择要搜索的集合。

② 若要将搜索结果限制于剪贴画，单击"结果类型"框右侧的箭头，并选中"剪贴画"旁边的复选框。

在"剪贴画"任务窗格中，还可以搜索照片、电影和声音。若要包含任何这类媒体类型，选中它们前面的复选框。

（4）单击"搜索"按钮。

（5）在结果列表中，单击剪贴画将其插入。

4．使用水印

水印是充当文档文本背景的文本或图片。水印通常用于增加趣味或标识文档状态，例如，将一篇文档标记为草稿。可以在页面视图和全屏阅读视图下或在打印的文档中看见水印。

如果使用图片，可以淡化或冲蚀它，以免影响文档文本。如果使用文本，可以从内置短语中选择，也可以输入自己的文本。

（1）在"页面布局"选项卡的"页面背景"组中，单击"水印"按钮。

（2）单击"自定义水印"按钮。

（3）单击"图片水印"，然后单击"选择图片"按钮。

（4）选择所需图片，然后单击"插入"按钮。

（5）在"缩放"后面的下拉列表中选择一个百分比，以特定大小插入该图片。

（6）选择"冲蚀"复选框淡化图片，以免影响文本。

（7）单击"应用"按钮，选中的图片将作为水印应用于整篇文档。

提示： 如果希望使用对象（如形状）作为水印，可以手动将其粘贴或插入文档中。不能使用"水印"对话框来控制这些对象的设置。

搜索 3 个剪贴画，两个插入到合适的位置，另外一个作水印。

加入首字下沉、艺术字、剪贴画、水印后的版面如图 5-51 所示。

5．用边框装饰文档或图片

在 Microsoft Office Word 2010 中，边框可以加强文档各部分的效果，使其更有吸引力。可以为页面、文本、表格和表格单元格、图形对象和图片添加边框。

可以在文档中为每个页面的任何一边或所有边添加边框，也可以只为某节中的页面、首页或除首页之外的所有页面添加边框。可以添加多种线条样式和颜色的页面边框以及多种图形边框。

（1）在"页面版式"选项卡的"页面背景"组中，单击"页面边框"按钮。确保位于"边框和底纹"对话框的"页面边框"选项卡上。

（2）单击"设置"下的一个边框选项。

若要使边框显示在页面的特定边，例如，仅上边，单击"设置"下的"自定义"，在"预览"栏中，单击要显示边框的位置。

（3）选择边框的样式、颜色和宽度。若要指定艺术边框（如树），选择"艺术型"下拉列表中的选项。

（4）执行下列操作之一。

① 若要指定显示边框的特定页面或节，在"应用于"下单击所需选项。

② 若要指定页面中边框的确切位置，单击"选项"按钮，然后选择所需选项。

注释： 通过在页面视图中查看文档，可以在屏幕上查看页面边框。

添加了边框的信函样式和边框设置，如图 5-53 所示。

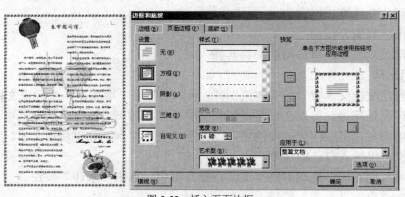

图 5-53　插入页面边框

5.7.3　邮件合并

如果希望创建一组文档（如一个寄给多个客户的套用信函或一个地址标签页），可以使用邮件合并。这样，每个信函或标签含有同一类信息，但内容各不相同。例如，在致客户的多个信函中，可以对每个信函进行个性化设置，称呼每个客户的姓名。每个信函或标签中的唯一信息都来自数据源中的条目（如图 5-54 所示）。

要进行邮件合并，需要有联系人（朋友、家庭成员等）列表，此列表中还包括其他详细信息，如他们的地址。

可以在 Microsoft Office Excel 工作表或 Microsoft Office Access 数据库中创建此列表，也可以在设置邮件合并时在 Word 中创建它。存储联系人的文件称为"数据源"，如图 5-55 所示。

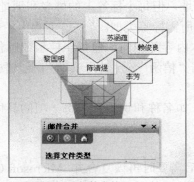

图 5-54　邮件合并

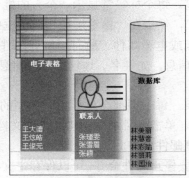

图 5-55　数据源

如果尚未这样做，现在就开始设置一个可以每年使用的节日联系人列表（如 Excel 工作表或 Access 表）吧！

开始邮件合并之前，检查数据源，确定其中的信息是否正确，是否需要更新姓名或地址。邮件合并过程需要执行以下所有步骤。

1．设置主文档

主文档包含的文本和图形会用于合并文档的所有版本。例如，套用信函中的寄信人地址或称呼语。

2．将文档连接到数据源

数据源是一个文件，它包含要合并到文档的信息。例如，信函收件人的姓名和地址。

3．调整收件人列表或项列表

Office Word 2010 为数据文件中的每一项（或记录）生成主文档的一个副本。如果数据文件为邮寄列表，则这些项可能就是收件人。如果只希望为数据文件中的某些项生成副本，可以选择要包括的项（记录）。

4．向文档添加占位符（称为邮件合并域）

执行邮件合并时，来自数据文件的信息会填充到邮件合并域中。

5．预览并完成合并

打印整组文档之前可以预览每个文档副本。

提示：还可以使用"邮件合并"任务窗格执行邮件合并。该任务窗格将分步引导完成这一过程。若要使用任务窗格，可在"邮件"选项卡的"开始邮件合并"组中，单击"开始邮件合并"，在弹出的菜单项中单击"邮件合并分步向导"。

5.7.4　用邮件合并完成节日信函

1．设置主文档

（1）打开编辑好的节日信函。

（2）在"邮件"选项卡上的"开始邮件合并"组中，单击"开始邮件合并"。

（3）单击要创建的文档的类型。

① 信封。所有信封的寄信人地址都相同，但每个信封的收信人地址都不相同。单击"信封"，然后在"信封选项"对话框的"信封选项"选项卡上，指定所需信封尺寸和文本格式。

② 标签。每个标签都显示一个人的姓名和地址，但每个标签上的姓名和地址都不相同。单击"标签"，然后在"标签选项"对话框中指定所需标签类型。

③ 信函或电子邮件。所有信函或邮件的基本内容都相同，但每一信函或邮件还包含收件人的唯一信息，如姓名、地址或其他信息。单击"信函"或"电子邮件"，创建相应类型的文档。

④ 目录。每一项都会显示相同类型的信息，如名称和说明，但每一项的具体名称和说明都不相同。单击"目录"创建此类型文档。

2．恢复邮件合并

如果需要停止邮件合并，可以保存主文档，以后需要时再恢复合并。Microsoft Office Word 2010 将保留数据源信息和域信息。如果停止合并前使用的是"邮件合并"任务窗格，Word 2010 将在恢复合并时转到之前任务窗格中进行到的位置。

（1）当准备就绪，可以开始恢复合并时，打开文档。Word 2010 会显示一条消息，要求确认是否要打开文档，那样会运行 SQL 命令。

（2）由于此文档已链接到数据源，而且要检索数据，因此单击"是"。如果在打开文档时不了解该文档是否已链接到数据源，可以单击"否"，以防止对数据的潜在恶意访问。此时，文档文本和用户插入的所有域都会显示出来。

（3）单击"邮件"选项卡，恢复工作。

3．将文档链接到数据源

要将信息合并到主文档，必须将文档链接到数据源或数据文件。如果还没有数据文件，则可在邮件合并过程中创建一个数据文件。

这里，使用 Excel 表格建立的"职工信息表"。在该表中分别包括职工的姓名、单位、工号和地址，姓名、单位可以直接从单位数据库里导入，如图 5-56 所示。

（1）在"邮件"选项卡上的"开始邮件合并"组中，单击"选择收件人"。

（2）选择"使用现有列表"，输入如图 5-56 所示的员工信息的 Excel 文件名。

（3）选择 Excel 中的表"Sheet1"。

这样，数据表就链接到文档中。

4．调整收件人列表或项列表

在连接某个数据文件时，可能不希望将该数据文件中所有记录的信息都合并到主文档，这时就需要缩小收件人列表或使用数据文件中记录的子集。具体可执行下列操作。

（1）在"邮件"选项卡上的"开始邮件合并"组中，单击"编辑收件人列表"。

（2）在"邮件合并收件人"对话框中，执行下列任一操作。

工号	姓名	单位	地址	邮政编码
001	王大勇	市场部	深圳、深南花园12-1号	518028
002	张五谦	市场部	深圳、深南花园12-2号	518028
003	袁观任	市场部	深圳、深南花园12-3号	518028
004	刘正君	工程部	深圳、蔚南花园10-4号	518039
005	杨茂力	工程部	深圳、蔚南花园10-5号	518039
006	刘巧儿	工程部	深圳、蔚南花园10-6号	518039
007	曹军	技术部	深圳、电子大厦12栋1011号	518078
008	彭利	技术部	深圳、电子大厦12栋1012号	518078
009	叶娟	技术部	深圳、电子大厦12栋1013号	518078
010	吴海燕	人事部	深圳、电子大厦12栋1014号	518078
011	李涛	人事部	深圳、电子大厦12栋1015号	518078

图 5-56　员工 Excel 表

① 选择单个记录。此方法最适合短列表的情况。选中要包括的收件人旁边的复选框，取消对要排除的收件人旁边复选框的选择。

如果合并时只希望包括少数几个记录，可以取消对标题行复选框的选择，然后只选中要合并的记录。

② 排序记录。单击要作为排序依据的项目的列标题，首先将按字母顺序升序（A～Z）对列表进行排序；再次单击该列标题，将按字母顺序降序（Z～A）对列表进行排序。如果要进行更复杂的排序，可单击"调整收件人列表"下的"排序"，并在"筛选和排序"对话框中的"排序记录"选项卡上选择排序首选项。例如，如果要在每个邮政编码内将收件人地址按姓氏以字母顺序排序，并且邮政编码按数字顺序排列，则可以使用这种排序方法。

（3）筛选记录。如果列表包含不希望在合并中看到或包括的记录，这种方法十分有用。筛选列表后，可以使用复选框包含和排除记录，如图 5-57 所示。

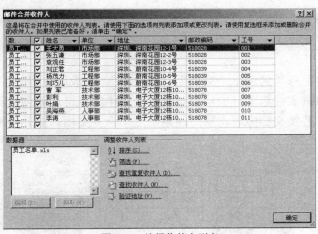

图 5-57　编辑收件人列表

5．插入合并域

将主文档链接到数据文件之后，就可以输入文档文本并添加占位符，占位符用于指示每个文档副本中显示唯一信息的位置。占位符（如地址和问候语）称为邮件合并域。Word 2010中的域与所选数据文件中的列标题对应，如图 5-58 所示。

图 5-58　信息类别和信息记录

（1）数据文件中的列代表信息的类别。添加到主文档中的域是这些类别的占位符。

（2）数据文件中的行代表信息的记录。进行邮件合并时，Word 2010 为每个记录生成一个主文档副本。

在主文档中放置一个域，表示希望在该处显示某个信息类别，如姓名和单位（如图 5-59 所示）。

图 5-59　插入合并域

注释：将邮件合并域插入主文档时，域名称总是由尖括号"《》"括住。这些尖括号不会显示在合并文档中。它们只是用于帮助将主文档中的域与普通文本区分开来。

6. 完成合并

选择"完成合并"→"编辑单个文档"→"全部"，完成所有信函。

进行合并时，数据文件第 1 行的信息替换主文档中的域，从而创建第 1 个合并文档。数据文件第 2 行的信息替换文档中域，从而创建第 2 个合并文档，依此类推，完成所有信函，如图 5-60 所示。

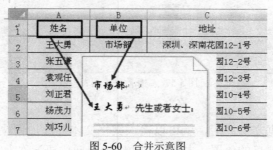

图 5-60　合并示意图

5.7.5　创建信封

Word 2010 提供了一个非常方便的信封制作功能，只要通过几个简单的步骤，就可以制作出既漂亮又标准的信封。有了它，完全可以轻松地为公司制作一份专用信封。这样，一方面可以提高公司形象，另一方面可以减少手工填写寄信人信息的麻烦。

（1）启动 Word 2010，选择"邮件"选项卡，单击"创建"一栏中的"中文信封"。

（2）在弹出的"信封制作向导"对话框中，直接单击"下一步"按钮。

（3）选择好信封的样式，勾选需要的信封栏，包括邮编框、贴邮票框、书写线等，单击"下一步"按钮。

（4）进入"选择生成信封的方式和数量"界面，选择"基于地址簿文件，生成批量信封"，选择前面的 Excel 员工信息表，然后把姓名、地址、邮政编码放在各自的位置，如图 5-61 所示。

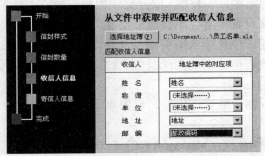

图 5-61　信封制作向导——选择数据源

（5）根据向导完成"输入寄信人信息"界面。

确定所有需要的信息都填写完整，最后单击"完成"按钮，此时所有员工的标准信封就根据设置生成了，类似邮件合并，如图 5-62 所示。

图 5-62　信封制作样式

实训 3　Word 排版技术——产品广告设计

1．实训目的

（1）熟悉 Word 2010 的基本知识。

（2）熟悉 Word 2010 的排版技术。

（3）训练排版设计的能力。

（4）综合运用 Word 2010 技术。

2．实训内容

结合掌握的 Word 2010 知识和本章的几个案例，设计一份 IT 类产品广告，素材自选或者参考本教材提供的素材（人民邮电出版社网站下载），完成效果如图 5-63 所示。

3．实训要求

（1）新建一个 Word 文档，以"产品说明书.docx"为文件名保存在个人文件夹中。

（2）设置纸张为 A4，上边距为 3cm，下边距为 2cm，左右边距为 1.7cm，页眉页脚边距1cm。

（3）插入"产品说明书素材.docx"文字内容。

（4）设置文字格式为宋体、小五号，部分文字加粗或倾斜；前 3 个自然段设置单倍行距，段后空 1 行；其后各段落设置单倍行距，段后空 0.5 行。

（5）在文档表格中相应位置插入所需图片，并调整图片大小合适。

（6）美化表格：设置表格边框线为深蓝色实线；背景设置成淡色系。

（7）设置页眉页脚为 Intel。

（8）将 Intel 的 Logo 图片放置广告底，设置水印格式。

4．实验环境

Windows XP 以上操作系统，Microsoft Office 2010 版本。

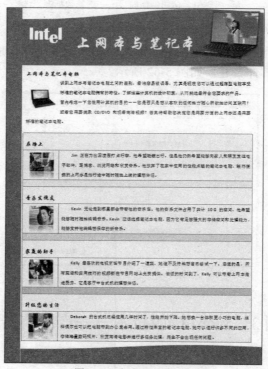

图 5-63　实训完成效果图

测 试 题

1. 如果在 Word 2010 中单击按钮▣，会（ ）。
   A. 临时隐藏功能区，以便为文档留出更多空间
   B. 对文本应用更大的字号
   C. 看到其他选项
   D. 向快速访问工具栏上添加一个命令

2. 以下关于快速访问工具栏的说法正确的是（ ）。
   A. 它位于屏幕的左上角，应该使用它来访问常用的命令
   B. 它浮在文本的上方，应该在需要更改格式时使用它
   C. 它位于屏幕的左上角，应该在需要快速访问文档时使用它
   D. 它位于"开始"选项卡上，应该在需要快速启动或创建新文档时使用它

3. 在以下哪种情况，会出现浮动工具栏？（ ）
   A. 双击功能区上的活动选项卡　　　　B. 选择文本
   C. 选择文本，然后指向该文本　　　　D. 以上说法都正确

4. 在以下哪种情况下，功能区上会出现新选项卡？（ ）
   A. 单击"插入"选项卡上的"显示图片工具"命令
   B. 选择一张图片
   C. 右键单击一张图片并选择"图片工具"
   D. A 或 C 选项

5. 以下哪一项是使用文字效果（如艺术字）的最佳方案？（ ）
   A. 适当使用　　　　　　　　　　　　B. 多样性会产生最佳效果

6. 可使用以下哪种方法来访问字体选项？（ ）
   A. 在"开始"选项卡的"字体"中单击右下角的箭头以打开"字体"对话框
   B. 选择并右键单击文字，然后单击快捷菜单上的"字体"以打开"字体"对话框
   C. 选择要更改的文字，并观察显示的浮动工具栏。将鼠标指针指向它，然后单击所需的任何内容
   D. 以上全部

7. 要更改首字下沉的字体，用户可以使用浮动工具栏或"首字下沉"对话框（可从"插入"选项卡上的"首字下沉"获得），这种说法（ ）。
   A. 正确　　　　　　　　　　　　　　B. 错误

8. 要更改应用的艺术字中的字体，应从（ ）开始。
   A. 在"插入"选项卡中单击"艺术字"
   B. 突出显示艺术字文字，然后在"字体"对话框中选择一个不同的字体
   C. 单击以选择艺术字文字（使其具有虚线边框），然后单击"艺术字工具"下的"格式"选项卡

9. 文档文件和模板文件之间的一个差异会体现在文件名的扩展名（句点之后的字母）中。模板文件的文件扩展名（　　）。

　　A. .docx　　　　　　　　　　　　　　B. .dotx

10. 如果要将文件另存为模板，单击"Office"按钮菜单中的"另存为"，然后单击（　　）。

　　A."Word 模板"　　　　　　　　　　　B."Word 文档"

11. 将模板保存在"受信任模板"文件夹中的一个原因是（　　）。

　　A. 这样就可以在"新建文档"窗口中使用"我的模板"链接找到它

　　B. 这样可以防止模板被其他人编辑

12. 要打开模板本身并对其进行更改时，首先单击"Office"按钮，然后（　　）。

　　A. 单击"新建"，然后单击"我的模板"

　　B. 单击"打开"，然后单击"受信任模板"

13. 当用户要将"日期选取器"控件或"格式文本"控件包括在模板中时，使用（　　）功能区选项卡。

　　A."插入"选项卡

　　B."视图"选项卡

　　C."开发工具"选项卡

14. 多级列表即（　　）。

　　A. 包含一个以上列表项的列表

　　B. 既包含编号，又包含项目符号的列表

　　C. 主列表中各个列表项下有子列表的列表

　　D. 包含多个列表的文档

15. 要在列表的各级别之间进行转变，必须使用"增加缩进量"和"减少缩进量"按钮。这个说法（　　）。

　　A. 正确　　　　　　　　　　　　　　B. 错误

16. 更改多级列表的设计时，下列选项哪几个可行。（　　）

　　A. 各个级别的项目符号　　　　　　　B. 各个级别的编号

　　C. 各个级别的字母　　　　　　　　　D. 项目符号、编号与字母的组合

　　E. 以上全部

17. 以下关于组合键键盘快捷方式的叙述正确的是（　　）。

　　A. 它更费时　　　　　　　　　　　　B. 菜单必须是打开的

　　C. 必须知道确切的按键　　　　　　　D."帮助"窗口必须是打开的

18. 大多数组合键键盘快捷方式都使用 Shift 键。这个说法（　　）。

　　A. 正确　　　　　　　　　　　　　　B. 错误

19. 所有常用的 Ctrl+组合键快捷方式在以下哪个程序中都起作用。（　　）。

　　A. Word　　　　　　　　　　　　　　B. Excel

　　C. PowerPoint　　　　　　　　　　　D. 以上全对

　　E. 以上全错。

20. 应在（　　）保存文档。

　　A. 开始工作之后不久　　　　　　　　B. 在输入完毕后保存

C．无关紧要

21．Word 在文本下加上了红色的下划线，表示该单词肯定拼写有错误。这个说法（　　）。

　　A．正确　　　　　　　　　　　　B．错误

22．在输入时，按 Enter 键从一行转至下一行。这个说法（　　）。

　　A．正确　　　　　　　　　　　　B．错误

23．更改拼写错误的步骤有（　　）。

　　A．双击，然后选择菜单上的某个选项

　　B．右键单击，然后选择菜单上的某个选项

　　C．单击，然后选择菜单上的某个选项

24．Word 2010 在文档中插入蓝色下划线表示（　　）。

　　A．存在语法错误

　　B．单词拼写正确，但在句子中使用不当

　　C．专有名称拼写错误

25．在删除文本之后，仍可以恢复它。这种说法（　　）。

　　A．正确　　　　　　　　　　　　B．错误

26．要删除文本，首先要执行的操作是（　　）。

　　A．按 Delete 键　　　　　　　　B．按 Backspace 键

　　C．选择要删除的文本

27．要将文本从一个位置移到另一个位置，需要复制文本。这种说法（　　）。

　　A．正确　　　　　　　　　　　　B．错误

28．要浏览文档，必须按"向下"键以从上向下浏览文档。这个说法（　　）。

　　A．正确　　　　　　　　　　　　B．错误

29．添加格式和样式时务必小心，因为以后无法再进行更改。这个说法（　　）。

　　A．正确　　　　　　　　　　　　B．错误

30．在文档中创建标题的最佳方法是（　　）。

　　A．向其应用比正文大的字号

　　B．通过单击浮动工具栏上的"加粗"按钮来添加加粗格式

　　C．应用标题样式

31．想对已输入的一些字词文本添加强调效果，第 1 步是（　　）。

　　A．在浮动工具栏上单击"加粗"

　　B．选择要设置格式的文本

　　C．在"开始"选项卡上的"字体"组中单击"加粗"

32．可以更改快速样式集中的颜色或字体。这个说法（　　）。

　　A．正确　　　　　　　　　　　　B．错误

第6章

使用 Excel 2010

Excel 2010 是一个功能强大的工具，可用于创建电子表格并设置其格式，分析和共享信息以帮助做出更加科学的决策。使用 Microsoft Office Fluent 用户界面、丰富的直观数据以及数据透视表视图，可以更加轻松地创建和使用专业水准的图表。

在现实工作中，有非常多的任务需要用 Excel 去处理，本章选用"贷款分期付款""分析销售数据""查寻产品销售年度报表"等工作中具有代表性的案例来学习用 Excel 2010 处理数据和分析数据的技术。

6.1   任务 1——贷款分期付款

本节将使用由 Excel 和 Office Online 提供的模板快速完成贷款分期付款的计算任务。

现在越来越多的人使用银行按揭方式购买商品房。按揭是英文"mortgage"（抵押）的意译，是指按揭人将房产的产权转让给按揭受益人（通常是指提供贷款的银行），按揭人在还清贷款后，按揭受益人立即将所涉及的房产产权转让给按揭人的行为。

个人住房按揭贷款是指贷款银行向借款人发放的、用于其购买一手房、借款人所购住房作为抵押物、该房开发商提供阶段性担保的贷款。个人住房按揭贷款的首付款不低于房价的20%，贷款期限最长 30 年。

如果使用银行按揭方式购买商品房，需要知道每个月要还款多少、总共支付利息多少，当然这些不需要客户自己计算，银行会自动帮助客户计算。但是，消费者会对银行的还款计划一头雾水，这时候，Excel 可以帮上忙了。

Excel 在计算方面的确具有强大的功能，而且，Excel 2010 有一个更方便的工具来计算贷款分期付款，那就是 Excel 2010 提供的模板。

打开 Office Excel 2010，依次单击"文件"和"新建"按钮，出现"新建工作簿"窗口。在该窗口的顶部，可以选择新建空白工作簿或模板。

窗口左侧是随 Excel 2010 安装的模板的不同类别。单击左侧"Microsoft Office Online"下的"特色"可以获得一些指向视频演示和联机培训的链接，以及用于预算、日历和零用金报销单等用途的模板。

选择"贷款分期付款"模板，建立新的 Excel 工作簿，如图 6-1 所示。新的工作簿包括一张"贷款分期偿还计划表"，计划表包含贷款的信息，填写完计划表后，系统会自动算出每期的还款情况。填写完成后的贷款信息，如图 6-2 所示。

图 6-1　使用模板

	输入值
贷款总额	￥600,000.00
年利率	7.81 %
贷款期限（年）	30
每年付款次数	12
贷款起始日期	2008-3-5
可选的额外付款	
贷方名称：	中国工商银行宝安支行

图 6-2　需要填写的数据

本例中，贷款 60 万，贷款期限 30 年，贷款年利率 7.81%，贷款按每年 12 个月偿还，起始时间是 2008 年 3 月 5 日。填写完毕后，系统会自动在下方算出 360 个月的还款计划，并在右侧列出贷款摘要（此例使用最常见的等额还款方式），如图 6-3 所示。

		贷款摘要
计划付款	￥	4,323.38
计划付款次数		360
实际付款次数		360
提早付款总额	￥	-
总利息	￥	956,415.84

图 6-3　贷款摘要

用丰富的模板是建立 Excel 表最快的方法。Excel 提供了很多此类模板，从销售、考勤到个人预算和报销，内容涵盖广泛。这些模板可帮助用户节省设计的时间。

6.2　任务 2——了解 Excel 2010

如果以前从未使用过 Excel，要在 Excel 2010 中输入数据，应该从何入手呢？

很多人或许用过一两次 Excel，但还是不知道如何执行一些基本操作。例如，输入不同类型的数据、编辑数据以及添加和删除额外的列和行。

本节学习使用 Excel 的技巧。

6.2.1 认识工作簿

启动 Excel 时，会看到一张很大的空白表格。表格顶部显示字母，左侧显示数字，底部显示一系列标签，名称为 Sheet1、Sheet2 等，这就是工作簿。

在介绍工作簿之前，首先介绍一些 Excel 基础知识，以便了解如何在 Excel 中输入数据。

1. 功能区

Excel 2010 窗口顶部的条带是功能区。功能区由不同的选项卡组成。每个选项卡与用户在 Excel 中执行的特定种类的操作有关。可以在功能区的顶部单击这些选项卡来查看每个选项卡上的命令。"开始"选项卡是左边的第 1 个选项卡，其中包含用户最常用的命令。

相关的命令以组的形式组织在一起。例如，编辑单元格的命令归为"编辑"组，处理单元格的命令归为"单元格"组，如图 6-4 所示。

图 6-4 功能区布局

图中：

① 功能区横跨在 Excel 的顶部；

② 功能区上的相关命令以组的形式组织在一起。

2. 工作簿与工作表

启动 Excel 时，将打开一个被称为工作簿的文件。每个新工作簿默认设置都包含 3 个工作表，工作表类似于文档中的页面，可以在工作表中输入数据。工作表有时也被称为电子表格。

每个工作表都会在工作簿窗口左下角的相应工作表标签中显示自己的名称：Sheet1、Sheet2 和 Sheet3。可以单击工作表标签来查看每个工作表。

工作表标签可以重命名，以便轻松地识别每个工作表中的信息。例如，可以将工作表标签分别命名为"一月""二月"和"三月"，以便列出这些月份的预算或学生成绩；或者命名为"华北"和"华南"，以便列出不同的销售区域等。

如果需要 3 个以上的工作表，还可以添加其他工作表。如果不需要那么多工作表，也可以删除其中的一两个。可以使用键盘快捷方式在工作表之间切换，如图 6-5 所示。

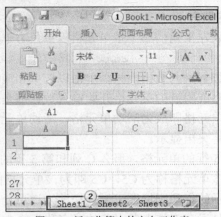

图 6-5 新工作簿中的空白工作表

图中：

① 打开的第一个工作簿的名称为 Book1。在使用自己的标题保存该工作簿之前，该标题将一直显示在窗口顶部的标题栏中；

② 工作簿窗口底部的工作表标签。

3．工作表的组成部分

工作表分为行、列和单元格。

在工作表中，列从上至下垂直排列，行从左向右水平排列，行和列相交的区域便是单元格。

每一列顶部都会显示一个字母标题。前 26 列的标题为字母 A～Z。每个工作表共包含 16 384 列，在 Z 列之后，列标题以双字母的形式从头开始编号，从 AA～AZ。在 AZ 之后，字母标题将变为 BA～BZ，依此类推。全部 16 384 列都具有字母标题。

每一行也有标题。行标题用 1～1 048 576 的数字表示。

单击某个单元格时，列上的字母标题和行上的数字标题将指示出光标所在工作表中的位置。行标题和列标题共同组成单元格地址，也称为单元格引用，如图 6-6 所示。

图 6-6 工作表中的行和列

图中：

① 列标题由字母表示；

② 行标题由数字表示。

4. 单元格是存放数据的地方

打开新工作簿时，工作表左上角的第 1 个单元格以黑色方框突出显示，表示输入的数据将显示在此处。

可以在工作表中的任意位置输入数据，只需单击以选中相应的单元格即可。不过，在大多数情况下，从第 1 个单元格或附近的单元格开始输入数据都是一个不错的选择。

选中任意单元格后，该单元格即成为活动单元格。活动单元格以黑色方框括起，并且单元格所在的行和列的标题都将突出显示。

例如，如果选中 C 列第 5 行的单元格，那么 C 列和第 5 行的标题都将突出显示，并且单元格以黑色方框突出显示。该单元格称为 C5，C5 即为该单元格的单元格引用。

从黑色方框以及突出显示的行和列标题可以轻松地知道单元格 C5 是活动单元格。此外，活动单元格的单元格引用将显示在工作表左上角的"名称"框中。通过"名称"框可以看到活动单元格的单元格引用。

如果所处的位置在工作表顶部的前几个单元格中，那么所有这些指示元素的作用并不大，但随着向下或向右深入工作表，这些指示元素将大有帮助。要知道每一个工作表有 17 179 869 184 个单元格。如果没有单元格引用告诉目前所处的位置，可能会迷失方向。

例如，如果需要告诉他人特定数据在工作表中的位置，或者要求他们在工作表中的特定位置输入数据，那么知道单元格引用是非常重要的，如图 6-7 所示。

图 6-7 单元格

图中：

① 列标题 C 突出显示；

② 行标题 5 突出显示。

6.2.2 输入数据

在工作表单元格中可以输入两种基本类型的数据，即数字和文本。可以使用 Excel 创建预算、处理税款、记录学生成绩、列出销售的产品或记录学生出勤情况，甚至可以跟踪每天的锻炼情况、节食进度以及房屋装修成本等。Excel 的用处不胜枚举。

1. 从列标题开始

输入数据时，最好先在每列的顶部输入标题，以便共享工作表的任何人都能明白数据的含义，也便于自己以后根据标题判断出数据的含义。

如图 6-8 所示，横跨工作表顶部的列标题是月份。通常还会输入行标题。在图例中，左侧的行标题显示公司名称，此工作表显示各公司的代表是否出席每月的商务聚餐。

图 6-8　建立行列标题

图中：

① 列标题是月份；

② 行标题是公司名称。

2．开始输入

假设要创建一个销售员姓名列表，该列表还将显示销售日期和销售额，因此需要如下列标题：姓名、日期和金额。

在本例中，不需要在工作表左侧显示行标题，销售员姓名将显示在最左侧的列中。

在单元格 B1 中输入"日期"，并按 Tab 键，然后在单元格 C1 中输入"金额"。

输入列标题后，在单元格 A2 中单击，开始输入销售员的姓名。

输入第 1 个姓名后，按 Enter 键将插入点沿该列向下移动一个单元格，即移到单元格 A3，然后输入下一个姓名，依此类推，如图 6-9 所示。

图 6-9　开始输入

Tab/Enter 键的作用：按 Tab 键将插入点向右移动一个单元格，按 Enter 键将插入点向下移动一个单元格。

3．输入日期和时间

如图 6-10 所示，B 列是"日期"列，要在其中输入日期，应使用正斜杠或连字符分隔日期的各个部分，如 2009/7/16 或 2009-7-16。Excel 会将这些内容识别为日期。

图 6-10　输入日期

如果需要输入时间，应当依次输入数字和空格，然后输入"a"或"p"，如 9:00p。如果只输入数字，那么 Excel 会将它视为时间并以 AM 形式显示。

> **提示**：要输入当天的日期，同时按 Ctrl 键和分号（;）键；要输入当下时间，同时按 Ctrl 键、Shift 键和分号键。

4．输入数字

如图 6-11 所示，C 列是"金额"列，要在其中输入销售额，应当依次输入人民币符号和金额。

图 6-11　输入数字

其他数字以及输入方式如下。

（1）要输入分数，应在整数与分数之间留一个空格。例如，1 1/8。

（2）仅输入分数，应先输入一个零。例如，0 1/4。如果输入 1/4 但不输入零，Excel 会将该数字解释为日期，即 1 月 4 日。

（3）要输入负数，应输入 100 并用括号括起来，Excel 会将该数字显示为-100。

5．输入数据的快捷方式

可以通过两种快捷的方法在 Excel 中输入数据。

（1）自动填充。输入月份、星期、2 或 3 的倍数，或数列中的其他数据。可以输入一项或多项，然后扩展整个系列。在 A1 单元输入"一月"，鼠标移至 A1 右下角，出现"+"，按下左键往下拉，就会自动以"二月""三月"…填充至 A2、A3…，如图 6-12 所示。

（2）记忆式输入。如果在单元格中输入的头几个字母与已在该列中输入的某个条目匹配，Excel 将自动填写余下的字符。字符填写完后，只需按 Enter 键接受即可。这种方法适用于文本或包含数字的文本，但不适用于纯数字、日期或时间。

图 6-12 自动填充数据

6.2.3 编辑数据和修改工作表

每个人都会出错，因此需要对以前输入的数据进行更改，有时整个工作表都需要更改。例如，可能需要在工作表中间再添加一列数据。又如，已经在每一行列出了一个员工并按汉语拼音顺序排序，而后来又雇用了新员工，这时候该怎么办？

1．编辑数据

假设要在单元格 A2 中输入潘金的名字，但不小心输入了林丹的名字。现在发现了这个错误并想要更正，有两种方法。

① 双击此单元格，然后编辑它。

② 单击该单元格，然后单击编辑栏。

这两种方法没有什么区别，可以随意选择。如果要编辑多个单元格中的数据，可以使用键盘在单元格之间移动，从而使光标停留在编辑栏上。

选择单元格后，工作表底部状态栏的左方会显示工作表处于编辑模式，很多命令暂时不可用，也就是说，这些命令在菜单上灰显。现在可以删除字母或数字，方法是按 Backspace 键，或者先选定它们然后按 Delete 键；也可以编辑字母或数字，方法是先选定它们，然后输入其他内容；也可以在单元格数据中插入新的字母或数字，方法是定位插入点然后输入。

无论执行什么操作，完成后要按 Enter 键或 Tab 键，以便将更改保留在单元格中，如图 6-13 所示。

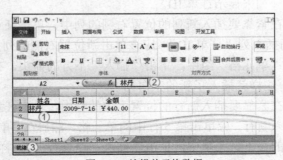

图 6-13 编辑单元格数据

图中：

① 在单元格中双击以编辑其中的数据；

② 在单击该单元格后，编辑编辑栏中的数据；

③ 工作表状态栏的显示变为"编辑"。

2．清除数据格式

也许其他人使用了图 6-10 所示的工作表，填写了一些数据，并将单元格 C6 中的数字设置为红色加粗，以强调潘金的销售额最高。

但是客户改变了主意，导致最终销售额减少了很多，这时候需要删除原始数字并输入新数字。但新数字的格式仍然为红色加粗。这是什么原因呢？

原因是之前设置的是单元格格式，而不是数据格式。因此，要清除数据的特殊格式，还需要清除单元格的格式。如果不清除单元格格式，在该单元格中输入的任何数据都将具有单元格的特殊格式。

要清除单元格格式，首先应单击此单元格，然后在"开始"选项卡上的"编辑"组中，单击"清除"旁边的箭头，在弹出的菜单中单击"清除格式"清除单元格的格式。也可以单击"全部清除"同时删除数据和格式。如不清除单元格的格式，则如图 6-14 所示。

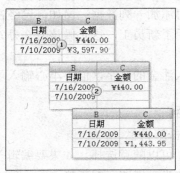

图 6-14　单元格格式

① 原始数字的格式为红色加粗；

② 删除该数字；

③ 输入新数字，新数字的格式仍然为红色加粗。

3．插入列或行

在工作表中输入数据后，可能发现需要另一列来存放其他信息。例如，在工作表中的日期列后面可能需要增加一列来显示订单 ID。

要插入一列，应先在紧靠要插入新列的位置右侧的列中，单击任意单元格，例如，如果想要在列 B 和列 C 之间插入列"订单 ID"，应该单击新位置右侧的列 C 中的单元格，然后，在"开始"选项卡上的"单元格"组中，单击"插入"下方的箭头，在弹出的下拉菜单中，单击"插入工作表列"。这样就插入了新的空白列。

要插入一行，应先在紧靠要插入新行的位置下方的行中，单击任意单元格，例如，要在第 4 行与第 5 行之间插入新行，应单击第 5 行中的单元格，然后在"单元格"组中，单击"插入"下方的箭头，弹出的在下拉菜单中，单击"插入工作表行"。这样就插入了新的空白行。

Excel 会为新列或新行指定与其位置对应的标题，并更改后续列和行的标题。

6.3 任务 3——计算家庭开支（公式与函数）

Excel 可以很好地处理数字及其相关运算，Excel 也可以通过输入公式来处理数字及其运算。本节将学习通过在 Excel 工作表中输入公式来进行加、减、乘、除运算，还将了解如何使用在值发生变化时会自动更新结果的简单公式。如果需要在总计计算出来后修改参与总计计算的一个值，Excel 会自动更新总计。

6.3.1 任务与目的

家庭开支包括：招待费、电费、水费、煤气费、管理费、有线电视费、CD 租用费等。以半年为例（一般是一年，本例为了显示方便，使用半年周期），我们需要知道以下几项。

- 每个月总开支多少？
- 半年来每项消费（如水费）开支多少？
- 半年来每项消费（如水费）月平均开支多少？
- 半年来每项消费（如水费）占总消费的百分比是多少？

某家庭半年开支如图 6-15 所示。

		一月	二月	三月	四月	五月	六月	小计	平均	比例
1				家庭开支统计表格						
3	招待费			500		250		750		
4	有线电视	52.98	52.98	52.98	52.98	52.98	52.98	317.88		
5	视频租金	7.98	11.97	10.98	9.17	12.9	23	76		
6	影片	16	32	8	12	26	40	134		
7	CD	18.98	29.98	12	16.9	17.5	18.5	113.86		
8	电费	210.5	240.6	270.9	280.78	380.5	420.7	1803.98		
9	煤气费	160	180	150.5	170.5	168.5	169.5	999		
10	水费	200	210	200.5	220.5	230.5	210.5	1272		
11	管理费	120	120	120	120	140	120	740		
12	总计									

图 6-15 计算家庭开支

6.3.2 使用公式

1. 开始

在图 6-16 中，假设 Excel 是打开的，现想要查看家庭开支中"娱乐"部分的预算。工作表中 C6 单元格为空，即二月的 CD（光盘）花费还没有输入。

问题如下。

- 如何通过在单元格中输入简单的公式来使 Excel 执行基本的计算？
- 如何使用一个公式来汇总一列中所有的值？

2. 以等号开头

二月购买了两张 CD，分别花了￥12.99 和￥16.99。这两个值的总和就是这个月的 CD 费用。在 Excel 中，可以在 C6 单元格中输入一个简单的公式来计算这两个值的和。

Excel 公式通常以等号"="开头。下面是在 C6 单元格中输入的公式，它对 12.99 和 16.99 进行求和。

=12.99+16.99

加号"+"是一个数学运算符，它"告诉"Excel 将左右两个值相加。

如果以后想知道该结果是如何得出的，可以再次单击单元格 C6，该公式将显示在工作表顶端的"编辑"栏中，如图 6-16 所示。

图 6-16　最简单的计算公式

图中：

① 在 C6 单元格中输入公式；

② 按 Enter 键显示公式结果；

③ 无论什么时候单击 C6 单元格，该公式都会显示在编辑栏中。

3．使用其他数学运算符

若要进行加法以外的其他运算，可在向工作表单元格中输入公式时使用其他数学运算符。

使用减号"−"相减，使用星号"*"相乘，使用正斜杠"/"相除。记住，要始终以等号作为每个公式的开头。

　　提示：可以在一个公式中使用多个数学运算符。本章只包括了单运算符公式，但应该知道，当公式中有多个运算符时，它就不只是按从左到右的顺序进行计算了。

4．计算一列中所有值的和

要统计一月的总花费，不必再次输入所有这些值，可以使用一个预先编写的公式，此类公式称为函数。

通过下面的操作可以在 B7 单元格中得到一月份的总计。首先在"开始"选项卡的"编辑"组中单击"求和"按钮。这样会输入 SUM 函数，该函数对一定范围内的单元格中的所有值进行求和。为了节省时间，当有较多的值需要相加时，可以使用该函数，而不必输入公式。然后选定求和范围。按 Enter 键后将在 B7 单元格中显示 SUM 函数的结果 95.94。当单击 B7 单元格时，公式= SUM（B3:B6）即出现在编辑栏中。

B3:B6 是 SUM 函数的参数，它告诉 SUM 函数需要求和的范围。通过使用单元格引用（B3:B6）（而不是这些单元格中的值），一旦以后这些值发生变化，Excel 可以进行自动更新。B3:B6 中的冒号表明它是列 B 中行 3 至行 6 中的一个单元格范围。括号用于将参数和函数隔开。

要获得一月总计，可单击 B7 单元格，然后进行图 6-17 所示的操作。

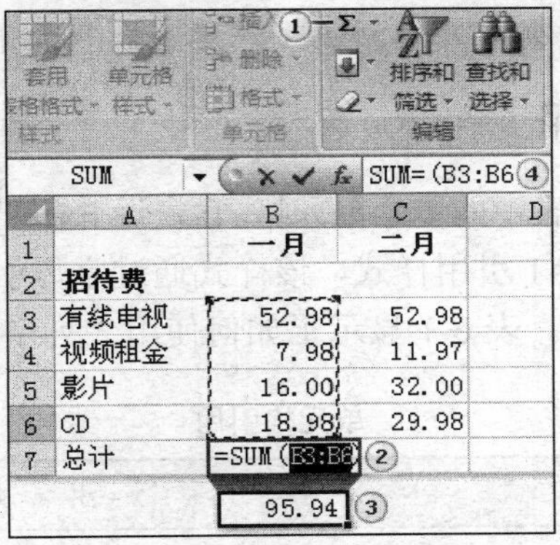

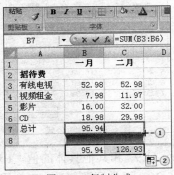

图 6-17　使用 SUM 函数

① 在"开始"选项卡的"编辑"组中，单击"求和"按钮；
② 一个彩色的点线框环绕公式中的所有单元格，且该公式出现在 B7 单元格中；
③ 按 Enter 键在 B7 单元格中显示结果；
④ 单击 B7 单元格在编辑栏中显示公式。

提示："求和"按钮也显示在"公式"选项卡上。无论使用哪一个选项卡，都可以使用公式。还可以切换到"公式"选项卡来使用更复杂的公式。

5．复制公式

有时复制公式比创建新公式更简单。在本例中，将看到如何复制用来获取一月总计的公式，以及如何用它来统计二月的花费。

首先，需要选择包含一月公式的 B7 单元格，然后将鼠标指针定位到该单元格的右下角，直至出现黑色加号"+"。接着将"填充柄"拖至 C7 单元格。当松开填充柄时，二月总计 126.93 将出现在 C7 单元格中。当单击 C7 单元格时，公式=SUM（C3:C6）将显示在工作表顶部的编辑栏中，如图 6-18 所示。

图 6-18　复制公式

图中：
① 将黑色加号从含有公式的单元格拖曳至要复制公式的单元格，然后松开填充柄；
② "自动填充选项"按钮出现，但不需要进行操作。

公式被复制后，"自动填充选项"按钮出现，其中包含一些供选择的格式选项。在这种情况下，不需要对按钮选项进行任何操作。当下次在任何单元格中执行输入操作时，该按钮就会消失。

注意： 只能拖曳填充柄将公式复制到水平或垂直相邻的单元格中。

6.3.3 使用单元格引用

单元格引用用于标识工作表中的单个单元格。它告诉 Excel 到哪里找要在公式中使用的值。默认情况下，Excel 使用 A1 引用样式，该样式通过字母引用列，通过数字引用行。这些字母和数字称为行和列的标题。表 6-1 显示了如何使用"列字母+行数字"来引用单元格。

表 6-1   单元格引用

单元格引用	引　　　　用
A10	A 列中第 10 行的单元格
A10,A20	A10 单元格和 A20 单元格
A10：A20	A 列中第 10 行至第 20 行的单元格区域
B15：E15	第 15 行中 B 列至 E 列的单元格区域
A10：E20	A 列至 E 列中第 10 行至第 20 行的单元格区域

1．更新公式结果

假设发现 C4 单元格中二月份视频租金 11.97 不对，漏掉了一个 3.99 的租赁费，要将 3.99 加到 11.97 中，此时应单击 C4 单元格，在该单元格中输入以下公式，然后按 Enter 键。

=11.97+3.99

如图 6-19 所示，当 C4 单元格中的值发生变化时，Excel 自动将 C7 单元格中的二月总计从 126.93 更新为 130.92。Excel 能够做到这一点是因为 C7 单元格中的原公式=SUM（C3:C6）包含单元格引用。

图 6-19　更新公式

如果在 C4 单元格中直接输入 11.97 和其他具体的值，Excel 将不能更新总计。不得不将 C4 单元格中的值从 11.97 改为 15.96，而且还要修改 C7 单元格中的公式。

2．输入单元格引用的其他方法

用户可以直接在单元格中输入单元格引用，也可以通过单击单元格来输入单元格引用，这样可以避免输入错误。

在图 6-17 中，我们看到了如何使用 SUM 函数将一列中的所有值进行相加。也可以使用 SUM 函数只将一列中的几个值进行相加，可以通过选择单元格引用来包括这些要相加的值。

假设想知道二月视频租金和 CD 的综合花费，不需要存储总计。此时可以在一个空单元格中输入公式并在之后删除它。本例将使用 C9 单元格。

可以单击想在公式中包括的单元格，而不是输入单元格引用。当单元格被选中时，一个彩色的点线框随即环绕该单元格，并且当按 Enter 键显示结果 45.94 时，该点线框消失。当 C9 被选中时，公式=SUM（C4,C6）即出现在工作表顶端的编辑栏中。

参数 C4 和 C6 告诉 SUM 函数对什么值进行计算。注意，使用函数时，需要用括号将参数与函数分隔开来，还需要用逗号将参数分隔开来。有关该示例的操作如图 6-20 所示。

图 6-20　单元格引用的其他方法

图中：

① 在 C9 单元格中输入等号，再输入 SUM，然后输入左括号；

② 单击 C4 单元格，然后在 C9 单元格中输入一个逗号；

③ 单击 C6 单元格，然后在 C9 单元格中输入一个右括号；

④ 按 Enter 键显示公式结果。

3．引用类型

前面已经了解了关于使用单元格引用的一些知识，现在再来了解不同的引用类型。

（1）相对

公式中的每个相对引用单元格在公式被沿列或跨行复制时都自动改变。这也就是为什么可以通过复制一月的公式来累加二月的花费。如本例（见图 6-21）所示，当公式"=C4*$D$9"在行间进行复制时，它的相对单元格引用即从 C4 变化到 C5，再到 C6。

（2）绝对

一个绝对单元格引用是固定的。绝对引用在将一个公式从一个单元格复制到另一个单元格时不发生变化。绝对引用中包含符号"$"，如$D$9。如图 6-21 所示，当公式"=C4*$D$9"在行间进行复制时，该绝对单元格引用仍是$D$9。

（3）混合型

混合单元格引用既可以包含一个绝对列和一个相对行，也可以包含一个绝对行和一个相对列。例如，$A1 是一个到列 A 的绝对引用和到行 1 的相对引用。当一个混合引用从一个单元格复制到另一单元格时，其中的绝对引用不变，但相对引用发生改变。

图 6-21 所示为单元格引用示例。

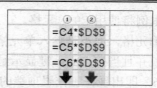

图 6-21　单元格引用示例

图中：

① 相对引用在复制时会发生变化；

② 绝对引用在复制时保持不变。

4．使用绝对单元格引用

在引用那些不想在公式被复制时发生变化的单元格时，应使用绝对引用。默认情况下，引用是相对的，所以必须输入符号"$"将引用类型改为绝对。

假设得到打折的娱乐优惠券，视频租赁、影片和 CD 可享受 7%的折扣。如果想知道使用这些折扣一个月可以节省多少钱，那么，就可以使用一个公式来将二月的花费乘以 7%。具体做法是在空单元格 D9 中输入折扣率 0.07 并在 D4 单元格中输入一个以"=C4*"开头的公式。然后输入符号"$"和字母 D，以创建到列 D 的绝对引用，接着输入"$9"以创建到行 9 的绝对引用。该公式将 C4 单元格中的值乘以 D9 单元格中的值。

接下来可以使用填充柄将公式从 D4 单元格复制到 D5 单元格中。随着公式被复制，该相对单元格引用也从 C4 变到了 C5，而对 D9 单元格中折扣的绝对引用则不改变；它在被复制到目标单元格中时仍然是$D$9，如图 6-22 所示。

图 6-22　绝对引用

图中：

① 相对单元格引用会因行的变化而变化；

② 绝对单元格引用总是引用单元格 D9；

③ D9 单元格包含 7%折扣率值。

6.3.4　使用函数简化公式

SUM 只是众多 Excel 函数之一。Excel 的预写公式可以简化输入计算公式的过程。对于手动创建来说比较困难的公式，可以使用函数来快速轻松地创建。

1．计算平均值

可以使用 AVERAGE 函数计算一月和二月所有娱乐花费的平均值。

在 D7 单元格中单击，然后在"开始"选项卡的"编辑"组中单击"求和"按钮旁边的箭头，再单击下拉列表中的"平均值"。公式"=AVERAGE(B7:C7)"将显示在工作表顶部的编辑栏中。也可以直接在单元格中输入该公式。具体过程如图 6-23 所示。

要计算区域的平均值，请单击 D7 单元格，然后进行图 6-23 所示的操作。

图 6-23　平均值函数

① 在"开始"选项卡上的"编辑"组中，单击"求和"按钮上的箭头，然后单击列表中的"平均值"；

② 按 Enter 键在 D7 单元格中显示结果。

注意："求和"按钮也显示在"公式"选项卡的"函数库"组内。

2．确定最大值或最小值

MAX 函数确定一系列数字中的最大数字，MIN 函数确定一系列数字中的最小数字。

图 6-24 显示了如何确定一组数值中的最大值。单击 F7 单元格，在"开始"选项卡的"编辑"组中单击"求和"按钮旁边的箭头，单击下拉列表中的"最大值"，然后按 Enter 键。公式"=MAX（F3:F6）"将显示在工作表顶部的编辑栏中。求得的最大值是 131.95。

图 6-24　最大值函数

要计算此序列中的最小值，可以在列表中单击最小值函数，并按 Enter 键。公式"=MIN（F3:F6）"将显示在编辑栏中。此序列中的最小值是 131.75。

最大值求解过程如图 6-24 所示。

① 在"开始"选项卡的"编辑"组中，单击"求和"按钮旁边的箭头，然后单击下拉列表中的"最大值"；

② 按 Enter 键在 F7 单元格中显示结果。

3．公式/函数计算可能会出现的问题

有时 Excel 会由于公式错误而无法进行计算。如果出现这种情况，将在单元格中看到一个错误值，而不是结果。以下是 3 个常见的错误值。

（1）"#####"表示列的宽度不够显示该单元格中的内容。可以通过下列方法进行改正：增加列宽、缩减内容或者应用其他数字格式，如图 6-25 所示。

图 6-25　宽度不够出现的情况

（2）"#REF!"表示单元格引用无效。单元格可能被删除或粘贴覆盖。

（3）"#NAME?"表示函数名拼写错误或者使用了 Excel 不能识别的名字。应该知道，带有错误值（如#NAME?）的单元格可能显示一个彩色的三角形。如果单击该单元格，将显示错误按钮，提供一些纠正错误的选项供选择。

4．查找更多函数

Excel 提供其他许多有用的函数，如日期和时间函数以及操作文本的函数。

要查看其他所有函数，可在"开始"选项卡的"编辑"组中，单击"求和"按钮旁边的箭头，然后单击下拉列表中的"其他函数"。在打开的"插入函数"对话框中，可以搜索函数。此对话框还提供了在 Excel 中输入公式的另一种方法。另外，还可以通过单击"公式"选项卡来查看其他函数。

"插入函数"对话框打开时，可以选择一个类别，然后浏览此类别中的函数列表；在该对话框的底部单击"有关该函数的帮助"可以找到有关任意函数的更多信息，如图 6-26 所示。

图 6-26　插入函数对话框

6.3.5　使用条件公式分析数据

在 Microsoft Office Excel 2010 中，可以使用 IF 函数创建条件公式来分析数据并根据分析结果返回值。例如，可以将工作表进行如下配置。

- 当某个条件为真时显示一条消息，例如，当支出超过预算时，显示"超支"。
- 当某个条件为假时显示一条消息，例如，当支出在预算内时，显示"预算内"。

1．IF 函数

IF 函数使用下列参数，如图 6-27 所示。

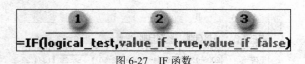

图 6-27　IF 函数

图中：

① logical_test：要检查的条件；

② value_if_true：条件为真时返回的值；

③ value_if_false：条件为假时返回的值。

2．条件为真/假时显示一条消息

可以根据某个值或计算结果显示一条消息。例如，当支出（小计）超过预算时，显示"超支"。

- 在单元格 L3 中，输入 "=IF(H3>K3,"超支","预算内")"，然后按 Enter 键。
- 选择单元格 L3，然后拖动填充柄，使之滑过要显示此消息的单元格区域。

如果支出大于预算，则单元格的值是"超支"，否则为"预算内"。例如，招待费支出 750 元，预算是 500 元，超支；管理费支出 740 元，预算为 800 元，在预算内，如图 6-28 所示。

L3				f_x =IF(H3>K3,"超支","预算内")							
A	B	C	D	E	F	G	H	I	J	K	L
家庭开支统计											
	一月	二月	三月	四月	五月	六月	小计	平均	比例	预算	执行情况
招待费			500		250		750			500	超支
有线电视	52.98	52.98	52.98	52.98	52.98	52.98	317.88			300	超支
视频租金	7.98	11.97	10.98	9.17	12.9	23	76			100	预算内
影片	16	32	8	12	26	40	134			100	超支
C D	18.98	29.98	12	16.9	17.5	18.5	113.86			150	预算内
电费	210.5	240.6	270.9	280.78	380.5	420.7	1803.98			2000	预算内
煤气费	160	180	150.5	170.5	168.5	169.5	999			1000	预算内
水费	200	210	200.5	220.5	230.5	210.5	1272			1300	预算内
管理费	120	120	120	120	140	120	740			800	预算内
总计										6250	预算内

图 6-28　条件为真时显示"超账期"

图中：

① 在此单元格中输入公式；

② 在此单元格区域上拖动填充柄。

3．IF 函数的其他用法

Excel 可以根据另一个单元格或计算的结果来计算发票折扣之类的值。在下面的示例中，如果在 31 天内支付发票，将计算并输入 3%的折扣。

- 在单元格 E3 中，输入="IF((C3-B3)<31，D3*0.03，0)"，然后按 Enter 键。
- 选择单元格 E3，然后拖动填充柄，使之滑过要包含此公式的单元格区域。

如果"收到日期"在"发票日期"后的 31 天之内，则折扣值是"发票金额"乘以 3%，否则，折扣值为 0（零）。

具体步骤如图 6-29 所示。

	A	B	C	D	E	F
1	2004-1-1					
2	客户姓名	发票日期	收到日期	发票金额	折扣金额	余额
3	王炫皓	2003-11-27	2004-1-1	1030.00	0.00	1030.00
4	王俊元	2003-12-15	2004-1-1	1942.50	58.28	1884.22
5	谢丽秋	2003-12-27	2004-1-1	760.00	22.80	737.20
6	李柏麟	2003-11-18	2004-1-1	170.00	0.00	170.00
7	林慧音	2002-1-1	2004-1-1	860.00	0.00	860.00

图 6-29　根据条件输入值

图中：

① 在此单元格中输入公式；
② 在此单元格区域上拖动填充柄。

6.3.6　完成家庭开支表格处理

根据前面学习的技能，完成家庭开支表格处理，如图 6-30 所示。
① 合并居中。

选中 A1~L1，选择"开始"→"对齐方式"→"合并后居中"，调整"家庭开支统计"字体、行距。

	A	B	C	D	E	F	G	H		平均	比例	预算	执行情况
1					家庭开支统计								
2	招待费	一月	二月	三月	四月	五月	六月			平均	比例	预算	执行情况
3	招待费			500		250			750	375	0.121	500	超支
4	有线电视	52.98	52.98	52.98	52.98	52.98	52.98	317.88	52.98	0.051	300	超支
5	视频租金	7.98	11.97	10.98	9.17	12.9	23	76	12.667	0.012	100	预算内
6	影片	16	32	8	12	26	40	134	22.333	0.02	100	超支
7	CD	18.98	29.98	12	16.9	17.5	18.5	16	7.77		150	预算内
8	电费	210.5	240.6	270.9	280.78	380.5	420.7	1803.98	300.66	0.291	2000	预算内
9	煤气费	160	180	150.5	170.5	168.5	169.5	999	166.5	0.161	1000	预算内
10	水费	200	210	200.5	220.5	230.5	210.5	1272	212	0.205	1300	预算内
11	管理费	120	120	120	120	140	120	740	123.33	0.119	800	预算内
12	总计	786.44	877.53	1325.9	882.83	1278.9	1055.2	6206.72	1034.5	1	6250	预算内

图 6-30　家庭开支统计表格

② 行距、列距、样式。

选中 2~12 行，选择"开始"→"单元格"→"格式"→"行高"，调整行高至合适位置，本例设置为 18。

选中 A~L 列，选择"开始"→"单元格"→"格式"→"列宽"，调整列宽至合适位置，本例设置为 9。

选中 A2~L2，选择"开始"→"样式"→"单元格样式"，选择合适的背景样式。

③ 求和。

在 H3 单元格中，输入公式 "=SUM(B3:G3)"，然后用句柄复制至 H11，求得所有开支项目半年来的分项总开支。或者用以下最简单、快速的方法。

选择 B3～G3 单元格，然后选择 "开始" → "编辑" → "自动求和"，结果一样，不过，不用输入公式。

同理，总计也可以用自动求和完成。

④ 平均。

选择 I3 单元格，输入公式 "=AVERAGE(B3:G3)"，然后用句柄复制至 I11，求得所有开支项目半年来的平均值。或者用下面最简单、快速的方法。

选择 B3～G3 单元格，然后选择 "开始" → "编辑" → "自动求和" → "平均值"，结果一样，不过，不用输入公式。

> **注意：** 选择 B3～G3 时，由于 H3 已经有求和的公式，系统会自动在 J3 算出平均值。如果 J3 有内容，系统将在下一个空白处放置平均值。因此，用 2 个以上自动计算时，要注意计算顺序，而且，放置计算结果的单元格不能有内容。

⑤ 项目开支占总开支的比例。

选择 J3 单元格，由于项目开支占总开支的比例=项目开支/总开支，输入公式 "=H3/H12"，此时结果为 "0.1 208 368"，位数较多，为此，需要设置单元格式。

选择 J 列，在 "开始" 选项卡的 "数字" 组中直接选择 "%"，将单元格格式设置成 "百分比"。

选择 J3，用句柄复制公式至 J11，不过，这时候出现的结果是："#DIV/0!"，问题出在前面讲过的引用。

更改 J3 中的公式 "=H3/H$12"，设置 H12 单元格的引用为绝对应用。这样公式复制的时候，总开支不变。修改公式后，再复制公式至 J4～J11，求得所有项目开支在总开支中的比例。

6.4　任务 4——显示销售情况及趋势（图表）

图表可以快速表达观点、直观地呈现数据，使人一眼就可以明白数据的含义。因此，可以用图表转换工作表数据，来展示对比、方案和趋势。例如，可以直观地显示出本季度的销售额是下降还是上升。

6.4.1　创建基本图表

在 Excel 2010 中，可以很方便地建立一个图表。创建了图表后，可以轻松地向图表中添加新元素。例如，可以添加图表标题以丰富图表的信息，或者更改图表元素的布局方式。

1．创建图表

这里有一个工作表，显示 3 名销售人员在 3 个月中每人每月所销售茶叶的箱数。于是需要一个图表，以便对该年度的第一季度中每个月各个销售人员之间的销售业绩进行比较。

（1）要创建该图表，需选择想要制成图表的数据，包括列标题（一月、二月、三月）和行标签（销售人员姓名）。

（2）然后，在"插入"选项卡的"图表"组中，单击"柱形图"按钮。也可以选择另一种图表类型，但通常使用柱形图来比较项目，这样更加直观。

（3）单击"柱形图"之后，将看到多个可供选择的柱形图类型。单击"二维柱形图"列表中的第 1 个柱形图，即"簇状柱形图"。将指针放在任何图表类型上时，屏幕提示将显示图表类型名称。屏幕提示还提供图表类型的说明，并提供有关何时使用每种图表类型的信息。创建图表的步骤如图 6-31 所示。

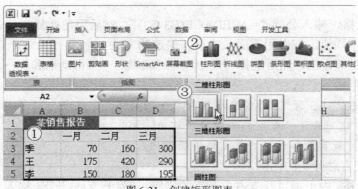

图 6-31　创建矩形图表

提示：如果要在创建图表后更改图表类型，可在图表内单击。在"图表工具"的"设计"选项卡上，单击"类型"组中的"更改图表类型"，然后选择另一种图表类型。

2. 工作表数据在图表中的显示方式

在图 6-32 中，每个工作表单元格中的数据都是一个柱形。行标题（销售人员姓名）是位于右侧的图表图例文本，列标题（年度的月份）位于图表的底部。

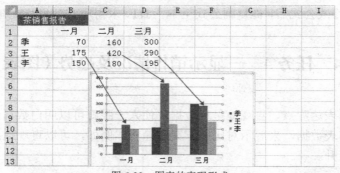

图 6-32　图表的表现形式

通过该柱形图，一眼就可以看出：在一月和二月，王的茶叶销售量最高，但在三月，季超过了王。每个月的中间的柱形表示王的销售量。

每位销售人员的数据都出现在 3 个独立的柱形图中，每个月对应 1 个柱形图。每个图表的高度与其所代表的单元格中的值成正比。图 6-32 所示图表显示了每个月各个销售人员之间的销售量比较。

每行销售人员数据在图表中都有不同的颜色。依据工作表中的行标题也就是销售人员姓名创建的图表图例，指明了哪种颜色代表哪位销售人员的数据。举例来说，季的数据显示为深蓝色，也就是每个月最左边的柱形。

工作表中的列标题，即"一月""二月"和"三月"现在位于图表的底部。在图表的左侧，Excel 创建了一个数字刻度，通过它可以了解柱形的高度。

提示： 在创建图表之后对工作表数据所做的任何更改都会立即显示在图表中。

3．图表工具

在创建图表时，功能区上将显示"图表工具"，其中包括"设计""布局"和"格式"选项卡，如图 6-33 所示。

图 6-33　图表工具

在对图表进行进一步处理之前，需要了解"图表工具"。

在工作表中插入图表之后，就会出现"图表工具"。在图表工具的选项卡上，会发现处理图表所需的命令。

完成图表后，在图表外部单击，"图表工具"即会消失。要让该工具重新出现，只需单击图表内部，这些选项卡就会重新出现。因此，如果不能在任何时候都看到所需的所有命令，不必担心。首先使用"插入"选项卡的"图表"组插入图表，或在现有图表的内部单击，随后就可以使用所需的命令了。

4．更改图表视图

用 Excel 不仅可以创建图表，还可以对数据进行更多处理。通过单击按钮将图表从一种视图切换为另一种视图，可以让图表用另一种方式比较数据。

前面创建的图表是将销售人员的业绩相互比较。Excel 按工作表列将数据分组，并比较工作表行以显示每位销售人员与其他销售人员的比较。图 6-34 左侧的图表显示了这种情况。但是还有另外一种查看数据的角度，那就是对每位销售人员各个月的销售额进行比较。若要创建此图表视图，可在"设计"选项卡的"数据"组中单击"切换行/列"。在图 6-34 所示右侧的图表中，数据按行分组，并比较工作表的各个列。现在，图表所表达的含义有所不同：它显示了每位销售人员各月的销售额之间的比较。

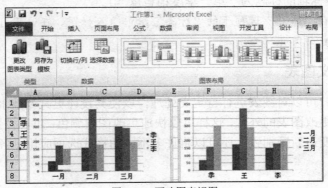

图 6-34　更改图表视图

通过再次单击"切换行/列"可以将图表切换回原始视图。

> **提示：** 要同时保留数据的两种视图，可选择图表的第2个视图，复制并将其粘贴到工作表上，然后，通过单击原来的图表并单击"切换行/列"，再切换回图表的原始视图。

5. 添加图表标题

图表标题为图表提供了描述性信息。最好能为图表添加一个描述性的标题，这样读者就无需猜测图表的内容。

可以为图表本身指定标题，也可以为度量和描述图表数据的图表坐标轴指定标题。图表（如图6-35所示）有两个坐标轴。左侧是垂直坐标轴，也称值或 y 坐标轴。此坐标轴是数字刻度，通过它可以了解柱形的高度。底部的年度月份位于水平坐标轴上，也称类别或 x 坐标轴。

通过单击选中图表，然后转到"设计"选项卡的"图表布局"组，可以快速添加图表标题。单击"图表布局"组内右侧的"其他"按钮可以看到所有布局。每个选项都显示了可更改图表元素布局方式的不同布局。

图6-35所示为"布局9"。这种布局添加了图表标题和坐标轴标题的占位符，可以在图表中直接输入标题。

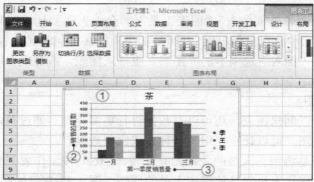

图6-35 添加图表标题

对图6-35所示图表的说明如下。

① 此图表的标题为"茶"，即产品的名称。

② 左侧垂直坐标轴的标题为"销售的箱数"。

③ 底部水平坐标轴的标题为"第一季度销售量"。

> **提示：** 还可以在"布局"选项卡的"标签"组中输入标题。在这里可以通过单击"图表标题"和"坐标轴标题"来添加标题。

6.4.2 自定义图表

创建了图表后，可以对图表进行自定义处理，以使其设计更具专业水准。可以通过选择一种新图表样式来更改图表的外观，这样可以快速更改图表颜色；可以设置图表标题的格式，使普通的图表标题变得新颖别致；还可以将许多不同的格式选项应用于各个柱形，使它们更加醒目突出。

1．更改图表的外观

第 1 次创建图表时，图表使用的是标准颜色。通过使用图表样式，可将不同的颜色应用于图表。

在图表中单击，然后在"设计"选项卡的"图表样式"组中，单击"其他"按钮以显示所有可选样式，单击所需的样式。有些样式只更改柱形的颜色，有些则会更改颜色并在柱形周围加上边框，另一些样式会向由图表坐标轴限定的绘图区中添加颜色，还有一些样式会向图表区域，也就是整个图表中添加颜色，如图 6-36 所示。

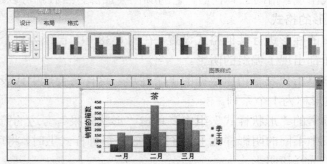

图 6-36 更改图表外观

如果在"图表样式"组中未看到所需的样式，可以通过选择不同的主题来获得其他可选的颜色。单击"页面布局"选项卡，在"主题"组中单击"颜色"。将指针放在某种颜色上时，该颜色将显示在图表的临时预览中，可以在应用颜色之前看到颜色的效果，这一点与查看图表样式时发生的情况有所不同。这样一来，如果不喜欢该颜色的效果，就不用执行撤销操作了。单击想要应用于图表的颜色，即可完成操作。

注意：与图表样式不同，主题中的颜色可能会应用到工作表中的其他元素上。例如，表格或诸如标题之类的单元格样式将采用应用于图表的主题颜色。

2．设置标题格式

如果想要使图表标题或坐标轴标题更加醒目，这并不是什么难事。在"格式"选项卡的"艺术字样式"组中，可以通过多种方式来处理标题。在图 6-37 中，已经添加了"文本填充"来更改颜色，"文本填充"是该组中的一个选项。

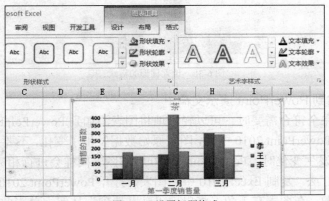

图 6-37 设置标题格式

要使用文本填充，首先在标题区域中单击以选中该区域，然后在"艺术字样式"组中单击"文本填充"旁边的箭头。将指针放在任意一种颜色上，将可看到标题发生变化。当看到喜欢的颜色时，请选择该颜色。"文本填充"还包括向标题应用渐变或纹理的选项。

"艺术字样式"组中的其他选项包括"文本轮廓"和"文本效果"，后者又包括"阴影""映像"和"发光"效果。

要更改字体，例如，使字体变大或变小，或者要更改字体样式，可单击"开始"，然后转到"字体"组。或者，可以通过使用浮动工具栏进行同样的格式更改。当选择标题文本后，该工具栏以淡出形式出现。指向工具栏后，它的颜色会加深，然后就可以选择一种格式选项。

3．设置各个柱形的格式

还可以对图表中的柱形进行其他格式设置。在图 6-38 中，已经为每个柱形添加了阴影效果，每个柱形的后面都出现了偏斜的阴影。

要执行此操作，单击代表季销售数据的 1 个柱形。这样将会选中代表季销售数据的所有 3 个柱形，这 3 个柱形称为 1 个系列。

在"格式"选项卡的"形状样式"组中，单击"形状效果"旁边的箭头，指向"阴影"，然后将指针放在列表中不同的阴影样式上。将指针放在每种样式上时，将可看到阴影的预览。看到喜欢的阴影时，选择该阴影。

接着，单击代表王销售数据的 1 个柱形，以选择所有 3 个代表王销售数据的柱形，并执行相同的步骤，然后为李销售也执行同样的操作。所有这些操作片刻之间即可完成。

"形状样式"中还有可供选择的其他选项。例如，单击"形状填充"，可以为柱形添加渐变或纹理效果，单击"形状轮廓"可以在柱形周围添加轮廓。而利用"形状效果"则不仅仅可以设置阴影，例如，可以为柱形添加棱台效果和柔化边缘，甚至可使柱形带有发光效果，如图 6-38 所示。

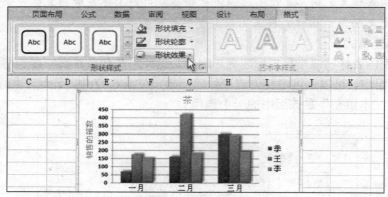

图 6-38　设置柱形的格式

4．将图表添加到 PowerPoint 演示文稿中

当图表的外观完全符合需要时，可以轻松地将图表添加到 PowerPoint 2010 演示文稿中。如果将图表添加到 PowerPoint 2010 中后，图表原始数据发生了变化，不要担心，因为当 Excel 2010 中的图表数据发生变化时，PowerPoint 2010 中的图表同样会进行相应的更新。

下面介绍操作方法。复制 Excel 2010 中的图表，打开 PowerPoint 2010，在需要该图表的幻灯片中，粘贴图表，在图表右下角，将出现"粘贴选项"按钮；单击此按钮，将看到"图表（链接到 Excel 数据）"处于选定状态。这样可确保对 Excel 2010 中的图表所做的任何更改将自动实施到 PowerPoint 2010 内的图表中。

6.5　任务 5——分析销售数据（数据透视表）

工作表中有大量数据，但是这些数值的含义是什么？这些数据可以解答所有问题吗？数据透视表有助于分析数据并解答相关问题。例如，通过数据透视表，可以迅速了解销售额最高的个人和地区，了解利润最大的季度以及最畅销的产品。

6.5.1　处理数据

假设销售图表采用 Excel 工作表形式，其中有数百行或数千行数据。该工作表包含两个国家或地区的销售人员的所有数据，以及这些销售人员每天的销售额。此时需要处理的数据量很庞大，如何从该工作表中获得信息？如何了解所有这些数据呢？

谁的总销售额最高？谁的季度销售额或年度销售额最高？哪个国家或地区的销售额最高？使用数据透视表，可以获得上述所有问题的答案。数据透视表将所有这些数据转换为短小简洁的报表，准确地告知所需要了解的内容，如图 6-39 所示。

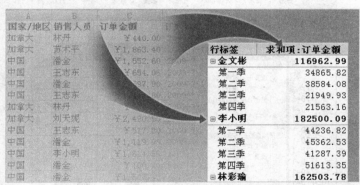

图 6-39　数据透视表示意图

1．检查源数据

开始使用数据透视表之前，要先查看一下 Excel 工作表，确保工作表已经准备妥当，可以用来创建报表。创建数据透视表时，源数据中的每一列都会成为可在报表中使用的字段。字段汇总了源数据中的多行信息。

报表中字段的名称源自源数据中的列标题，因此务必确保源数据中工作表第 1 行上的各列都有名称。

在图 6-40 中，列标题"国家/地区""销售人员""订单金额""订购日期"和"订单 ID"都将成为字段名。创建报表时，将了解到相应信息，例如，"销售人员"字段代表工作表中的"销售人员"数据。

	A	B	C	D	E	F	G
1	国家/地区	销售人员	订单金额	订购日期	订单ID		
2	加拿大	林丹	¥440.00	2009-7-16	10248		
3	加拿大	苏术平	¥1,863.40	2009-7-10	10249		
4	美国	潘金	¥1,552.60	2009-7-12	10250		
5	美国	王志东	¥654.06	2009-7-15	10251		

图 6-40　检查源数据

在同一列中，标题下的其余行应该包含类似的项。例如，一列中应该是文本，一列中应该是数值，而另一列中应该是日期。换句话说，包含数值的列不应该包含文本，依此类推。

最后一点，用于数据透视表的数据中不应该有空列和空行，应删除用来分隔数据块的空行。

2．开始处理

数据准备就绪后，将光标置于数据中的任意位置（这会将所有的工作表数据都包括在报表中）或者仅选择要在报表中使用的数据。接下来，在"插入"选项卡上的"表"组中单击"数据透视表"，然后在下拉列表中单击"数据透视表"，"创建数据透视表"对话框随即打开。

"选择一个表或区域"已经处于选中状态；"表/区域"文本框显示所选的数据区域，"新工作表"也处于选中状态，用以指示将放置报表的位置，如图 6-41 所示。如果不希望将报表放置在新工作表中，可以选中"现有工作表"。

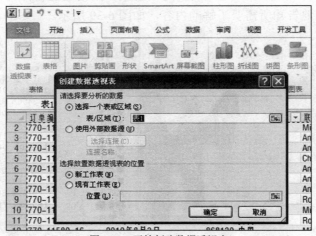

图 6-41　开始创建数据透视表

3．数据透视表基础知识

图 6-42 所示为在单击"确定"按钮关闭"创建数据透视表"对话框后在新工作表中看到的内容。

左侧是可直接用于数据透视表的布局区域，右侧是"数据透视表字段列表"（此列表显示源数据中的列标题）。如前所述，每个标题都是一个字段："国家/地区""销售人员"等。

通过将其中任意字段移至数据透视表的布局区域，即可创建数据透视表。可以使用以下方法实现此目的：选中字段名旁边的复选框，或者右键单击某个字段名并选择该字段要移动到的位置。如果用户以前使用过数据透视表，也许会想知道是否仍然能够通过拖曳字段来生成报表。答案是肯定的，我们将在后面介绍如何操作。

数据透视表的结构如图 6-42 所示。

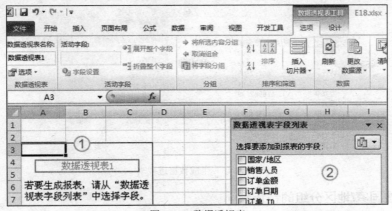

图 6-42　数据透视表

图中：

① 数据透视表的布局区域；

② "数据透视表字段列表"。

提示：如果在数据透视表布局区域的外部单击，数据透视表字段列表将消失。要重新显示该字段列表，请在数据透视表布局区域或报表的内部单击。

4．生成数据透视表

现在，可以生成数据透视表了。根据想要了解的信息，为报表选择相应的字段。

首先要查明每位销售人员的销售额。要得到答案，需要有关销售人员的数据，因此，在"数据透视表字段列表"中选择"销售人员"字段旁边的复选框。还需要有关他们的销售额的数据，故选中"订单金额"字段旁边的复选框。注意，在生成报表时不一定需要使用字段列表中的所有字段。

选择某个字段后，Excel 会将它放置在布局的默认区域中。如果需要，可以将该字段移至其他区域。例如，如果希望某个字段位于列区域而不是行区域中，就可以移动该字段。

"销售人员"字段中不包含数值，而是包含销售人员的姓名，其中的数据将自动在报表的左侧显示为行。"订单金额"字段中包含数值，其中的数据将显示在右侧的区域中。销售人员数据上方的标题为字段上方的"行标签"，订单金额上方的标题为"求和项：订单金额"。标题中出现"求和项"部分是因为 Excel 使用 Sum 函数对包含数值的字段求和。

请注意，先选择"订单金额"字段旁边的复选框还是先选择"销售人员"字段旁边的复选框并不重要。Excel 每次都会自动将这些字段放置在正确的位置。不包含数值的字段将放在左侧，包含数值的字段将放在右侧，与选择这些字段的顺序无关。

现在，只需单击两次鼠标（选中"销售人员"和"订单金额"），便可知晓每位销售人员的销售额。如图 6-43 所示。

提示：用户不用担心生成的报表不合适，只需轻松地进行各种尝试，轻松地查看数据在报表各个不同区域中的外观。如果某个报表与最初期望不符，只需花很短的时间就可以使用另一种方式来排列数据、移动各部分，直到满意为止，甚至可以根据需要从头开始。

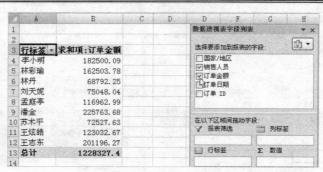

图 6-43　生成数据透视表

5. 查看按国家/地区分组的销售额

现在，我们已经知道每位销售人员的销售额，但是，源数据是按照加拿大和美国（USA）这两个国家来排列有关销售人员的数据的。因此，可能会面临另一个问题，即按国家/地区分组的每位销售人员的销售额是多少？

要获得这个问题的答案，可以将"国家/地区"字段作为报表筛选添加到数据透视表中。通过使用报表筛选，可以集中关注报表中数据的子集，通常是产品线、时间范围或地理区域。将"国家/地区"字段用作报表筛选后，可以查看加拿大或美国各自的报表，或者同时查看这两个国家的销售额。

要将此字段添加为报表筛选，可右键单击"数据透视表字段列表"中的"国家/地区"字段，然后在快捷菜单中单击"添加到报表筛选"。报表顶部将添加一个新的"国家/地区"报表筛选。"国家/地区"字段旁边的箭头显示"（全部）"，并且将显示这两个国家的数据。如只查看加拿大或美国的数据，则需单击该箭头，然后选择这两个国家当中的任意一个。要再次查看这两个国家的数据，则单击该箭头，然后单击"（全部）"，如图 6-44 所示。

图 6-44　查看按国家/地区分组的销售额

提示：要删除报表中的某个字段，可取消对"数据透视表字段列表"中该字段名称旁边的复选框的选择。要删除报表中的所有字段以便重新开始，可在功能区中"选项"选项卡的"操作"组中单击"清除"按钮的箭头，然后在下拉菜单中选择"全部清除"。

6. 查看按日期分组的销售额

原始源数据中有一个"订单日期"信息列，因此，"数据透视表字段列表"上有一个"订单日期"字段。这意味着，可以获得另一个问题的答案，该问题就是"每位销售人员按日期分组的销售额是多少？"。要获得这个问题的答案，可选中"订单日期"字段旁边的复选框，将该字段添加到报表中。

"订单日期"字段将自动添加到行标签方向上的左侧。这是因为该字段中不包含数值。日期可能看起来像数值，但它们采用的是日期格式而不是数值格式。"订单日期"字段是要添加到报表中的第 2 个非数值字段，因此，它嵌套在"销售人员"字段内，并且靠右侧缩进。此时，报表显示每位销售人员按单个日期分组的销售额，但这样同时查看的数据太多，如果通过按月份、季度或年份对每天的数据进行分组，可以轻松地在更容易管理的视图中查看这些数据。

要对日期进行分组，可单击报表中的某个日期，然后在"选项"选项卡的"分组"中单击"将字段分组"，弹出"分组"对话框。在"分组"对话框中，选择在此情况下看起来不错的解决方案："季度"，然后单击"确定"按钮。现在可以看到每位销售人员按 4 个季度分组的销售数据，如图 6-45 所示。

图 6-45　查看按日期分组的销售额

7．透视报表

虽然数据透视表提供了一些问题的答案，但要查看整个报表还要略费周折，必须向下滚动页面才能查看所有数据。

此时可以通过透视报表来获得不同的视图。为此，需要将某个字段从"行标签"区域移至报表的列区域，该区域称为"列标签"（之前并未使用该布局区域）。透视报表时，只是调换了字段的垂直视图或水平视图，也就是将行移至列区域或者将列移至行区域。

要透视此报表，右键单击其中 1 个"季度"行，指向"移动"，然后单击"将'订单日期'移至列"。这样会将整个"订单日期"字段从报表的"行标签"区域移至"列标签"区域。现在，销售人员的姓名都显示在一起，并且第一季度销售数据的上方显示的是"列标签"，这些数据现在排列在报表的列中。此外，每个季度的总计位于每一列的底部。所有数据一目了然，而不用通过向下滚动页面来查看数据，如图 6-46 所示。

	A	B	C	D	E	F
1	国家	(全部)				
2						
3	求和项:订单金额	列标签				
4	行标签	第一季	第二季	第三季	第四季	总计
5	李小明	44236.82	45362.53	41287.39	51613.35	182500.09
6	林彩瑜	48316.94	58778.29	20292.4	35116.15	162503.78
7	林丹	22719.01	6857.67	16034.62	23180.95	68792.25
8	刘天妮	32480.01	14919.71	9649.35	17998.97	75048.04
9	孟庭亭	34865.82	38584.08	21949.93	21563.16	116962.99
10	潘金	21283.77	33357.38	46821.04	64301.49	165763.68
11	苏术平	18903.29	18106.66	14276.39	21241.29	72527.63
12	王炫皓	47023.08	28573.82	20689.99	26745.78	123032.67
13	王志东	90204.43	50948.79	17304.26	42738.79	201196.27
14	总计	360033.17	295488.93	208305.37	304499.93	1168327.4

图 6-46　透视报表

如果要将报表透视返回原始视图，右键单击其中 1 个"季度"标题，然后选择"将'订单日期'移至行"。这样会将"订单日期"字段移回报表的行区域。

8．数据透视表布局

"数据透视表字段列表"底部有 4 个区域，分别为报表筛选、行标签、列标签和数值，如图 6-47 所示。使用时可以将字段拖动到这些区域。

在 Excel 2010 中，通常可以采用以下方法从字段列表向报表布局中添加字段：选中字段名旁边的复选框，或者右键单击字段并从快捷菜单中选择一个位置。执行该操作时，这些字段将被自动放置到布局中，与此同时，这些字段还将被放置到列表底部相应的框中。

图 6-47　数据透视表布局

例如，在将"销售人员"字段放置在报表布局的"行标签"区域的同时，"销售人员"字段名也会显示在字段列表底部的"行标签"框中。

但是，如果喜欢使用拖曳方式，则只需将字段从字段列表顶部拖曳到字段列表底部的框中即可。每个框顶部的标签将提示该字段应放入报表的哪个区域中。例如，如果将"订单金额"字段拖动到"数值"框中，则该字段将位于报表的"数值"区域中。还可以通过在这些框之间拖动字段来更改报表布局区域内的位置，并且可以通过将字段从框中拖出以便从报表中删除这些字段。

6.5.2　筛选数据透视表中的数据

数据透视表可帮助用户了解数据的含义。可以通过筛选报表数据使报表变得更清晰，通过筛选得到并显示只想查看的数据，并暂时隐藏其他数据。

假设打开了一个数据透视表（如图 6-48 所示），表中包含 ABC 体育用品公司销售产品的数据。

求和项:销售额		列标签			
行标签	2009年	2010年	2011年	总计	
公路车	9.99	1221.31	1871.35	3102.65	
公路-150 红色, 44	9.99	499.5	649.35	1158.84	
公路-150 红色, 48		287.68	503.44	791.12	
公路-150 红色, 52		434.13	718.56	1152.69	
手套		759.19	930.62	1689.81	
半指手套, 大		244.9	391.84	636.74	
半指手套, 中		195.92	220.41	416.33	
半指手套, 小		318.37	318.37	636.74	
山地车	104.97	4058.84	7347.9	11511.71	
山地-100 黑色, 38		1154.67	2589.26	3743.93	
山地-100 蓝色, 38	69.98	1574.55	2274.35	3918.88	

图 6-48　筛选之前的数据透视表

此报表对 6 000 多行的 Excel 工作表数据进行了细致的汇总，从而能够了解所有这些数据的含义。例如，可以看到 3 年来每种产品的年度总销售额，而且表中还为每种产品列出了销售额的总计。

现在，想查看特定的详细信息，如公路车销售情况。ABC 公司销售多种产品，范围从水壶到公路车和背心，现在我们希望只看到公路车的销售额，然后想看看哪些公路车最畅销，之后，想看看所选的公路车在某一段时间内的销售情况。

通过筛选数据透视表数据，可以准确地看到自己想要的结果。

1．筛选数据以查看许多产品中的 1 种产品

现在我们只想查看公路车的销售数据，并想暂时隐藏所有其他数据。要筛选报表，单击"行标签"旁边的箭头。单击此处的原因是，公路车显示在报表的行区域中。单击该箭头时，会在顶部出现一个带有"选择字段"框的菜单，供选择要应用筛选的位置。

此菜单上有一个列表，该列表显示了所选的字段中的所有行。查看此列表中的项目以验证选择了要筛选的正确字段。在本例中，包含"公路车"的"产品类别"字段是选择的字段。

要筛选报表，可取消对列表中的"（全选）"复选框的选择，该操作会清除列表中每个项目旁边的复选框。然后，选中"公路车"旁边的复选框。现在，数据透视表只显示公路车的数据，其他数据并未改变，但暂时不出现。

提示：仅仅通过查看数据并非总能轻松地辨别数据是否已被筛选。之前单击了箭头以开始设置筛选，而为了提醒此报表经过筛选，该箭头旁边出现了一个筛选图标。在应用了筛选的字段名旁边的"数据透视表字段列表"中，也会出现一个筛选图标 ，如图 6-49 所示。

图 6-49　筛选数据以查看许多产品中的一种产品

2．缩小筛选范围以查看单个项目

现在，已设置了一个筛选，而且报表只显示公路车的总销售额。但是，ABC 公司销售许多种不同的公路车，而我们只想查看"公路-350-W"这种类型的总销售额。

此时可以使用上一部分中显示的方法来筛选报表，使其只显示其中一种类型。在"选择字段"框中，选择"产品名称"而不是"产品类别"。在产品名称的列表中，选中"公路-350-W"公路车的复选框。

另一种方法可以节省一点时间，即对已设置的筛选进行改进。在筛选的报表中，选择包含"公路-350-W"数据的单元格。然后，右键单击选择区域，指向"筛选"，单击"仅保留所选项目"。现在，只显示公路-250-W 数据。新的筛选隐藏了先前在报表中出现的所有其他公路车产品名和数据，如图 6-50 所示。

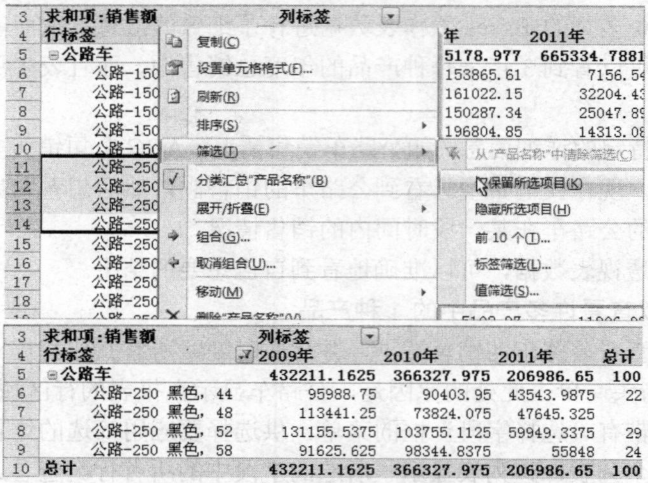

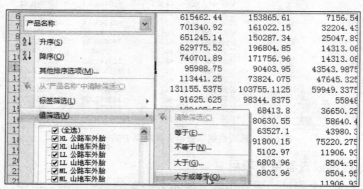

图 6-50　缩小筛选范围以查看单个项目

3. 设置值筛选以通过指定金额来查看产品

假设要查看总销售额为¥100 000 或更多的公路车，如何指示 Excel 选择这些行并隐藏其他行呢？

首先，使用前面的方法筛选报表，只查看公路车。然后，设置值筛选，单击"行标签"旁边的筛选图标上的箭头，在"选择字段"框中，选择"产品名称"。筛选"产品名称"字段，原因是该字段包含了每一种公路车型号。接着，指向"值筛选"。此筛选读取数据，并选择含有符合条件的单元格的行。单击"大于或等于"（如图 6-51 所示），然后在"值筛选"对话框中的空白框内输入 100 000。

图 6-51　设置值筛选以通过指定金额来查看产品

报表包含 38 种公路车型号，其中 13 种的总销售额为¥100 000 或更多，并且只显示这些型号。要更改筛选时依据的金额，应指向"值筛选"，然后用另一个值重复执行前面的过程。这样的筛选就能轻而易举地用各种方法分析数据。

4. 设置日期筛选以查看选定时间的数据

最后，假设想查看公路车在特定的年、月或其他时间段内的销售情况。通过设置筛选，可以告诉报表所关注的时间段并暂时隐藏所有其他时间段的数据。

按照特定的年份筛选报表是很容易的。如果只查看 2011 年的数据，可单击"列标签"旁边的箭头。单击此处的原因是日期显示在报表的列区域中。在出现的列表中，取消"（全选）"复选框的选择，然后选中"2011"前面的复选框。Excel 即隐藏 2009 年和 2010 年的数据。

接下来，假设想查看公路车在 2011 年某月的销售情况。要为日期筛选指定时间段，单击"列标签"旁边的箭头，指向"日期筛选"，在快捷菜单中单击"介于"，如图 6-52 所示。在"日期筛选"对话框中的第 1 个空白框内，输入 11/8/2011。在"与"框中，输入 12/8/2011。此时报表将只显示指定月份的公路车数据。

图 6-52　设置日期筛选以查看选定时间的数据

5. 删除筛选

是否想重新看到隐藏的数据，以便纵览全局呢？可以一次删除一个筛选，也可以快速地同时删除所有筛选。

一次删除一个筛选的关键在于使用筛选图标。筛选图标出现在两个不同的位置上，即数据透视表上以及"数据透视表字段列表"中。要同时删除所有筛选，则要使用窗口顶部功能区中的命令。

（1）在数据透视表中删除筛选。要从特定的字段中删除筛选，无论筛选的字段出现在报表中的哪个位置，都可单击"行标签"或"列标签"上的筛选图标，然后，单击"从'字段名'中清除筛选'"。或者，可以选中"（全选）"前面的复选框，使该字段中的所有数据均可见。

如果未看到筛选字段的"从…中清除筛选"的命令应确认以下两点。

① 确保选择了要从中清除筛选的正确报表区域：行或者列。

② 确认"选择字段"框中的字段名是否正确当单击筛选图标时，会看到该框。该框中的字段名必须与清除筛选的字段的名称相符。如果该框中的字段名不正确，则单击该框旁边的箭头，从出现的列表中选择正确的字段。

（2）在"数据透视表字段列表"中删除筛选。将光标移到想从中删除筛选的字段名旁边的筛选图标上，单击箭头，然后在弹出的菜单中单击"从'字段名'中清除筛选"。或者，选中"（全选）"前面的复选框，使字段中的所有数据均可见。

（3）同时删除所有筛选。在窗口顶部功能区上单击"数据透视表工具"中的"选项"选项卡。在"操作"组中，单击"清除"，然后单击"清除筛选"。

删除筛选的过程如图 6-53 所示。

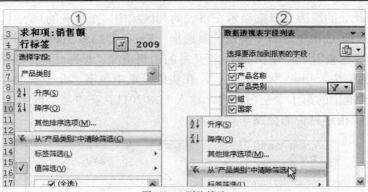

图 6-53　删除筛选

图中：

① 通过单击筛选图标，单击"从'产品类别'中清除筛选"，以删除数据透视表中的筛选；

② 通过将光标移到字段名旁边的筛选图标上，单击出现的箭头，然后单击"从'产品类别'中清除筛选"，以删除"数据透视表字段列表"中的筛选。

6.5.3　计算数据透视表内的数据

Excel 自动使用 SUM 函数将数据透视表中的数字累加起来，因而该函数非常自然地被称为汇总函数。可以使用其他汇总函数以不同的方式计算数字，如获得平均值，或者累计事物的次数。

也可以通过使用自定义计算将值显示为总和的百分比，或创建运行总和。而且，可以在数据透视表中创建自己的公式。

1．任务

有一数据透视表，表中包含有关 ATT 食品制造有限公司销售人员的数据。此报表汇总了 800 行的 Excel 工作表数据。它逐个季度地显示了每位销售人员上一年度的销售额总和，如图 6-54 所示。

现在，想使用此报表按照几种不同的方式来查看数字。例如，想知道每位销售人员本年度的销售数字。并且，想查看每位销售人员对公司的总销售额的贡献是多少。

做完这些后，将确定谁能获得奖金以及奖金的金额。

2．用另一种方式汇总数据

想使报表从合计销售额改变为计算每位销售人员一年中的销售订单数，可以将报表的"值"区域中使用的汇总函数从求和改为计数。

要更改此函数，可在报表的"值"区域中的任意位置单击鼠标右键（该区域位于标题"销售额的和"之下），指向快捷菜单的"数据汇总依据"；然后单击"计数"，数字从值的和变为值的计数，数字上面的标题从"销售额的和"变为"计数项：销售额"；最后，可在任何销售人员的分类汇总中单击鼠标右键，指向快捷菜单的"排序"，然后单击"降序"（如图 6-55 所示），即可对订单数进行排序，以便查看谁的订单数最多。

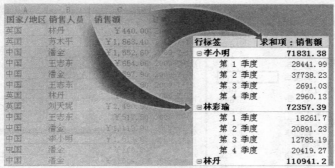

图 6-54　需要处理的数据

图 6-55　用另一种方式汇总数据

> **提示**：要切换回订单金额的和，可再次在"值"区域中单击右键，指向"数据汇总依据"，然后单击"求和"。

3. 执行自定义计算

若想查看每位销售人员在销售额总计中贡献了多少百分比，可以使用自定义计算来找出答案。例如创建运行总和，或者计算每位销售人员的销售额在所有销售额的总计中所占的百分比，操作方法是：在"值"区域中单击右键，指向"数据汇总依据"，然后单击"其他选项"。在打开的"值字段设置"对话框中单击"值显示方式"选项卡，然后，在"值显示方式"列表框中，单击右侧的箭头并选择"占总和的百分比"（如图 6-56 所示）。

李小明为年度总销售额贡献了 14.86%，比任何其他销售人员都要多，林彩瑜以 13.23% 排在其后，而金文彬以 9.52% 排第三。

> **提示**：要将值恢复为普通视图，可执行相同的步骤，然后单击"普通"。这会停用自定义计算。

4. 计算奖金

使用计算字段来创建公式，以确定谁可以获得奖金以及奖金额是多少。使用计算字段创建的公式可以创建基于创建报表时所依据的任何字段。使用计算字段时，会向数据透视表添加一个新字段。

假设任何季度的销售额超过¥30 000 的每位销售人员在该季度都将获得销售额 3%的奖金。

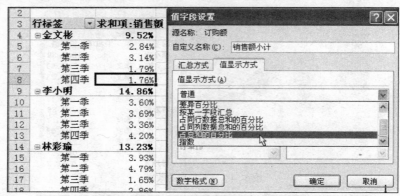

图 6-56　设置汇总值为占总数的百分比

那么，首先创建公式，在窗口顶部的功能区上，单击"数据透视表工具"下的"选项"选项卡。在"工具"组中，单击"公式"按钮上的箭头，然后单击"计算字段"。在"插入计算字段"对话框的"名称"文本框中输入公式名。在"公式"文本框中，输入公式以确定谁可以获得奖金"="销售额"*IF("销售额">30000,3%)"，然后单击"确定"按钮。此公式表示，如果季度销售额大于 30 000，则奖金率为 3%，资金为 3%再乘以销售额。如果季度销售额小于 30 000，则该季度的奖金额为零，如图 6-57 所示。

图 6-57　插入计算字段

在报表中插入了一个新字段"奖金¥"，它显示每位销售人员将获得的奖金额。

需要引起注意的是，此时在销售人员的分类汇总行中列出了附加的 3%奖金，这是因为 Excel 会逐行运行计算字段公式。在每个分类汇总行中，如果总和超过了 30 000，公式就在该行中起作用，像在其他行中起作用一样。公式在分类汇总行上的数学运算是正确的，但它未给出正确的答案。为了解决这个问题，可关闭自动分类汇总功能，使报表只显示每个季度的金额，而不显示每位销售人员的分类汇总。

6.6　任务 6——查寻产品销售年度报表

任务要求：通过案例的学习，掌握如何运用 Excel 技术，以各种方式从纷繁的销售数据中提取有意义的数据，并以直观的图表形式显示出来，从而达到总结、分析、预测的目的。

6.6.1 任务与目的

要针对产品线和销售战略做出明智的决策，就需要跟踪销售数据，但又不希望只是简单地获得一堆杂乱无章的数字。

在本节案例（如图 6-58 所示）中，将利用产品数据表中的数据创建一个数据透视表，按季度列出所有产品的销售额。创建完报表后，将可以使用它进行以下内容的查询。

	A	B	C	D
1	类别	产品	销售额	季度
2	点心	果仁巧克力	¥744.60	第 1 季度
3	点心	果仁巧克力	¥162.56	第 2 季度
4	点心	果仁巧克力	¥68.85	第 3 季度
5	点心	果仁巧克力	¥306.00	第 4 季度
6	点心	桂花糕	¥5,079.60	第 1 季度
7	点心	桂花糕	¥1,249.20	第 2 季度
8	点心	桂花糕	¥2,061.17	第 3 季度
9	点心	桂花糕	¥2,835.68	第 4 季度
10	点心	糖果	¥1,605.60	第 1 季度
11	点心	糖果	¥620.00	第 2 季度
12	点心	糖果	¥835.00	第 3 季度

图 6-58 销售数据

- 每一类产品的总销售额。
- 每个产品的总销售额。
- 每个类别中 3 种最畅销的产品。
- 按产品列出的季度销售额。
- 第 1 季度与第 2 季度销售额的比较。
- 按平均值、最大值和最小值计算饮料销售分类汇总。
- 所有类别中的前 5 个产品。

提示： 图 6-58 所示为本节案例的源数据，可以从人民邮电出版社教学服务与资源网（www.ptpedu.com.cn）提供的教材素材获得，也可以按照上面的格式建立表格。

6.6.2 方便查寻——冻结首行

由于数据量很大，当查寻后面的销售数据时，整个数据区会随之滚动，因此，第 1 行的列标题会消失，为此，需要锁定或者冻结首行，有时候需要锁定前几行。

可以通过冻结或拆分窗格（窗格：文档窗口的一部分，以垂直或水平条为界限并由此与其他部分分隔开）来查看工作表的两个区域和锁定一个区域中的行或列。当冻结窗格时，可以选择在工作表中滚动时仍可见的特定行或列。例如，可以冻结首行以便在滚动时保持行标签和列标签可见，如图 6-59 所示。

当拆分窗格时，会创建可在其中滚动的单独工作表区域，同时保持非滚动区域中的行或列依然可见。

1. 冻结首行

在“视图”选项卡的“窗口”组中，单击“冻结窗格”，然后从下拉菜单中选择“冻结首行”选项。当冻结窗格时，“冻结窗格”选项更改为“取消冻结窗格”，以便可以取消对行或列的锁定，如图 6-60 所示。锁定后，当查看后面的数据时，首行不动，如图 6-59 所示。

	A	B	C	D	E
1	类别	产品	销售额	季度	
67	调味品	甜辣酱	￥1,701.87	第4季度	
68	调味品	辣椒粉	￥1,347.36	第1季度	
69	调味品	辣椒粉	￥2,150.77	第2季度	
70	调味品	辣椒粉	￥1,975.54	第3季度	
71	调味品	辣椒粉	￥3,857.41	第4季度	
72	调味品	西红柿酱	￥816.00	第1季度	
73	调味品	西红柿酱	￥1,224.00	第2季度	
74	调味品	西红柿酱	￥918.00	第4季度	
75	调味品	肉松	￥1,300.00	第1季度	
76	调味品	肉松	￥2,960.00	第4季度	
77	调味品	酱油	￥1,112.80	第1季度	

图 6-59　冻结首行

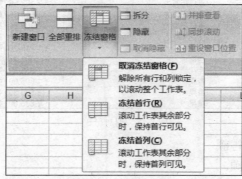

图 6-60　冻结首行的操作

2. 拆分窗格以锁定单独工作表区域中的行或列

（1）要拆分窗格，可将指针指向垂直滚动条顶端或水平滚动条右端的拆分框。

（2）当指针变为拆分指针或时，将拆分框向下或向左拖至所需的位置。

（3）要取消拆分，可双击分割窗格的拆分条的任何部分。

（4）单击"冻结拆分窗格"选项。

图 6-61 所示为冻结了 1～2 行的表格。

图 6-61　冻结拆分窗格锁定两行

6.6.3　查寻各季度的总销售额

1. 建立数据透视表

将光标置于数据中的任意位置，或者仅选择要在报表中使用的数据，接下来，在"插入"选项卡上的"表"组中单击"数据透视表"，然后在弹出的下拉菜单中单击"数据透视表"。

"创建数据透视表"对话框随即打开。

"选择一个表或区域"已经处于选中状态；"表/区域"文本框中显示所选的数据区域；"新工作表"也处于选中状态，单击"确定"按钮，这样就建立了销售表格的数据透视表，这是后面进行数据分析的基础。数据透视表字段列表，如图 6-62 所示。

图 6-62　数据透视表字段列表

2．查寻季度销售情况统计

在工作中，会经常遇到本例中类似的表格，即销售流水账。流水账记录了每季度不同类型产品的销售额，这些数据反映了销售的情况，但是对于掌握总体情况没有任何提示。

我们需要知道每季度的总销售额，这样可以对 4 个季度的销售情况有个总体的认识。在数据透视表字段列表中，将"季度"标签拖曳到行标签，将"销售额"拖曳到"∑数值"或勾选"销售额"，这样，就会自动统计出每季度的总销售额，如图 6-63 中的左表所示。

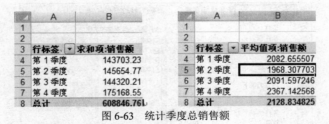

图 6-63　统计季度总销售额

为了统计平均销售情况，可以将计算类型设置成"平均值"，如图 6-63 中的右表所示。

3．以图的形式分析销售情况

在销售分析中，图的形式最为直观。可以由图 6-63 中的表来生成图表，也可以直接在源工作表中生成"数据透视图"（而不是数据透视表），下面使用数据透视图。

在"插入"选项卡的"表"组中单击"数据透视表"，然后在弹出的下拉菜单中单击"数据透视图"。"创建数据透视表数据透视图"对话框随即打开。对话框中"选择一个表或区域"已经处于选中状态；"表/区域"文本框中显示所选的数据区域；"现有工作表"也处于选中状态，并指示了放置报表的位置，单击"确定"按钮后就建立了销售表格的数据透视图，此时的透视图是一张空的图，和数据透视表一样，需要设置。

将"季度"标签拖曳到轴字段，将"销售额"拖曳到"∑数值"或勾选"销售额"，这样，就会自动绘出每季度的总销售额曲线，如图6-64所示。

单击柱形，并单击鼠标右键，从弹出的快捷菜单中选择"添加趋势线"，设置"趋势预测类型""趋势周期"等，为销售图表添加趋势线。从图6-64可以直观地看到各季度的销售情况，并从趋势线预测未来4个季度的销售情况。

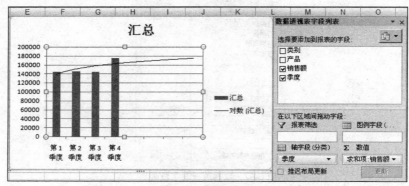

图6-64　数据透视图

6.6.4　查寻每类产品的总销售额

要查寻每类产品的总销售额需要做如下操作。

（1）将"类别"字段拖到"行标签"区域中。

（2）将"销售额"字段拖到"∑数值"区域中。

要查寻每种产品的总销售额，将"产品"字段拖到"类别"字段的下方或勾选"产品"字段，如图6-65所示。

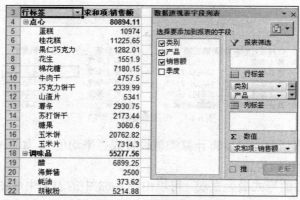

图6-65　查寻各类产品销售情况

在图6-65中，可以看到各类产品的总销售额，以及各类产品的具体销售情况，如点心销售80 894.11元，其中，蛋糕销售10 974元、桂花糕销售11 225.65元等。

比较各类产品销售情况最直观的图形是饼图，另外，地区销售情况分布也需要用饼图来表达。在饼图中，需要设置每块的百分比和具体数值，更改标题、图形形状、背景颜色等，如图6-66所示。

图 6-66 各类产品销售分布情况

6.6.5 查寻 5 种最畅销的产品

现在，需要查寻第 1 季度和第 2 季度的所有类别中最畅销的 5 种产品。

（1）将"类别"字段拖回"数据透视表字段列表"。

这样，数据透视表将不包含类别信息。

（2）将"季度"拖到"列标签"。

这时候，透视表显示 4 个季度各产品销售情况。

（3）在透视表中，选择"列标签"，取消对"第 3 季度"和"第 4 季度"的选择。

（4）在透视表中，单击行标签旁边的 按钮。

（5）鼠标指针移到"值筛选"上，弹出快捷菜单。

（6）单击快捷菜单中的"10 个最大的值"，打开"前 10 个筛选产品"对话框。

（7）在"显示"栏中，输入"5"。

（8）选择"降序"。

（9）在字段列表中，选择"求和项：销售额"。

（10）单击"确定"按钮。

现在就找到了第 1 季度和第 2 季度中的前 5 名产品，其销售额从高到低排列，如图 6-67 所示。

图 6-67 显示前 5 名产品的数据透视表

6.7 任务 7——制作自动评分计算表

6.7.1 任务与目的

现在经常开展各种各样的竞赛，在设计中可以用 Excel 制作一个方便又实用的自动评分计算表，快速自动完成成绩的统计和名次的计算。

Excel 自动评分计算表功能：参加比赛的选手为 20 人，评委 9 人，去掉 1 个最高分和 1

个最低分后，求出平均分，然后根据平均分的高低排定选手的名次。

本例涉及的函数有以下几个。

- SUM
- MAX
- MIN
- RANK

6.7.2　评委评分表的制作

（1）启动 Excel 2010，新建空白工作簿。

（2）在 Sheet1 工作表中，仿照图 6-68 所示的样式，制作一份空白表格。

（3）单击"Office"按钮，选择"准备"，在随后弹出的列表中，选择"加密文档"，设置好"密码"后，确定并返回，如图 6-69 所示。加密的目的是使各评分表只有各评委才能打开，避免出现问题。

选手编号	评委评分	备注
1		
2		
3		
4		
5		
6		
7		
8		
9		
10		
11		
12		
13		
14		
15		
16		
17		
18		
19		
20		

图 6-68　评委评分表

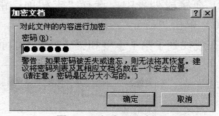

图 6-69　加密评分表

（4）给文件起名（如 1.xlsx）并保存。

（5）再执行"另存为"命令，然后仿照上面的操作重新设置一个密码后，另取一个名称（如 2.xlsx）保存文件。

（6）重复第（5）步的操作，按照评委数目，制作好多份工作表（此处为 9 份）。

6.7.3　汇总表的制作

（1）新建工作簿，仿照图 6-70 所示的样式，制作一张空白表格。

（2）分别选中 B3～J3 单元格，依次输入公式：=[1.xlsx]sheet1!B3、=[2.xlsx]sheet1!B3…=[9.xlsx]sheet1!B3，用于调用各评委给第 1 位选手的评分。

XXX比赛评分表

编号	评委1	评委2	评委3	评委4	评委5	评委6	评委7	评委8	评委9	得分	名次
1											
2											
3											
4											
5											
6											
7											
8											
9											
10											
11											
12											
13											
14											
15											
16											
17											
18											
19											
20											

图 6-70　评委评分汇总表

注意：将评委评分表和汇总表保存在同一文件夹内。

（3）选中 K3 单元格，输入以下公式。

“=(SUM(B3:J3)−MAX(B3:J3)−MIN(B3:J3))/7”

用于计算选手的最后平均得分。

（4）选中 L3 单元格，输入以下公式。

“=RANK(K3,$K$3:$K$22)”。

用于确定选手的名次。

【函数 RANK 说明】

RANK（number,ref,order）

返回一个数字在数字列表中的排位。数字的排位是其大小与列表中其他值的比值（如果列表已排过序，则数字的排位就是它当前的位置）。

其中：

number 为需要找到排位的数字。

ref 为数字列表数组或对数字列表的引用。ref 中的非数值型参数将被忽略。

order 为一数字，指明排位的方式。

- 如果 order 为 0（零）或省略，Microsoft Office Excel 2010 对数字的排位是基于 ref 按照降序排列的列表。
- 如果 order 不为零，Microsoft Office Excel 2010 对数字的排位是基于 ref 按照升序排列的列表。

（5）同时选中 B3～L3 单元格区域，用填充柄将上述公式复制到下面的单元格区域，完成其他选手的成绩统计和名次的排定。

（6）取名（如 hz.xls）并保存该工作簿。

注意：在保存汇总表的时候，最好设置“加密密码”。

6.7.4　电子评分表的使用

（1）将上述工作簿文件放在局域网上某台计算机的一个共享文件夹中，供各评委调用。注意：当移动整个工作簿所在的文件夹时，系统会自动调整公式相应的路径，不影响表格的正常使用。

（2）比赛开始前，将工作簿名称和对应的加密密码分别告知不同的评委，然后通过局域网，让每位评委打开各自相应的工作簿（如 1.xslx、2.xslx…）文档。注意：评委在打开文档时，系统会弹出一个对话框，输入“加密密码”后，确定即可。

（3）某位选手比赛完成后，评委将其成绩输入相应的单元格中，并要求评委执行保存操作。注意：每次要求评委评分后执行一次保存操作，目的是为了防止出现意外情况而造成数据丢失。

（4）整个比赛结束后，主持人只要打开“hz.xls”工作簿，即可公布比赛结果了（如图 6-71 所示）。

	A	B	C	D	E	F	G	H	I	J	K	L
1	XXX比赛评分表											
2	编号	评委1	评委2	评委3	评委4	评委5	评委6	评委7	评委8	评委9	得分	名次
3	1	9.9	9.5	10	10	10	10	10	9.9	9.8	9.94	1
4	2	9.8	9	7.9	8.9	8.9	9.1	8.9	8.9	9.1	8.97	8
5	3	9.5	8	9.5	7.9	10	8.5	7.9	10	8.5	8.84	10
6	4	8.9	8.9	9.1	10	9.5	9.6	8.9	8.9	9.1	9.14	5
7	5	7.9	10	8.5	9	9.2	9	7.9	10	8.5	8.87	9
8	6	10	9.5	9.6	8.9	8.9	9.1	10	9.5	9.6	9.46	3
9	7	9	9.2	9	7.9	10	8.5	9	9.2	9	8.99	7
10	8	8.2	9.1	8.9	10	9.5	9.6	8.9	8.9	9.1	9.14	5
11	9	9.8	8.8	10	9	9.2	9	7.9	10	8.5	9.19	4
12	10	9.5	9	7.8	10	9.5	9.6	10	9.5	9.6	9.53	2

图 6-71　比赛结果

注：为了方便，这里只显示了最后一组的 10 名选手的比赛结果。

实训 4　商场销售数据分析

1．实训目的

（1）熟悉 Excel 2010 的基本知识。

（2）熟悉 Excel 2010 的表格处理技术。

（3）训练数据处理及应用能力。

2．实训内容

小陈开了一个小型超市，主要经营饮料。为了管理好销售，她用 Excel 制作了销售流水账单，如图 6-72 所示。

	A	B	C	D	E	F	G
1	日期	商品名称	销售数量	销售额	进价	毛利润	毛利率
2	2008-3-1	百事可乐	10				
3	2008-3-1	奶茶	2				
4	2008-3-2	百事可乐	34				
5	2008-3-2	金威啤酒	5				
6	2008-3-2	益利矿泉水	3				
7	2008-3-3	金威啤酒	9				
8	2008-3-4	百事可乐	10				
9	2008-3-5	奶茶	8				
10	2008-3-6	百事可乐	6				

图 6-72　销售流水账

商品基本信息表给出了每种商品的进货价格和销售价格，如图 6-73 所示。

	A	B	C	D
1	商品名称	单位	销售额	进价
2	百事可乐	瓶	4.6	3.4
3	奶茶	只	2.4	1.3
4	金威啤酒	瓶	6.9	5.8
5	益利矿泉水	只	3.5	2.5
6	奶茶	盒	2	1.2
7	红牛	只	2.5	1.4
8	苏打水	瓶	6	4.5

图 6-73　商品信息表

现需要完成上述表格的设计，并计算下列各项。

（1）每笔交易的毛利润和毛利率。

（2）一周的毛利润和毛利率。

（3）每种商品的日销售曲线。

（4）各商品销售在总销售中的比例。

本实训每笔交易必须在商品信息表中查找进价和销售价格，为此，须使用函数 VLOOKUP。该函数在表格数组的首列查找指定的值，并由此返回表格数组当前行中其他列的值。

VLOOKUP(lookup_value,table_array,col_index_num,range_lookup)

其中：

lookup_value 为需要在表格数组（此处的数组是指用于建立可生成多个结果或可对在行和列中排列的一组参数进行运算的单个公式。数组区域共用一个公式；数组常量是用作参数的一组常量）第 1 列中查找的数值。Lookup_value 可以为数值或引用。若 lookup_value 小于 table_array 第 1 列中的最小值，VLOOKUP 返回错误值#N/A。

table_array 为两列或多列数据。使用对区域或区域名称的引用。table_array 第 1 列中的值是由 lookup_value 搜索的值。这些值可以是文本、数字或逻辑值。文本不区分大小写。

col_index_num 为 table_array 中待返回的匹配值的列序号。Col_index_num 为 1 时，返回 table_array 第 1 列中的数值；col_index_num 为 2 时，返回 table_array 第 2 列中的数值，以此类推。

range_lookup 为逻辑值，指定希望 VLOOKUP 查找精确的匹配值还是近似匹配值。

测 试 题

1. 需要一个新的工作簿，可以（　　）。

　　A．在"单元格"组中，单击"插入"按钮，然后单击"插入工作表"

　　B．单击"Office 按钮"，然后单击"新建"。在"新工作簿"窗口中，单击"空白工作簿"

　　C．在"单元格"组中，单击"插入"按钮，再单击"工作簿"按钮

2. "名称框"显示活动单元格的内容。这句描述（　　）。

　　A．正确　　　　　　　　　　　　　　B．错误

3．在新工作表中，必须首先在单元格 A1 中输入内容。这句话（　　　）。

   A．正确　　　　　　　　　　　　　　　　B．错误

4．每个新工作簿都包含 3 个工作表。用户可以根据需要更改自动编号。这句话（　　　）。

   A．正确　　　　　　　　　　　　　　　　B．错误

5．按 Enter 键可将插入点向右移动一个单元格。这句话（　　　）。

   A．正确　　　　　　　　　　　　　　　　B．错误

6．要输入像 1/4 这样的分数，首先应输入（　　　）。

   A．一　　　　　　　　B．零　　　　　　　　C．减号

7．单元格中出现"######"意味着（　　　）。

   A．输入的数字有误　　　　　　　　　　B．某些内容拼写错误

   C．单元格不够宽

8．要输入一年中的各个月份，但不手动输入每个月份，应使用（　　　）。

   A．记忆式输入　　　　B．自动填充　　　　C．Ctrl+Enter 组合键

9．Excel 会将（　　　）识别为日期。

   A．261 947　　　　B．2,6,47　　　　C．47-2-2

10．要删除单元格的格式，应该（　　　）。

   A．删除单元格内容

   B．单击"开始"选项卡上的"字体"组

   C．单击"开始"选项卡上的"编辑"组

11．撤销删除操作，应当按（　　　）。

   A．Ctrl+Z 组合键　　B．F4 键　　　　C．Esc 键

12．要添加列，应当在要插入新列的位置右侧的列中，单击任意单元格。这句话（　　　）。

   A．正确　　　　　　　　　　　　　　　　B．错误

13．要添加新行，请在紧靠要插入新行的位置上方的行中，单击任意单元格。这句话正确（　　　）。

   A．正确　　　　　　　　　　　　　　　　B．错误

14．向空单元格中输入（　　　）来开始一个公式。

   A．*　　　　　　　　B．(　　　　　　　　C．=

15．函数是（　　　）。

   A．一个预先编写的公式　　　　　　　　B．一个数学运算符

16．公式结果在单元格 C6 中。现想知道如何得到这个结果。为了查看公式，应（　　　）。

   A．单击单元格 C6，然后按下 Ctrl+Shift 组合键

   B．单击单元格 C6，然后按 F5 键

   C．在 C6 单元格中单击

17．如果想在 Excel 2010 中计算 853 除以 16 的结果，应该使用（　　　）数学运算符？

   A．*　　　　　　　B．/　　　　　　　　C．–

18．绝对单元格引用？是（　　　）。

   A．当沿着一列复制公式或沿着一行复制公式时单元格引用会自动更改

   B．单元格引用是固定的

C．单元格引用使用 A1 引用样式

19．（ ）单元格引用 B 列中第 3 行到第 6 行的单元格区域？

A．(B3:B6) B．(B3，B6)

20．（ ）是绝对引用。

A．B4:B12 B．$A$1

21．如果将公式"=C4*$D$9"从单元格 C4 复制到单元格 C5，单元格 C5 中的公式将是（ ）。

A．=C5*$D$9 B．=C4*$D$9 C．=C5*$E$10

22．如果公式"=SUME(B4:B7)"中的 SUM 拼写错误，将得到"#NAME?"错误值。要修改公式，必须删除它并重新开始。这一说法（ ）。

A．正确 B．错误

23．用来在工作表中显示公式的键盘快捷方式是（ ）。

A．Ctrl+` B．Ctrl+: C．Ctrl+;

24．已经创建了一个图表，现在需要用另一种方式比较数据。为此，必须创建另一个图表。这一说法（ ）。

A．正确 B．错误

25．当修改图表显示的工作表数据时，必须（ ）来刷新图表呢。

A．按 Shift+Ctrl 组合键 B．无需进行任何操作

C．按 F6 键

26．创建了一个图表，但随后就看不到"图表工具"了。可执行（ ）操作来重新显示"图表工具"。

A．创建另一个图表 B．单击"插入"选项卡

C．在图表内单击

27．创建图表之后无法更改图表类型。这一说法（ ）。

A．正确 B．错误

28．想在每个柱形的上方添加数据标签以显示每个柱形的值，可以（ ）。

A．手动添加标签 B．更改图表样式

C．更改图表布局

29．除了饼图形状与柱形图形状不同外，柱形图与饼图之间没有差别。这一说法（ ）。

A．正确 B．错误

30．如果在"设计"选项卡的"图表样式"组中未看到图表所需的所有颜色选项，则可以用其他方法获得更多颜色。这一说法（ ）。

A．正确 B．错误

31．若要将 Excel 图表添加到 PowerPoint 演示文稿中，可以（ ）。

A．单击"数据"选项卡 B．单击"插入"选项卡

C．复制图表

32．可以重复使用为周报表或月报表创建的图表样式。这一说法（ ）。

A．正确 B．错误

33．Excel 2010 中的图表工具同样也会出现在 PowerPoint 2010 中。这一说法（　　）。

    A．正确　　　　　　　　　　　　　　B．错误

34．生成数据透视表后，将无法更改其布局。这一说法（　　）。

    A．正确　　　　　　　　　　　　　　B．错误

35．数据透视表字段就是（　　）。

    A．源数据中的列　　　　　　　　　　B．透视数据的区域

    C．数据透视表布局区域

36．在数据透视表字段列表中，可以断定哪些字段已经显示在报表上。这一说法（　　）。

    A．正确　　　　　　　　　　　　　　B．错误

37．以下（　　）可以从数据透视表中删除字段。

    A．在"数据透视表字段列表"的"在以下区域间拖动字段"区域中，单击字段名旁边的箭头，然后选择"删除字段"

    B．右键单击要删除的字段，然后在快捷菜单上选择"删除'字段名'"

    C．在数据透视表字段列表中，清除字段名旁边的复选框

    D．以上全部

38．添加到数据透视表中的第 1 个非数值字段将自动添加到报表的（　　）部分。

    A．列标签　　　　　B．报表筛选　　　　　C．行标签

39．某个字段旁边显示加号（+）时，表示报表中存在有关该字段的详细信息。这一说法（　　）。

    A．正确　　　　　　　　　　　　　　B．错误

40．可以看到是否向字段应用了筛选。这一说法正确（　　）。

    A．正确　　　　　　　　　　　　　　B．错误

41．应用了两个筛选。希望清除其中一个筛选。但是，"从……中清除筛选"命令不可用，因此，（　　）。

    A．无法撤销筛选，而且必须重新创建数据透视表

    B．在功能区的"选项"选项卡上，在"操作"组中单击"清除"按钮上的箭头，然后单击"清除筛选"

    C．单击"行标签"或"列标签"上的筛选图标旁边的箭头。在"选择字段"框中，单击另一个字段名

42．可以通过在"数据透视表字段列表"中单击来清除筛选。这一说法（　　）。

    A．正确　　　　　　　　　　　　　　B．错误

43．添加筛选的唯一方法是单击"行标签"或"列标签"旁边的箭头。这一说法（　　）。

    A．正确　　　　　　　　　　　　　　B．错误

44．向数据透视表添加了一个报表筛选，则该筛选用于（　　）。

    A．隐藏所有数值数据

    B．显示数据的子集，通常为产品线、时间间隔或地理区域

    C．隐藏数据透视表中的分类汇总和总计

45．数据透视表中有一些日期，但当尝试应用筛选时，"日期筛选"命令并未出现。可能是因为（　　）。

　　A．可能在报表的错误区域中单击以看到此命令

　　B．日期未正确设置为日期格式

　　C．以上两个选项

46．可以将"数据透视表字段列表"中的同一字段多次添加到"值"区域中。这一说法（　　）。

　　A．正确　　　　　　　　　　　　　　　　B．错误

47．想更改数据透视表中数值数据的汇总方式最轻松的方式是创建自己的公式。这一说法（　　）。

　　A．正确　　　　　　　　　　　　　　　　B．错误

48．可以使用报表数据在数据透视表外创建公式。这一说法（　　）。

　　A．正确　　　　　　　　　　　　　　　　B．错误

49．有时候，当使用计算字段创建公式时，Excel 会在报表的每一行（包括分类汇总和总计）上运行该公式。对此没有解决办法。这一说法（　　）。

　　A．正确　　　　　　　　　　　　　　　　B．错误

第 7 章

使用 Power Point 2010

随着办公自动化的普及和多媒体手段的广泛使用，越来越多的人开始使用 PowerPoint 制作演示文稿。PowerPoint 2010 使用户可以快速创建极具感染力的动态演示文稿，同时集成工作流和方法以轻松共享信息。从 Microsoft Office Fluent 用户界面到新的图形以及格式设置功能，PowerPoint 2010 使用户拥有控制能力，从而创建具有精美外观的演示文稿。

在现实工作中，有非常多的任务需要使用 PowerPoint，如产品介绍、授课、工作交流以及专题、MV 的制作。使用 PowerPoint 制作演示文稿不难，但是要制作专业、高水准的作品却不那么容易。学习 PowerPoint 制作，不仅仅需要学习 PowerPoint 技术，更需要学习一些影视制作方面的知识。本章通过若干典型片段的设计来学习如何使用 PowerPoint 2010 制作高水平的演示文稿。

7.1 任务 1——认识 PowerPoint 2010

本节学习：

- 创建幻灯片并添加文本；
- 插入图片和其他内容；
- 通过应用主题来设置演示文稿的整体外观；
- 打印讲义和备注；
- 准备进行放映。

提示：有 PowerPoint 基础的读者可以跳过此节，直接从 7.2 节开始学习。

7.1.1 创建幻灯片

下面简略介绍一下 PowerPoint 工作区。首先了解它的基本信息，然后了解如何添加新幻灯片、选择幻灯片版式，以及添加文本和重用其他演示文稿中的幻灯片，最后了解如何在创建放映时准备好备注，以便在演示时参考。

1. 工作区

这是 PowerPoint 中首先打开的视图，称为"普通"视图，在此视图中创建幻灯片。"普通"视图包含 3 个主要区域（见图 7-1）。

图中：

① 中间最大的区域是幻灯片窗格，可在其中直接处理幻灯片；

② 幻灯片上具有点线边框的框称为占位符，它是输入文本的位置。占位符也可以包含图片、图表以及其他非文本项目；

图 7-1　工作区

③ 该视图左侧显示演示文稿中幻灯片的小版本，也叫缩略图，其中正在处理的幻灯片将突出显示，此区域便是"幻灯片"选项卡，在添加其他幻灯片后，可以通过单击此处的幻灯片缩略图导航至其他幻灯片；

④ 该视图的底部区域是备注窗格，可以在此处输入备注，然后在演示时进行参考。可用于备注的空间要比此处显示得更大。

2．添加新幻灯片

打开 PowerPoint 时，放映中只有一张幻灯片，可以添加其他幻灯片。

添加新幻灯片最直接的方法是单击"开始"选项卡上的"新建幻灯片"按钮，此按钮有两种用法。

图 7-2　添加新幻灯片

如果单击幻灯片图标所在的按钮的上部，会立即在"幻灯片"选项卡中所选幻灯片的下面添加 1 张新幻灯片，如图 7-2 所示。

图中：

① 如果单击该按钮的下部，将获得幻灯片版式库。在选择一个版式后，将插入该版式的幻灯片；

② 如果在未选择版式的情况下添加幻灯片，PowerPoint 会自动应用 1 种版式，可以轻松地更改该版式。

3．选择幻灯片的版式

幻灯片版式用于排列幻灯片内容。例如，希望幻灯片上同时显示 1 个列表和 1 幅图片，或同时显示 1 幅图片及其标题，就需选择幻灯片的版式。版式包含不同类型的占位符和占位符排列方式，可以支持所有类型的内容。

图 7-3 所示为 PowerPoint 启动时自动使用的版式。

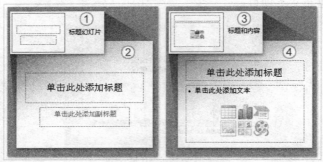

图 7-3　幻灯片的版式

图中：

① 此处显示的是"标题幻灯片"版式在版式库中的样子，该版式应用于放映中的第一张幻灯片，也就是在开始时已经提供的幻灯片；

② 在幻灯片上，"标题幻灯片"版式包含了用于标题和副标题的占位符；

③ 对于其他幻灯片，可能最常用的版式就是"标题和内容"版式，此处显示的是该版式在版式库中的样子；

④ 在幻灯片上，此版式有两个占位符，一个是用于幻灯片标题，另一个是包含文本和多个图标的通用占位符，通用占位符不仅支持文本，还支持图表、图片和影片文件等图形元素。

某些其他版式具有两个这样的通用占位符，就可以在一个占位符中放置列表，而在另一个占位符中放置图片或其他图形。

4．输入文本

在前面介绍的通用占位符中，既可以添加图形元素，也可以添加文本。文本的默认格式是项目符号列表，如图 7-4 所示。

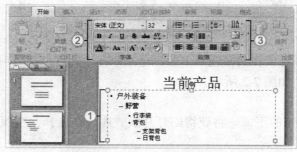

图 7-4　文本设置有关的功能组

图中：

① 可以在项目符号列表中使用不同级别的文本，在重要条目之下设置次要条目；

② 在功能区上，使用"字体"组中的命令可以更改字符格式，如字体颜色和字号；

③ 使用"段落"组中的命令可以更改段落格式，如列表格式、文本缩进程度和行距。

自动文本适应：如果输入的文本太多而导致占位符容纳不下，PowerPoint 会缩小字号和行距来容纳所有文本。如果愿意，可以关闭此功能。

5．插入来自其他演示文稿的幻灯片

如果在放映中需要使用现有演示文稿中的幻灯片，可执行下列操作，如图 7-5 所示。

图 7-5 插入其他幻灯片

图中：

① 在"开始"选项卡上单击"新建幻灯片"旁边的箭头，就像首先要插入新幻灯片并为其选择版式一样；

② 在版式库下，单击"重用幻灯片"；

③ 在"重用幻灯片"任务窗格中的"从以下源插入幻灯片"下，单击"浏览"按钮，查找包含所需幻灯片的演示文稿或幻灯片库，然后单击→按钮，在任务窗格中打开这些幻灯片；

④ 找到所需的幻灯片后，注意窗格最底部的"保留源格式"复选框。如果要完全保留所插入的幻灯片的外观，就必须在插入幻灯片前选中此复选框；

⑤ 单击要插入的每张幻灯片，每张幻灯片都将复制到打开的演示文稿中并置于当前所选幻灯片的下面。如果将光标置于某个幻灯片缩略图下面，则这些幻灯片将插入光标之下。

如果未选中"保留源格式"，插入的幻灯片将继承当前幻灯片使用的外观或主题。主题用于指定演示文稿的整体设计和颜色，下一节将介绍有关主题的详细信息。

6．创建演讲者备注

使用演讲者备注可以详尽阐述幻灯片中的要点。好的备注既可帮助引领观众的思绪，又可以防止幻灯片上的文本泛滥。创建演讲者备注，如图 7-6 所示。

图中：

① 当创作幻灯片上的内容时，可以在幻灯片下面的备注窗格中输入备注。通常，演示者需要打印这些备注并在演示过程中进行参考；

② 可以通过拖动拆分条来扩大备注窗格，这样在其中工作起来更加轻松自在；

③ 备注保存在备注页中。除了备注外，备注页还包含幻灯片的副本，这就是需要打印出来并在放映期间参考的内容。

提示：如何使 PPT 备注仅让演示者自己看得到，而台下的观众看不到呢？要实现备注页功能，需要改变播放方式。

① 在微机连接到投影机的情况下，在 Windows 属性（在桌面上单击鼠标右键，选"属

性"）中单击"设置"，在"1"/"2"选择中，选"2"（多监视器支持）；

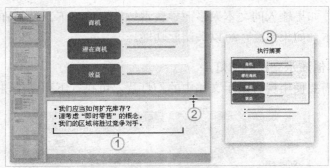

图 7-6　创建演讲者备注

② 单击 PowerPoint "幻灯片放映"，勾选"使用演讲者视图"选项。

7.1.2　PowerPoint 主题

对于演示文稿的配色方案，可以使用基本的黑白色。如果希望使用更多的颜色和明快的设计，就可直接转至 PowerPoint 主题库并尝试其中的各种主题。例如，在图 7-7 中，对左右两张幻灯片进行对比，左侧的幻灯片应用的是默认主题，右侧的幻灯片应用的是许多其他可用主题之一。

图 7-7　使用"主题"

下面学习主题以及如何在幻灯片上添加图片和标题等其他元素，然后学习一些对齐技巧，以使所有内容都井然有序。

1．主题

每个演示文稿都有一个主题，只不过某些主题比其他主题更加丰富多彩而已。

主题决定了幻灯片的外观和颜色，并可以让演示文稿呈现一致的外观。图 7-8 所示为 3 个内容相同但使用不同主题的标题幻灯片。

图 7-8　不同"主题"的效果

主题以"包"的形式提供，其中包括下列元素：

- 背景设计；
- 配色方案；
- 字体和字号；
- 占位符位置。

配色方案可影响背景色、字体颜色、形状的填充颜色、边框颜色、超链接以及表格和图表等幻灯片元素。

对于占位符，主题会使用选择的版式，它只是将内容稍稍移动了一下位置。例如，在显示的 3 张幻灯片上，每个主题都将标题和副标题占位符置于不同的位置，但基本的"标题幻灯片"版式仍保持不变。

2．选择主题

每个新的演示文稿开始都使用一个名为"Office 主题"的默认主题。要查找并应用其他主题，可单击功能区上的"设计"选项卡，如图 7-9 所示。

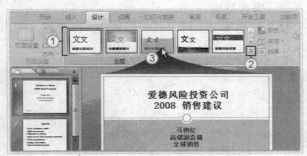

图 7-9　选择"主题"

图中：

① 在此处看到的主题示例采用小的缩略图形式，显示在"主题"组中；

② 要查看其他主题，单击该组右侧的"其他"按钮；

③ 当指向任意主题缩略图时，都将在幻灯片上显示该主题的预览效果。

单击缩略图可将该主题应用于所有幻灯片，也可以将主题只应用于所选的幻灯片。

在创建放映的任何阶段均可应用主题，但主题可以更改占位符的位置，因此对于内容而言，某些主题会比其他主题更为适用。

3．插入图片和内容

图 7-10 所示说明了如何插入一张剪贴画的方法。

图中：

① 单击占位符中的"剪贴画"图标；

② 打开"剪贴画"任务窗格。在该窗格的"搜索"框中，输入一个表示所需剪辑画类型的关键字，然后单击"搜索"按钮；

③ 显示符合该关键字的剪辑画。单击其中一个剪辑画，将其插入幻灯片中，该剪辑画会自动调整大小并在占位符中定位。

可以通过此方式插入的其他内容包括表格、图表、SmartArt 图形、自己的图片以及视频文件。

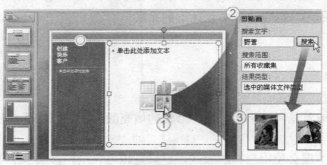

图 7-10　插入图片

> **提示**：图片，尤其是高分辨率照片，会使演示文稿的字节数急剧增加，所以应注意使用可优化此类图片的各种方法，尽可能减小图片的大小。

插入幻灯片项目的另一种方法是使用功能区上的"插入"选项卡，能够从幻灯片窗格中插入的所有内容均可在此处获得。不仅如此，此处还包含更多内容，包括形状、超链接、文本框、页眉和页脚、声音等媒体剪辑。

图 7-11 所示为在"插入"选项卡上可用的一些内容。需要插入的内容中最典型的就是文本框。注意，使用幻灯片版式中的图标不能插入文本框。

图 7-11　插入图片和文本框

图中：

① 当需要在某处添加文本并且需要为这些文本提供另一个占位符，例如图片标题，那么使用文本框会非常方便，首先，应单击"插入"选项卡上的"文本框"；

② 然后，在幻灯片上绘制文本框，并在其中输入内容。

既然有两种用于插入内容的方法，那么哪一种是推荐的方法呢？这主要取决于哪种方法最为便捷。需要考虑的一点是，希望插入的项目在幻灯片上如何放置。例如，如果使用占位符中的图标插入图片，图片将置于该占位符中。而当使用"插入"选项卡插入图片时，PowerPoint 将猜测图片的位置，然后将其置于可用的占位符或选定的占位符中。如果没有可用的占位符，PowerPoint 会将图片插入幻灯片的中间，有时这正是所需要的位置。

4．编辑幻灯片元素

当插入图片后，可能需要对图片进行调整，如调整大小、裁剪或更改亮度。要进行这些调整，可使用"图片工具"。这些工具将在选择了图片后变为可用。

图中：

① 选择图片；

② "图片工具"将显示在功能区上方。使用"格式"选项卡上的选项可以处理图片。

这些工具分别适用于可以插入的各种内容：从表格、图表和 SmartArt 图形到文本框、形状、声音和视频。只需选择插入的项目便可查看功能区上的相关选项卡，如图 7-12 所示。

图 7-12　图片工具

5．排列幻灯片元素

将所需的全部内容添加到幻灯片中，通过排列使内容井然有序。例如，在此图片中，包含标题的文本框在与图片均匀对齐后显示效果最佳。为此，可以采用左对齐，也可以适当进行居中对齐。

可以使用"排列"命令对齐幻灯片元素，如图 7-13 所示。

图中：

① 要使标题与图片左对齐，先选择这两个占位符；

② 在"图片工具"中，找到"格式"选项卡上的"排列"组；

③ 单击"对齐"按钮，然后单击"左对齐"。

"排列"命令也可以从"开始"选项卡上的"绘图"组中找到。

图 7-13　排列各元素

7.1.3　校对、打印和放映

首先，在计算机上放映幻灯片，以此来进行预览；然后运行拼写检查、添加他人的意见并检查备注；接着使用打印预览查看备注和讲义打印后的外观，并为它们选择适当的打印选项；一切准备就绪后，将演示文稿放在可在演示时访问的 CD 或计算机上。进行此操作时，可以使用 PowerPoint 的打包功能。

1．在计算机上预览

创建放映时，可以随时在"幻灯片放映"视图中进行预览，了解幻灯片在实际放映时的外观和行为，如图 7-14 所示。

图中：

① 要打开"幻灯片放映"视图，单击"幻灯片放映"选项卡，然后单击"开始放映幻灯片"组中的一个命令，以便从第 1 张幻灯片或当前幻灯片开始放映；

②"幻灯片放映"视图将以全屏显示；

③ 在幻灯片之间导航的一种方式是使用位于屏幕左下角的"幻灯片放映"工具栏。它上面设有导航箭头，当光标置于该区域中时，将显示这些箭头；

④ 要随时退出"幻灯片放映"视图，按 Esc 键会返回到之前离开的视图，通常是"普通"视图。在"普通"视图中，可以对幻灯片进行必要的更改，然后再预览幻灯片放映。效果如图 7-14 所示。

图 7-14　放映幻灯片

打开"幻灯片放映"视图的其他方式包括以下内容。

- 按 F5 键，从第 1 张幻灯片开始放映。
- 按 Shift+F5 组合键，从当前幻灯片开始放映。
- 单击位于 PowerPoint 窗口右下角的"显示比例"滑块旁边的"幻灯片放映"按钮，将从"幻灯片"选项卡上当前选择的幻灯片开始放映。
- 单击"视图"选项卡上的"幻灯片放映"按钮，将从第 1 张幻灯片开始放映，而不考虑当前选定的是哪一张幻灯片。

2．检查拼写

在进行演示前，需要剔除所有拼写错误并找出其他错误和缺陷。为此，转到功能区上的"审阅"选项卡来运行拼写检查。其他人员在审阅幻灯片时也可以使用该选项卡添加批注，如图 7-15 所示。

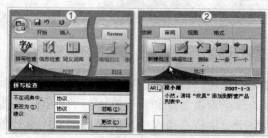

图 7-15　检查拼写，发送文件请求批注

①　在"审阅"选项卡上的"校对"组中，单击"拼写检查"，然后在拼写检查器检查幻灯片时进行适当的选择。

②　在进行演示前，还可能希望让其他人审阅演示文稿并做出批注。在"审阅"选项卡上，可以在"批注"组中找到"新建批注"命令。要添加批注的人员只需单击该命令并输入批注即可，每张幻灯片都是如此。当查看批注时，可以使用"批注"组中的"上一个"和"下一个"在批注之间导航。

如果确实要让其他人审阅演示文稿，PowerPoint 可以自动将演示文稿附加到电子邮件中，从而来帮助实现这一过程。

3．打印讲义

PowerPoint 为观众提供的最常见的打印样式类型称为讲义。讲义可以在每页包含一张或若干张幻灯片，最多不超过 9 张，如图 7-16 所示。

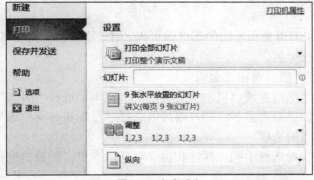

图 7-16　打印讲义

使用"打印"来选择所需的讲义类型，这样在打印之前便可查看讲义的外观。为此，在"文件"菜单上单击"打印"。

（1）在"打印"中，单击"9 张水平放置的幻灯片"框旁边的箭头来显示打印内容列表。

（2）从该列表中选择一种讲义类型。

（3）当单击该讲义类型时，将显示使用此格式打印幻灯片时的预览效果。可以在所有讲义页面之间进行导航。每页包含 3 张幻灯片的讲义类型还为观众提供了一些备注行。

在准备好打印后，单击"打印"按钮。

4．打印演讲者备注

已经打印了要分发给观众的讲义，现在，打印演讲者备注，以便在演示时参考。

在打印演讲者备注之前最好先检查一下。看看它们的外观是否符合要求。为此，单击"文件"菜单上的"打印"。在"设置"选项下单击"整页幻灯片"选项，在打开的选项卡中，选择"打印版式"列表中的"备注页"，这将在预览窗口中显示备注页。如果未指定其他设置，预览将从第 1 张幻灯片开始。

如果发现某些内容的格式并不是所需的格式，或者看到备注文本因超出文本占位符的空间而被截断，需要在"备注页"视图或"普通"视图中修复备注。在检查完备注并准备好打印后，单击"打印"按钮。

5. 向讲义和备注中添加页脚文本

通过"打印"，还可以在讲义和备注中添加或调整页脚，如图 7-17 所示。

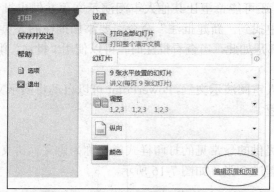

图 7-17　添加页脚文本

默认情况下，打印的讲义和备注中都包含页码。如果需要在讲义和备注中显示其他内容，如页脚文本，执行下列步骤。

（1）单击"打印"，然后单击"编辑页眉和页脚"。

（2）要显示诸如"草稿"或"机密"之类的页脚文本，选择"页脚"选项，然后在该框中输入所需的文本。如果需要显示日期，则可以选择"日期和时间"选项，然后在该对话框的相应区域中设置适当的选项。

在"页眉和页脚"对话框中的"备注和讲义"选项卡上，所做的选择将应用于所有讲义和备注页。

提示： 可以在创建演示文稿的过程中随时设置页眉和页脚。要打开"页眉和页脚"对话框，可使用功能区上的"插入"选项卡。

6. 用于打印的颜色选项

根据计算机连接的打印机类型，可以使用 3 种方式来打印演示文稿：一是使用"颜色"，二是使用"灰度"，三是使用"纯黑白"。其中，灰度由黑色和白色组合的各种色调的灰色组成；纯黑白则除去了大多数灰色并使用最少的印墨，如图 7-18 所示。

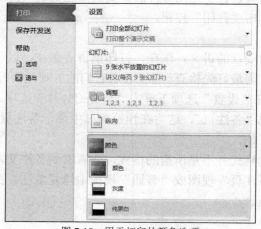

图 7-18　用于打印的颜色选项

（1）在"打印"中，单击"设置"列表中的"颜色"选项卡，然后从菜单中选择所需的选项。预览和打印时，幻灯片将应用该选项。注意，如果要使用黑白打印机进行打印，则"颜色"选项将变为"彩色（黑白打印机）"，并且所有幻灯片的颜色都将使用黑色、白色以及灰色底纹来呈现。

（2）第 1 个预览示例显示了将用彩色打印的幻灯片。

（3）第 2 个预览示例显示了将用灰度打印的幻灯片。虽然背景设置为白色，但某些区域仍带有颜色，如标题下方以及幻灯片底部的水平横幅。

（4）最后一个预览示例显示了将使用纯黑白打印的幻灯片。

7．将演示文稿打包

通过 PowerPoint 的"打包成 CD"功能，可以将演示文稿文件以及演示所需的所有其他文件捆绑在一起，并将它们复制到一个文件夹中或直接复制到 CD 中。如果将文件复制到文件夹中，可以在以后将该文件夹刻录到 CD 上。也可以将文件复制到可从演示计算机访问的网络服务器上。

要将演示文稿以及相关文件打包，执行下列操作。

（1）单击"文件"。

（2）指向"保存并发送"，然后单击"将演示文稿打包成 CD"。

（3）在打开的对话框中，单击"打包成 CD"，选择要包括在包中的内容，将选择的文件复制到文件夹或 CD 中，如图 7-19 所示。

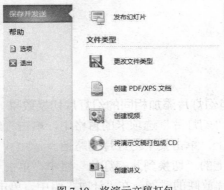

图 7-19　将演示文稿打包

提示：要从 PowerPoint 打包并复制到 CD 中，计算机必须运行 Microsoft Windows 7.0 或更高版本并且必须安装了 CD 刻录机。如果运行的是 Microsoft Windows XP，则仍可使用此功能将演示文稿文件打包到文件夹中，然后使用刻录程序将该文件夹刻录到 CD 上。

7.2　任务 2——使用动画

本节学习：

- 切换；
- "进入"动画；

- "退出"动画；
- "强调"动画；
- 动作路径。

7.2.1　幻灯片切换

幻灯片切换效果是在"切换"视图中从一个幻灯片移到下一个幻灯片时出现的类似动画的效果。用户可以控制每个幻灯片切换效果的速度，还可以添加声音。

PowerPoint 2010 包含很多不同类型的幻灯片切换效果，如图 7-20 所示（但不限于这些切换）。若要查看更多切换效果，在"快速样式"列表中单击"其他"按钮。

图 7-20　切换样式

① 切出。
② 淡出。
③ 推进。
④ 擦除。
⑤ 分割。
⑥ 显示。
⑦ 随机线条。
⑧ 形状。
⑨ 揭开。
⑩ 覆盖。

1．向演示文稿中的所有幻灯片添加相同的幻灯片切换效果

（1）在包含"大纲"和"幻灯片"选项卡的窗格中，单击"幻灯片"选项卡。

（2）在"开始"选项卡上，单击某个幻灯片缩略图。

（3）在"切换"选项卡上的"切换到此幻灯片"组中，单击一个幻灯片切换效果。

（4）若要设置每张幻灯片放映的时间，在"计时"组中，单击"持续时间"旁边的箭头，调节所需的时间，也可在"设置自动换片时间"中设置幻灯片放映的时间。

（5）在"切换到此幻灯片"组中，单击"全部应用"。

2．向演示文稿中的幻灯片添加不同的幻灯片切换效果

（1）在包含"大纲"和"幻灯片"选项卡的窗格中，单击"幻灯片"选项卡。

（2）在"开始"选项卡上，单击某个幻灯片缩略图。

（3）在"切换"选项卡上的"切换到此幻灯片"组中，单击要用于该幻灯片的幻灯片切换效果。

（4）若要设置幻灯片放映时间，在"计时"组中，单击"持续时间"旁边的箭头，调节幻灯片放映的时间，也可在"设置自动换片时间"中设置幻灯片放映的时间。

（5）若要将不同的幻灯片切换效果添加到演示文稿中的另一个幻灯片，重复步骤（2）～步骤（4）。

3．向幻灯片切换效果添加声音

（1）在包含"大纲"和"幻灯片"选项卡的窗格中，单击"幻灯片"选项卡。

（2）在"开始"选项卡上，单击某个幻灯片缩略图。

（3）在"切换"选项卡上的"计时"组中，单击"声音"旁边的箭头，然后执行下列操作之一。

- 若要添加列表中的声音，选择所需的声音。
- 若要添加列表中没有的声音，选择"其他声音"，找到要添加的声音文件，然后单击"确定"按钮。

（4）若要将声音添加到其他幻灯片切换效果，重复步骤（2）和步骤（3）。

图 7-21 所示为幻灯片 1 通过"溶解"切换方式过渡到幻灯片 2。

图 7-21　切换示意图

7.2.2　动画效果——"进入"

通过将声音、超链接、文本、图形、图示、图表以及对象制作成动画（动画：给文本或对象添加特殊视觉或声音效果。例如，可以使文本项目符号点逐字从左侧飞入，或在显示图片时播放掌声），可以突出重点，控制信息流，还可以增添演示文稿的趣味性。

PowerPoint 的工作区好比是舞台，各种对象（表、图形、图片、符号、文字）相当于演员，PowerPoint 的设计者类似于导演。对于"导演"来说，需要安排演员什么时候进来、什么时候退出、什么时候造型。对应于 PowerPoint，是动画效果：进入、退出和强调。从现在开始，必须建立"导演"观，只有这样，才能设计出好的 PowerPoint 作品。

图 7-22 上有 8 张图片，构成一张澳大利亚的导游图，每张图片可以选择"进入"的方式，这就是进入动画效果。应用动画效果"进入"步骤如下。

图 7-22　动画效果"进入"

（1）选择要添加进入动画效果的第 1 个对象。

（2）选择"动画"选项卡下的"动画"组。

（3）在"动画"组中，单击"飞入"，如图 7-23 所示。

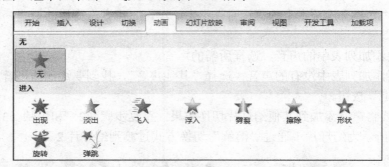

图 7-23　选择进入效果

（4）要指定飞入效果的设置，在"飞入"下执行下列操作。

- 要指定飞入效果如何以及何时开始，在"计时"选项卡"开始"中选择"单击时"。
- 要指定飞入的方向，在"动画"组"效果选项"中单击箭头，在方向列表中选择"自左侧"。
- 要指定进入的速度，在"计时"组"持续时间"中设置时间。

（5）对要添加这种进入动画效果的每一个对象重复步骤（1）到步骤（4）。

（6）测试动画效果。

注释：动画效果按照添加顺序依次显示在"动画窗格"列表中，单击"高级动画"选项卡中的"动画窗格"即可打开"动画窗格"列表，图 7-22 中所示的数字为动作编号。

7.2.3　动画效果——"退出"

在导演一部电影的时候，经常这样设计：演员 A 进入，演员 B 离场。同样，在设计 PPT 的时候，也需要设计对象的进入和退出。可以设计：袋鼠"飞入"进入—袋鼠"飞出"离开—"Australia""上升"进入，如图 7-24 所示。

图 7-24　动画效果"退出"示例

应用动画效果"退出"步骤如下。

（1）选择要添加退出动画效果的对象。

（2）在"高级动画"任务窗格中，单击"添加动画"下的箭头，在"退出"选项列表下选择"飞出"，也可以选择"更多退出效果"，在"添加退出效果"对话框中选择其他"退出"效果，然后单击"确定"按钮。

（3）要指定退出效果的设置，在"修改：飞出"下执行下列操作。

- 要指定飞出效果如何以及何时开始，在"计时"选项卡"开始"列表中选择"单击时"。
- 要指定飞出的方向，在"动画"选项卡"效果选项"下"方向"列表中选择"自底部"。
- 要指定飞出的速度，在"计时"选项卡"持续时间"中利用箭头调节时间。

（4）对要添加退出动画效果的每个对象重复步骤（1）～步骤（3）。

（5）测试动画效果。

注释：动画效果按照添加顺序依次显示在"动画窗格"列表中。

7.2.4　动画效果——动作路径

在对象应用动作路径（动作路径：指定对象或文本沿行的路径，它是幻灯片动画序列的一部分。）前，需要先将对象（如图片或剪贴画）添加到幻灯片，方法是使用 Microsoft 剪辑管理器中的剪贴画（剪贴画：一张现成的图片，经常以位图或绘图图形的组合形式出现）。要选择具有透明背景的剪贴画或图片，因为在应用动作路径时，剪贴画看上去（没有背景）是作为单个对象在幻灯片内移动的。

（1）将对象添加到幻灯片后，再将其拖到幻灯片上要开始移动的位置。

（2）单击该对象。

（3）在"动画"选项卡上的"动画"组中，单击"其他"选项箭头，出现下拉菜单。

（4）在"动作路径"列表下单击"自定义路径"。

注释：此时指针将变为笔。

（5）以该剪贴画或其他对象为起点，在幻灯片上绘制对象将要沿行的路径，然后单击对象应停止移动的位置。

（6）测试动画效果（如图 7-25 所示）。

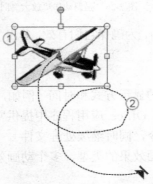

图 7-25　动作路径

7.2.5　动画效果——"强调"

当某对象出现（进入）后，可以对其施加效果，如颜色变化、大小变化、闪烁等，这就是从 PowerPoint 2003 版本开始增加的功能——"强调"。添加适当的"强调"可以使作品的动作流畅，具有视觉冲击力。"强调"动画的出现，使很多镜头动作得以实现，如镜头拉近、移动、晃动等。

应用动画效果"强调"步骤如下。

（1）选择要添加"强调"动画效果的对象。

（2）在"动画"任务窗格中，单击"其他"箭头，出现下拉菜单，在"强调"列表中选择效果；也可以选择"更多强调效果"，在"更改强调效果"对话框中选择其他更多强调效果。

（3）在"强调"列表中指向"放大/缩小"，然后单击鼠标。

（4）指定强调效果的设置，在"放大/缩小"下执行下列操作。

- 要指定放大/缩小效果如何以及何时开始，在"计时"选项卡"开始"中选择"单击时"。
- 要指定放大/缩小的比例，在"尺寸"列表选择"150%"。
- 要指定放大/缩小的速度，在"计时"选项卡"期间"中选择"中速（2秒）"。

（5）对要添加强调动画效果的每个对象重复步骤（1）到步骤（4）。

（6）测试动画效果（如图7-26所示）。

图7-26　强调动作"放大/缩小"

添加一个或多个动画效果后，为确保它们有效，单击"动画窗格"任务窗格上方的"播放"。

7.2.6　动画时间设置

要控制项目在演示过程中的显示方式和时间（例如，单击鼠标时从左侧飞入），使用"动画窗格"任务窗格（任务窗格：Office 应用程序中提供常用命令的窗口。它的位置适宜，尺寸又小，可以一边使用这些命令，同时继续处理文件）。"动画窗格"任务窗格允许查看有关动画效果的重要信息，包括动画效果的类型、多个动画效果之间的相对顺序以及动画效果的部分文本。

1．动画任务窗格

图7-27显示了两个动画任务窗格，意义如下。

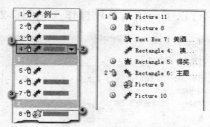

图 7-27　动画任务窗格

① 图标指示幻灯片上的动画效果相对于其他事件的计时。包括下列选项。

- 单击开始（鼠标图标，如此处所示）：动画效果在单击幻灯片时开始。
- 从上一项开始（无图标）：动画效果在列表中的上一个效果开始播放时开始（即一次单击执行两个或多个动画效果）（见图 7-27 右图）。
- 从上一项之后开始（时钟图标）：动画效果在列表中的上一个效果播完后立即开始（即，无需再次单击便可开始下一个动画效果），如图 7-27 右图所示。

② 选择列表中的项目后会看到一个菜单图标（三角形），然后单击该图标即可显示菜单，如图 7-27 左图所示。

③ 编号指示动画效果的播放顺序，并且对应于普通视图（显示有"动画窗格"任务窗格）中与动画项目关联的标签。

④ 图标代表动画效果的类型。在本示例中，它代表"强调"效果。

幻灯片上的动画项目通过不可打印的编号标记进行注释。此标记对应于"自定义动画"列表中的效果并显示在文本或对象的旁边。仅在显示了"动画窗格"任务窗格时，普通视图中才会显示该标记。

多种计时选项有助于确保动画播放平顺自然。可以设置与开始时间（包括延迟）、速度、持续时间、循环（重复）和自动快退相关的选项。

2．设置开始时间选项

（1）单击包含要指定其开始选项的动画的文本或对象。

（2）在"动画"选项卡上的"计时"组中的"开始"一项中选择。

（3）在"动画窗格"列表中，单击动画效果，然后执行下列操作之一。

- 要在单击幻灯片时开始动画效果，在"计时"组中的"开始"一项中选择"单击时"。
- 要在列表中的上一个效果开始时开始该动画效果（即一次单击执行两个动画效果），在"计时"组中的"开始"一项中选择"与上一动画同时"。
- 要在列表中的上一个效果完成播放后开始该动画效果（即无需再次单击便可开始下一个动画效果），在"计时"组中的"开始"一项中选择"上一动画之后"。

如果这是幻灯片上的第 1 个动画效果，则将标记为"0"，并在演示文稿中显示该幻灯片时立即开始播放。

3．设置延迟或其他计时选项

（1）单击包含要设置其延迟或其他计时选项的动画效果的文本或对象。

（2）在"动画"选项卡上的"高级动画"组中，单击"动画窗格"打开"动画窗格"。

（3）在"动画窗格"列表中，单击动画效果旁边的箭头，然后从快捷菜单中选择"计时"。

单击"计时"选项卡，然后执行以下一项或多项操作（见图7-28）。

图7-28 设置延迟或其他计时选项

- 要在一个动画效果结束和新动画效果开始之间创建延迟，在"延迟"框中输入一个数字。
- 要设置新动画效果的播放速度，在"期间"列表中选择相应的选项。
- 要重复播放某个动画效果，在"重复"列表中选择相应的选项。
- 要使某个动画效果在播完后自动返回到其最初的外观和位置，选中"播完后快退"复选框。例如，在飞旋退出效果播完后，该项目将重新显示在幻灯片上的最初位置上。

7.2.7 为动画或超链接添加声音效果

1．为动画添加声音

在为动画添加声音之前，必须已经向文本或对象添加了动画效果。

（1）单击包含要为其添加声音的动画效果的幻灯片。

（2）在"动画"选项卡上的"高级动画"组中，单击"动画窗格"按钮。

（3）在"动画窗格"任务窗格中，单击列表中的动画效果右边的箭头，然后单击"效果选项"。

（4）在"效果"选项卡上的"增强"项下，单击"声音"列表中的箭头，然后执行下列操作之一。

- 若要从列表中添加声音，单击要选择的声音。
- 若要从文件中添加声音，单击"其他声音"，然后找到想要使用的声音文件。

2．使用声音突出超链接

（1）选择该超链接。

（2）在"插入"选项卡上的"链接"组中，单击"动作"按钮。

（3）执行下列操作之一。

- 若要在单击超链接后应用动作设置，单击"单击鼠标"选项卡。
- 若要在指针停留在超链接上时应用动作设置，单击"鼠标移过"选项卡。

（4）选中"播放声音"复选框，然后单击要播放的声音。

7.3　任务 3——插入声音和影片

本节学习：
- 添加声音；
- 播放 CD；
- 添加影片。

7.3.1　在演示文稿中添加和播放声音

1．关于声音

在幻灯片上插入声音时，将显示一个表示所插入声音文件的图标。若要在进行演示时播放声音，可以将声音设置为在显示幻灯片时自动开始播放、在单击鼠标时开始播放、在一定的时间延迟后自动开始播放或作为动画序列的一部分播放。还可以播放 CD 中的音乐或向演示文稿添加旁白。

可以通过计算机、网络或 Microsoft 剪辑管理器中的文件添加声音。也可以自己录制声音，将其添加到演示文稿中，或者使用 CD 中的音乐。

可以预览声音，还可以隐藏声音图标或将其从幻灯片中移到灰色区域，在幻灯片放映过程中不显示声音图标。

如果使用声音效果的目的是为了进行强调，也许希望声音只播放一次，这也是 PowerPoint 中声音的默认行为。若要使声音在停止之前一直播放，或使声音在演示期间一直播放，则需要在"动画窗格"任务窗格中选择停止选项，或者将声音设置为连续播放。如果不选择声音的停止时间，将在再次单击幻灯片时停止播放。

只有.wav（波形音频数据）（WAV：一种 Windows 用来将声音存储为波形的文件格式。这类文件的扩展名为.wav。持续 1min 的声音所占存储空间可少到 644 KB 或多达 27 MB，具体情况取决于多种因素的综合作用）声音文件才可以嵌入，所有其他的媒体文件类型都只能以链接的方式插入。默认情况下，如果.wav 声音文件的大小超过 100 KB，将自动链接（链接对象：该对象在源文件中创建，然后被插入目标文件中，并且维持两个文件之间的链接关系。更新源文件时，目标文件中的链接对象也可以得到更新）到演示文稿，而不采用嵌入（嵌入对象：包含在源文件中并且插入目标文件中的信息/对象。一旦嵌入，该对象成为目标文件的一部分。对嵌入对象所做的更改反映在目标文件中。）的方式。最大可将.wav 嵌入文件的大小限制值增加到 5MB，但提高此限制也会增加整个演示文稿的大小。

插入链接的声音文件时，PowerPoint 会创建一个指向该声音文件当前位置的链接。如果之后将该声音文件移动到其他位置，则需要播放该文件时 PowerPoint 会找不到文件。最好在插入声音前，将其复制到演示文稿所在的文件夹中。PowerPoint 会创建一个指向该声音文件的链接，即使将该文件夹移动或复制到另一台计算机上，只要声音文件位于演示文稿文件夹中，PowerPoint 就能找到该文件。确保链接文件位于演示文稿所在文件夹中的另一种方法是使用"打包成 CD"功能。此功能可将所有文件复制到演示文稿所在的位置（CD 或文件夹），并自动更新声音文件的所有链接。当演示文稿包含链接的文件时，如果打算在另一台计算机上进行演示或用电子邮件发送演示文稿，必须一同复制演示文稿及其链接的文件。

如果希望.wav 声音文件包含在演示文稿中，可以增加嵌入文件的大小，最高可达到 50MB。但提高此限制值也会增加整个演示文稿的大小，并可能会减慢演示文稿的演示速度。

2．添加声音

为防止可能出现的链接问题，最好在添加到演示文稿之前将这些声音复制到演示文稿所在的文件夹。

（1）在包含"大纲"和"幻灯片"选项卡的窗格中，单击"幻灯片"选项卡。

（2）单击要添加声音的幻灯片。

（3）在"插入"选项卡上的"媒体"组中，单击"音频"下的箭头。

（4）执行下列操作之一。

- 单击"文件中的音频"，找到包含所需文件的文件夹，然后双击要添加的文件。
- 单击"剪贴画音频"，滚动"剪贴画"任务窗格，找到所需的剪辑，然后单击剪辑，将其添加到幻灯片中。

提示：可以在添加到演示文稿之前预览剪辑。在"剪贴画"任务窗格中显示可用剪辑的"结果"框中，将鼠标指针移到该剪辑的缩略图上，单击出现的箭头，然后单击"预览/属性"。

3．预览声音

（1）在幻灯片上，单击声音图标。

（2）在"音频工具"下的"播放"选项卡上，在"预览"组中，单击"播放"；也可以双击声音图标。

4．选择"自动"或"在单击时"

- 若要在放映该幻灯片时自动开始播放声音，在"音频工具"下的"播放"选项卡上单击"自动"，在"音频选项"组中"开始"一项中选择"自动"。

放映幻灯片时，如果没有其他媒体效果，会自动播放此声音。如果还有其他效果（如动画），则将在该效果后播放声音。

- 若要通过在幻灯片上单击声音来手动播放，在"音频工具"下的"播放"选项卡上单击"自动"，在"音频选项"组中"开始"一项中选择"单击时"。
- 插入声音时，会添加一种播放触发器效果。该设置之所以称触发器是因为，必须单击某一特定区域（与只需单击幻灯片不同）才能播放声音。一般建议在"效果选项"的计时选项卡勾选"部分单击序列动画"去掉触发器。

注释：如果添加了多个声音，则会层叠在一起，并按照添加顺序依次播放。如果希望每个声音都在单击时播放，则在插入声音后拖动声音图标，使它们互相分开。

5．连续播放声音

可以只在一张幻灯片放映期间连续播放某个声音，也可以跨多张幻灯片连续播放。

（1）在一张幻灯片放映期间连续播放声音

- 单击声音图标。
- 在"音频工具"下的"播放"选项卡上，在"音频选项"组中，选中"循环播放，直到停止"复选框。

注释：循环播放时，声音将连续播放，直到转到下一张幻灯片为止。

（2）跨多张幻灯片播放声音

- 在"动画"选项卡的"高级动画"组中，单击"动画窗格"。
- 在"动画窗格"任务窗格中，单击"动画窗格"列表中所选声音右侧的箭头，然后单击"效果选项"。
- 在"效果"选项卡上的"停止播放"下，单击"在（F）张幻灯片后"，然后选择该文件的幻灯片总数，如图 7-29 所示。

　　注释：声音文件的长度应等于为这些幻灯片指定的显示时间。可以从"音频设置"选项卡上的"信息"项下查看声音文件的长度。

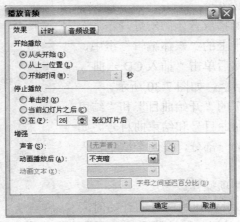

图 7-29　效果选项

6. 隐藏声音图标

　　只有将声音设置为自动播放，或者创建了其他类型的控件（单击该控件可播放声音，如触发器）时，才可使用该选项。（触发器是幻灯片上的某个元素，如图片、形状、按钮、一段文字或文本框，单击它可引发一项操作。）注意，在"普通"视图中，如果不把声音图标拖到幻灯片之外，将会一直显示图标。

　　隐藏声音图标方法如下。

　　（1）单击声音图标。

　　（2）在"音频工具"下的"播放"选项卡上，在"音频选项"组中，选中"放映时隐藏"复选框。

7. 设置声音的开始和停止选项

　　（1）若要调整声音文件的播放时间或停止时间设置，单击声音图标。

　　（2）在"动画"选项卡的"高级动画"组中，单击"动画窗格"。

　　（3）在"动画窗格"任务窗格中，单击"动画窗格"列表中所选声音右侧的箭头，然后单击"效果选项"。

　　（4）执行下列操作之一。

- 选择声音的开始播放时间。
- 选择声音的停止播放时间。

7.3.2　在演示期间播放 CD

注：这是 PPT2007 具有的功能，2010 版本取消了此项功能。

在创建了自我运行的演示文稿之后，可能想要添加音乐以伴随演示文稿播放，或者可能想要在演示之前观众进场时或演示之后观众退场时播放音乐。

CD 中的音乐不会被添加到演示文稿中，因此音乐将不会增加演示文稿的文件大小。不过，需要记得在演示文稿时随身带上相应的 CD。

1．将音频添加到演示文稿中的幻灯片

（1）将 CD 插入 CD 驱动器。

（2）单击要在其上开始播放音乐的幻灯片。

（3）在"插入"选项卡上的"媒体编辑"组中，单击"声音"下的箭头，然后单击"插入 CD 乐曲"，弹出"插入 CD 乐曲"对话框，如图 7-30 所示。

（4）在"剪辑选择"下的"开始曲目"和"结束曲目"框中，分别输入开始曲目号和结束曲目号。如果只播放一首曲目或曲目的一部分，在两个框中输入相同的编号。

（5）执行以下一项或两项操作。

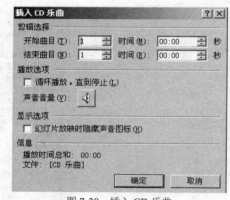

图 7-30　插入 CD 乐曲

- 在"时间"框中，设置开始曲目的开始时间和结束曲目的结束时间。默认情况下，开始时间为零，结束时间为结束曲目的总分钟数。
- 如果想要重复播放音乐，在"播放选项"下，选中"循环播放，直到停止"复选框。

（6）当提示指定在演示文稿中启动声音所要使用的方式时，执行下面的操作之一。

- 若要在转到该幻灯片时自动播放音乐，单击"自动"。
- 若要在单击 CD 图标时播放音乐，单击"在单击时"。

如果选择通过单击鼠标来启动音乐，则 CD 图标将出现在幻灯片上，即使已选中"放映时隐藏"复选框也同样会显示。

2．调整音频设置

（1）若要调整何时停止音乐的设置，在"动画"选项卡上的"动画"组中，单击"自定义动画"。

（2）在"自定义动画"任务窗格中，单击"自定义动画"列表中选定声音右边的箭头，然后单击"效果选项"。

（3）在"效果"选项卡上的"停止播放剪辑"下，执行下面的操作之一。

- 若要通过在幻灯片上单击鼠标来停止音乐，选择"单击时"。
- 若要在此幻灯片之后停止音乐，单击"当前幻灯片之后"。
- 若要连续为若干幻灯片播放音乐，单击"之后"，然后设置播放音乐的幻灯片的总数。

注释：

- 若要在不同的幻灯片中播放不同的 CD 曲目，重复上面的"将音频添加到演示文稿中的幻灯片"过程中的第（3）步到第（6）步，通过使用"播放 CD 乐曲"添加声音，然后为每张幻灯片设置曲目和计时；

- 如果将演示文稿设置为连续播放，则当演示文稿重新开始时，CD 将继续播放编排的第一首曲目；
- 在"CD 音频工具"下的"选项"选项卡上，在"设置"组中可以更改 CD 设置，如曲目号或开始时间和结束时间；
- 如果播放多个曲目，CD 上各曲目之间静音时间是无法消除的。尝试选择一首与演示文稿的长度对应的长曲目；
- 若要在 CD 驱动器中没有 CD 的情况下播放来自 CD 中的音轨，可以将声音文件保存为 WAV 格式。

7.3.3　在演示文稿中添加和播放影片

1. 影片和动态 GIF 文件概述

影片属于桌面视频文件，其格式包括 AVI 或 MPEG，文件扩展名包括.avi、.mov、.mpg 和.mpeg。典型的影片可能包含一个演讲者的发言，如无法亲自参加会议的执行官的讲话。可以使用影片开展培训或进行演示。

动态 GIF（GIF：一种图形文件格式（Windows 中的.gif 扩展名），用于在网上显示彩色图形。它最多支持 256 种颜色，而且使用的是无损压缩，这意味着压缩文件时没有损失任何图像数据）文件包含动画，其文件扩展名为.gif。尽管从技术上讲，动态 GIF 文件不是影片，但它们包含多个图像，按顺序播放图像即可产生动画效果。GIF 文件通常用于装点设计或网站。Microsoft Office 中的"剪贴画"功能将 GIF 文件归为影片剪辑一类，但实际上这些文件并不是数字视频，因此并非所有影片选项都适用于动态 GIF 文件。

可以从计算机中的文件、Microsoft 剪辑管理器、网络或 Intranet 中向幻灯片添加影片和动态 GIF 文件。若要添加影片或动态 GIF 文件，将其插入特定的幻灯片中。可以使用多种方式播放影片或 GIF 文件：显示幻灯片时自动播放、单击时播放或创建一个计时用于特定的延迟后播放，还可以跨多张幻灯片播放影片或在整个演示文稿中连续播放影片，或者设置影片选项，如隐藏影片框或调整框的大小。

与图片或图形不同，影片文件始终都链接到演示文稿，而不是嵌入到演示文稿中。插入链接的影片文件时，PowerPoint 会创建一个指向影片文件当前位置的链接。如果之后将该影片文件移动到其他位置，则在播放时，PowerPoint 将找不到文件。最好在插入影片前将影片复制到演示文稿所在的文件夹中。PowerPoint 会创建一个指向影片文件的链接，只要影片文件位于演示文稿文件夹中，PowerPoint 就能够找到该影片文件；即使将该文件夹移动或复制到其他计算机上，也不例外。确保链接文件位于演示文稿所在文件夹中的另一种方法是使用"打包成 CD"功能。此功能可将所有的文件复制到演示文稿所在的位置（CD 或文件夹中），并自动更新影片文件的所有链接。当演示文稿包含链接的文件时，如果打算在另一台计算机上进行演示或用电子邮件发送演示文稿，必须将链接的文件和演示文稿一同复制。

插入影片时，会添加暂停触发器效果。这种设置之所以称为触发器是因为必须单击幻灯片上的某个区域才能播放影片。在幻灯片放映中，单击影片框可暂停播放影片，再次单击可继续播放。

（1）将播放和暂停效果用于自动开始播放的影片

插入影片，然后选择"自动"时，"动画窗格"任务窗格中会添加两种效果：暂停效果和播放效果。如果没有暂停效果，则每次单击影片时，都会从头开始重新播放，而不是先暂停，然后在再次单击时继续播放。

插入影片后，可以在"动画窗格"任务窗格中看到类似图 7-31 所示的内容。

在图 7-31 中，第 1 行（带 1 个"0"）为播放效果，表示自动开始。时钟图标符号代表启动设置，称为"从上一项之后开始"。通过该设置，可在显示完幻灯片或播放完另一效果（如果有）后自动开始播放。三角图标（类似于 VCR 或 DVD 播放器播放按钮上的符号）表示播放效果。

第 2 行是触发器栏，它下面（带"1"的行）是暂停效果。将看到一个鼠标图标和一个双杠符号（类似于 VCR 或 DVD 播放器上的暂停按钮符号）。不论影片是自动开始播放还是通过单击鼠标开始播放，都会添加这种效果。该效果位于触发器栏下方，表示必须单击影片才能开始播放，而不是单击幻灯片上的任意位置。

（2）将暂停效果用于单击时开始播放的影片

插入影片后，可以在"自定义动画"任务窗格中看到类似图 7-32 所示的内容。

图 7-31 影片触发器

图 7-32 影片暂停设置

与选择自动开始播放影片的效果不同，选择通过单击开始播放影片时，只会应用暂停效果：带鼠标图标和双杠（暂停）符号的行。

2. 添加影片

为防止可能出现的链接问题，向演示文稿添加影片之前，最好先将影片复制到演示文稿所在的文件夹。

（1）在"普通"视图中，单击要添加影片或动态 GIF 文件的幻灯片。

（2）在"插入"选项卡上的"媒体"组中，单击"视频"下方的箭头。

（3）执行下列操作之一。

- 单击"文件中的视频"，找到包含所需文件的文件夹，然后双击要添加的文件。
- 单击"剪贴画视频"，滚动"剪贴画"任务窗格以查找所要的剪辑，然后单击该剪辑将其添加到幻灯片中。

提示：添加到演示文稿之前，可以预览剪辑。方法是在"剪贴画"任务窗格中显示可用剪辑的"结果"框中，将鼠标指针移到该剪辑的缩略图上，单击出现的箭头，然后单击"预览/属性"。

3. 选择"自动"或"在单击时"

- 若要在放映幻灯片时自动开始播放影片，在"视频工具"下的"播放"选项卡上，在"视频选项"组中的"开始"中选择"自动"。影片播放过程中，可单击影片以暂停播放。要继续播放，再次单击影片。
- 若要通过在幻灯片上单击影片来手动开始播放，在"视频工具"下的"播放"选项卡上，在"视频选项"组中的"开始"中选择"单击时"。

插入影片时，会添加暂停触发器效果。它之所以称为触发器是因为必须单击幻灯片上的某个区域才能播放影片。在幻灯片放映中，单击影片框可暂停播放影片，再次单击可继续播放。

注释：可以随时更改此选项。单击影片，然后在"视频工具"下，单击"播放"选项卡。在"视频"选项组中选择所要的选项。

4．全屏播放影片

在演示过程中播放影片时，可使影片充满整个屏幕，而不是只将影片作为幻灯片的一部分进行播放，这被称为全屏播放影片。影片放大时可能会发生变形，这取决于原始影片文件的分辨率。通常需要预览一下影片。如果影片发生变形或变得模糊不清，可以撤销全屏选项。一般来说，如果将较小的影片设置为全屏播放，其放大后的效果不会很好。

如果将影片设置为全屏播放，同时又将其设置为自动开始播放，则可以将影片框从幻灯片拖入灰色区域，这样，影片框会在幻灯片上隐藏，或者在影片全屏播放之前短暂闪烁几下。

（1）在"普通"视图中，单击幻灯片上要全屏播放的影片框。

（2）在"视频工具"下的"播放"选项卡上，在"视频选项"组中，选中"全屏播放"复选框，如图 7-33 所示。

图 7-33　设置全屏播放

5．预览影片

（1）在"普通"视图中，单击幻灯片上要预览的影片框。

（2）在"视频工具"下的"播放"选项卡上，单击"预览"组中的"播放"，如图 7-33 所示。

提示：
- 在"普通"视图，也可以通过双击来预览影片。
- 如果影片或动态 GIF 文件是自定义动画序列的一部分，可在"动画窗格"任务窗格中单击"播放"以进行预览。
- 如果演示文稿有多张幻灯片，则使用标题占位符来标识包含影片框的幻灯片。这样，就能知道哪张幻灯片可以单击和播放。
- 如果插入的影片作为使用 Windows Media Player 播放的对象，可能需要在 Windows Media Player 中单击"停止""开始"和"暂停"按钮来控制影片的播放。

6．跨多张幻灯片播放影片

进入下一张幻灯片时，可能希望继续播放演示文稿中插入的影片。为此，需要指定影片应何时停止播放。否则，影片将在下次单击鼠标时停止播放。

（1）从"在单击时"切换到"自动"。
- 在"普通"视图中，单击影片。
- 在"视频工具"下的"播放"选项卡上，在"视频选项"组中的"开始"中选择"自动"。

（2）跨幻灯片连续播放影片。

- 在"普通"视图中，单击幻灯片上的影片框。
- 在"动画"选项卡上的"高级动画"组中单击"动画窗格"。
- 在"动画窗格"任务窗格中，单击表示影片播放效果的行（带三角形的行），单击箭头，然后单击"效果选项"。
- 若要连续播放多张幻灯片的影片，在"停止播放"下，单击"之后"，然后设置该文件应播放的幻灯片总数。

提示：如果该值设置为 999（最大值），并且影片足够长，将会在整个演示过程中一直播放影片；即使在演示文稿中添加或删除了幻灯片，也无需调整该值。

7. 在整个演示文稿中连续播放影片

有时可能希望在整个演示文稿放映期间播放某个影片，或者连续播放影片，直到停止播放为止。如果影片的长度短于演示文稿的长度，可将影片设置为播放结束后重新开始播放，这样，演示期间总会有影片的某一部分在播放。

（1）在"普通"视图中，单击幻灯片上的影片框。

（2）在"视频工具"下的"播放"选项卡上，在"视频选项"组中，选中"循环播放，直到停止"复选框。

提示：循环播放影片时，如果不单击影片，它将重复播放。还可以跨多张幻灯片播放影片。

7.4 任务4——排练和计时

可以排练演示文稿，以确保它满足特定的时间框架。进行排练时，使用幻灯片计时功能记录演示每个幻灯片所需的时间，然后在向实际观众演示时使用记录的时间自动播放幻灯片。

在创建自运行演示文稿时，幻灯片计时功能是一个理想选择。

7.4.1 对演示文稿的播放进行排练和计时

在完成下面的步骤（1）之后，立即做好对演示文稿进行演示的准备。

（1）在"幻灯片放映"选项卡上的"设置"组中，单击"排练计时"。此时将显示"预演"工具栏，并且"幻灯片放映时间"框开始对演示文稿计时，如图 7-34 所示。

图中：

① 下一张（前进到下一张幻灯片）；
② 暂停；
③ 幻灯片放映时间；
④ 重复；
⑤ 演示文稿的总时间。

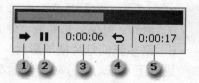

图 7-34 "预演"工具栏

（2）对演示文稿计时时，在"预演"工具栏上执行以下一项或多项操作。

- 要移动到下一张幻灯片，单击"下一张"按钮（用鼠标或者空格键）。
- 要临时停止记录时间，单击"暂停"按钮。

- 要在暂停后重新开始记录时间，单击"暂停"。
- 要重新开始记录当前幻灯片的时间，单击"重复"。

（3）设置了最后一张幻灯片的时间后，将出现一个消息框，其中显示演示文稿的总时间并提示执行下列操作之一。

- 要保存记录的幻灯片计时，单击"是"。
- 要放弃记录的幻灯片计时，单击"否"。

此时将打开"幻灯片浏览"视图，并显示演示文稿中每张幻灯片的时间。

7.4.2 关闭幻灯片计时

如果不希望通过使用记录的幻灯片计时来自动演示文稿中的幻灯片，执行以下操作来关闭幻灯片计时：

- 在"幻灯片放映"选项卡的"设置"组中，取消勾选"使用排练计时"复选框。

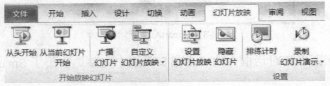

图 7-35 幻灯片放映面板

注释：要再次打开幻灯片计时，选中"使用排练计时"复选框。

7.5 任务 5——使用 SmartArt 图形

PowerPoint 2010 引入了 SmartArt 图形来为幻灯片内容添加图解。以一个简单的列表为例，可以使用形状和颜色构成图形，从而使列表变得更加生动，直观地显示流程、概念、层次结构和关系。

SmartArt 图形可以直观地呈现信息，而且也很容易创建。下面是使用 SmartArt 图形的一些方法。

- 可以将项目符号列表中的要点放到未采用严格竖排格式的相关形状中，也可以放到能够进行着色从而突出效果并使人一目了然的相关形状中。
- 使用一个记录主要里程碑的图形日程表来阐明生产计划，如图 7-36 所示。

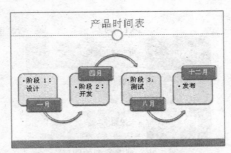

图 7-36 SmartArt 图形示例

- 显示一个流程，用相连的形状和箭头使顺序既直观又清楚。

7.5.1 SmartArt 图形类型

如果想要使用 SmartArt 图形，可以从布局库中选择。布局是指图形中形状的类型和排列方式以及形状的组合或连接方式，如图 7-37 所示。

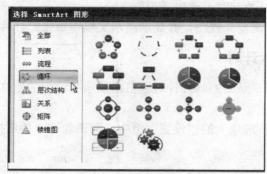

图 7-37 SmartArt 图形类型

"选择 SmartArt 图形"对话框内的"全部"类别中完整地收集了 SmartArt 图形的布局，分为以下几种类型：

- 列表；
- 流程；
- 循环；
- 层次结构；
- 关系；
- 矩阵；
- 棱锥图。

下面是两种列表类型的图形。

1．列表类型的图形

此 SmartArt 图形使用"列表"类型中的布局。此图形保留了垂直列表构思，但将左边形状中显示的概括性概念与详细信息分开了，详细信息保留在右边较长形状中并采用较小的文本字号。

对于需要进行分组但不遵循分步流程的项目，通常适合采用列表布局。若要使文本大小便于阅读，需要对放入图形形状中的文本数量加以限制。具体图形如图 7-38 所示。

图 7-38 列表类型的图形

2．带有图片的列表

此图形列表布局包括可用于所插入图片的形状。右边的形状中为说明性文本留出了空间。有一些其他列表布局也包括用于图片的形状，因此，在插入图片后，不必确定图片的位置和调整图片的大小，从而省下了不少麻烦。带有图片的列表，如图 7-39 所示。

图 7-39　带有图片的列表

7.5.2　创建 SmartArt 图形

1．将列表转换为图形

通过单击列表文本、单击功能区上的"转换为 SmartArt 图形"，然后选择打开库中显示的某个版式来转换列表。只需指向库中的版式缩略图，即可看到 SmartArt 图形的版式在幻灯片上的预览效果。转换列表时，库中显示的许多版式都属于"列表"版式类型，但是同时还会显示其他类型，以支持各种内容。

如果需要的版式不在初始库中，单击库底部的"其他 SmartArt 图形"，打开整个 SmartArt 版式库。此转换功能仅适用于占位符中或其他任何形状中的文本。

在提供 SmartArt 图形的 Microsoft Office 程序中，只有 PowerPoint 2010 能够将现有文本或列表转换为 SmartArt 图形。对于现有图表，有一种方法可以将它们更新为 SmartArt 图形，但是该方法与此转换功能不相关，如图 7-40 所示。

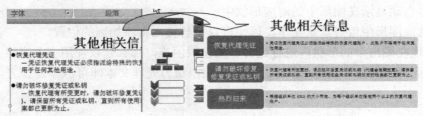

图 7-40　将列表转换为图形

> **提示**：由于 PowerPoint 2010 使列表转换为图形变得非常简便，因此有时可能想要转换所有列表。但是要谨慎地使用此功能，一定要确保图形格式确实有助于查看、记住和了解信息。另外记住，对于视力有障碍或阅读困难的人而言，纯文本列表有时比图形更有效。

2．从空白图形创建图形

如果想从将要在其中输入文本的图形开始，则需要打开 SmartArt 图形版式主库，然后选择一种版式。如图 7-41 所示，功能区上的"插入"选项卡是到达该库最明显的路径。步骤如下。

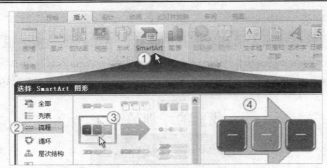

图 7-41　从空白图形创建图形

图中：

① 在"插入"选项卡上，单击"SmartArt"；

② 单击所需的图形类型；

③ 单击显示的版式之一；

④ 预览区域显示了该版式的大图示例和说明。单击"确定"将该版式放入幻灯片。

在 PowerPoint 2010 中，有另一种方法可以插入 SmartArt 图形：单击作为许多幻灯片版式一部分的 SmartArt 图形图标。SmartArt 图形库打开后，可以选择一个版式。要在幻灯片上显示该组图标，需要应用包含该组图标的幻灯片版式。此方法的一个优点是，图形始终插入到包含图标的占位符中。如果幻灯片版式中有两个可以包含图形的占位符，将容易出现问题。如果使用所需占位符中的SmartArt 图形图标来插入图形，则肯定可以将它插入到需要的位置。

3．将文本添加到图形中

每个 SmartArt 图形都包含一个文本窗格，可以选择使用或不使用该窗格。该窗格用于输入图形的文本以及对图形进行其他类型的编辑，也可以直接在图形中进行操作，如图 7-42所示。

图中：

① 文本窗格位于图形旁；

② 在窗格中输入文本；

③ 文本自动显示在图形中的对应形状中；

④ 注意，图形中带有默认文本，以便可以了解文本将添加到的位置。

如果发现在图形中的形状内进行选择和操作很困难，那么建议使用文本窗格。这样就不必再为输入而将时间花在选择形状上了，只需集中精力处理文本即可。总而言之，选择适合的方法即可。

图 7-42　将文本添加到图形中

在任何情况下，如果有大量文本需要输入，或者需要空间来组织文本，文本窗格是非常方便的。另外，还可以通过在文本窗格中执行操作来处理文本和形状，也就是对它们执行添加、删除和移动等操作。

7.5.3 案例——编辑企业组织结构图

如果希望通过插图说明公司或组织中的上下级关系，可以创建一个使用组织结构图布局的 SmartArt 图形。组织结构图以图形方式表示组织的管理结构，如公司内的部门经理和非管理雇员。在 PowerPoint 2010 中，通过使用 SmartArt 图形，可以轻松快捷地创建组织机构图，并在组织结构图中输入文本，这些文本还可自动定位和排列。

1. 案例目标

本案例将制作一个"企业管理"幻灯片，主要演示在幻灯片中插入组织结构图并添加文本的操作，最终效果图如图 7-43 所示。操作思路如下。

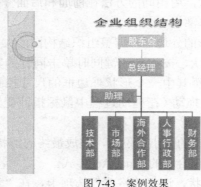

图 7-43　案例效果

- 打开演示文稿。
- 选择需要编辑的 SmartArt 图形。
- 在组织结构图中添加形状。
- 调整形状的大小和位置。

2. 操作步骤

（1）新建演示文稿，选择"已安装主题"→"夏至"。

（2）在文本框输入"企业组织结构"，隶书，43 号。

（3）双击"企业组织结构"文本框，在"形状样式"中选择一个合适的样式。

（4）插入 SmartArt 图形，选择"层次结构"，选择"组织结构图"。

（5）在组组结构图中分别输入："总经理""助理""市场部""人事行政部"和"财务部"，如图 7-44 所示。

（6）在图形中双击带有文本"总经理"的形状，进入"SmartArt"工具中的"设计"选项卡，在其中的"创建图形"组中单击"添加形状"，在列表中选择"在上方添加形状"，在其上方添加一个形状，如图 7-45 左图所示，然后在新形状中输入文本"股东会"。

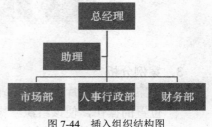

图 7-44　插入组织结构图

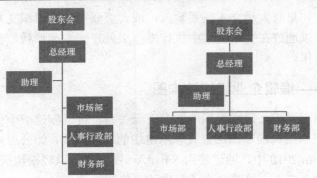

图 7-45　添加形状并调整到标准布局

（7）单击文本"总经理"形状，然后在"创建图形"组中单击"布局"下拉按钮，在列表中选择"标准"选项，调整组织结构图的布局，如图 7-45 右图所示。

（8）选择文本"市场部"形状，用相同的方法在前面和后面分别添加一个形状，并分别添加文本"技术部"和"海外合作部"。

（9）将鼠标指针移至整个图形的外边框，调整组织结构图的大小。

（10）单击文本"技术部"形状，按住 Ctrl 键同时单击同行的其他形状，选中图形下方同级的 5 个形状，将鼠标指针移至其中一个形状外边框的尺寸控制点，当其变为"斜线箭头"形状时，按住鼠标左键不放并拖动（在拖动过程中鼠标指针变为"十"形状），如图 7-46 所示。

（11）用相同方法调整其他形状的大小及位置，完成最终的形状。

（12）单击整个形状，选择一个合适的 SmartArt 样式。

（13）选择文本"股东会"形状，选择"格式"选项卡，在"形状"组中选择"更改形状"，在列表中选择一个格式，将"股东会"形状更改成和下方形状不一样的形状，最终效果如图 7-43 所示。

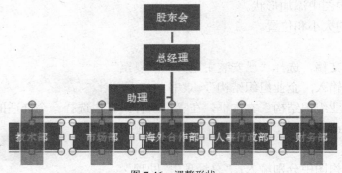

图 7-46　调整形状

3．案例分析

- 本案例对幻灯片中的 SmartArt 图形进行了编辑，主要练习了添加形状、调整大小和位置的操作，使该组织结构图更加完整，显示出应有的层次关系。
- 对幻灯片中的组织结构图进行了 SmartArt 样式、形状格式及文本格式的设置，使幻灯片更具观赏性。在组织结构图中，如果要将几个形状设置为相同的形状格式和文本格式，可同时选择这几个形状，再进行统一的操作，这样可以避免过多的重复步骤。

7.6　综合任务——制作 IT 企业宣传幻灯片

用演示文稿展示公司新产品或宣传公司经营理念是目前流行的趋势。本节以三星公司的有关素材制作公司的宣传片，从整体上掌握演示文稿的制作方法。

7.6.1　制作思路

本节制作"三星公司宣传片"演示文稿，在本实例的制作过程中，将综合应用 PowerPoint 的许多知识。首先要使用模板新建演示文稿，然后进入母版视图，对模板进行更改，包括设置文本格式、插入图片以及设置页眉和页脚等，退出母版视图后，再制作幻灯片的主要内容，包括输入文本、插入图片、插入表格、插入媒体剪辑、添加超链接和设置动画等，最后放映演示文稿，并将制作好的演示文稿打包，以便在其他地方可以放映，案例效果如图 7-47 所示。制作过程分解如下：

- 制作幻灯片母版；
- 制作片头；
- 制作其他幻灯片；
- 添加图表和 SmartArt 图形；
- 设置动画；
- 添加多媒体；
- 放映并打包。

图 7-47　案例效果

提示：本案例素材可在人民邮电出版社网站下载，或者用其他素材制作类似的演示文稿。

7.6.2　制作幻灯片母版

为了方便幻灯片的制作，首先制作幻灯片母版，主要包括应用模板创建演示文稿、设置母版的文本格式和设置页眉页脚等。

1．应用模板

使用模板创建文稿，再在其基础上修改母版，能够方便快捷地制作统一风格的演示文稿，具体操作如下。

（1）新建演示文稿，选择"PowerPoint 2010 简介"模板。

（2）双击模板，启动 PowerPoint 的同时显示应用了模板的幻灯片，另存为"Samsung"演示文稿（PowerPoint 2010 格式）。

2．设置母版文本格式

应用模板后，可以在模板的基础上修改幻灯片母版，具体操作如下。

单击"视图"选项卡，在其功能区单击"幻灯片母版"按钮，进入幻灯片母版视图，做如下修改：插入文本框，输入文字"Samsung"，字体：Corbel，字号：20，文本效果"映像"。

7.6.3　制作片头

片头制作是演示文稿中最重要的环节，本案例片头由公司 Logo 设计、公司理念文字、公司宣传图片 3 部分组成，如图 7-48 所示。

图 7-48　片头

1．公司 Logo 设计

（1）插入文本框，选择"横排问文本框"，输入"SAMSUNG"。

（2）字体：Corbel，字号：40，文本效果"映像"（注意是文本效果，不是文本框效果），选择"紧密、接触"映像。

（3）插入文本框"中国三星"。

（4）字体为华文行楷，字号为 20。

2．图片插入和处理

（1）插入图片 8"男孩和蓝天"，放置合适位置，调整大小。

（2）双击图片 8，进入图片工具组，选择"图片效果"，设置为"柔化边缘"，25 磅，"紧密、接触"映像。

（3）用同样方法，插入图片 9"三星和上海夜景"，并做同样处理，如图 7-49 所示。

图 7-49　图片处理

3．文字插入

（1）插入文本框"三星以创新、求变而闻名的多元化跨国企业，正以高品质的产品和不断攀升的市场，表现创造一个又一个奇迹"。

（2）设置字体为华文行楷，字号为 28。

（3）设置文字效果："格式"选项卡→"文本效果"→"阴影"→"外部"（右下斜偏移阴影）。

4．动画设计

（1）设置图片 8"淡入"，鼠标控制进入。

（2）设置图片 9"淡入"，同时图片 8"淡出"，鼠标控制。

（3）对图片 9 施加强调动作，使其变暗，便于文字出现：图片 9 设为"透明"50%动作，同时文字"三星以创新、求变……"进入，进入方式"淡入"。

提示：PowerPoint 进入和退出动作都有"淡出"，但是二者是不一样的，一个淡出是进入，一个淡出是退出。在影视制作里，淡出进入叫"淡入"。因此，为了区别，本文将进入的淡出叫"淡入"，"淡出"只指退出。

图片 9 以"淡入"方式进入，一般认为图 8 不需要退出。但是，为了使图片到图片过渡的视觉效果更好，在图片 9 进入的时候，图片 8"淡出"，效果如图 7-50 所示。

图 7-50　图片淡入、淡出的过渡

5．插入音乐

（1）选择"插入"选项卡→"媒体"→"音频"，插入主题音乐"Enemy of the state main theme"。

（2）双击音乐图标，进入音乐工具组。

（3）在"音频选项"，勾选"放映时隐藏"。

（4）在"动画"选项卡的"高级动画"组中，单击"动画窗格"。

（5）在"动画窗格"任务窗格中，单击"动画窗格"列表中所选声音右侧的箭头，然后单击"效果选项"。

（6）在"效果"选项卡上的"停止播放"下，单击"之后"，然后选择该文件的幻灯片总数，本例设置成"9"（9 个幻灯片后播放视频，所以需要停止音乐）。

7.6.4　动画的使用

在设计 PPT 时，需要用多种动作的组合来实现连贯的动作特技效果，下面分析一些有代表性的片段。

1. 幻灯片 3 的制作

幻灯片 3 的效果如图 7-51 所示。本片使用了"动作路径""退出""进入"动画组合。动画的控制没有使用鼠标，而使用动作自动连接（时钟标志），即动作完成后不需要鼠标控制随即进行下一个动作。这样做的好处是动作连接连贯，无需等待，动作步骤如下。

（1）图片 2 "上升"进入。

（2）图片 2 "对角线右上移动"（动作路径），调整移动路线，使其向左上方移动。

（3）文字"顾客是企业生存的基础……"以"渐入"动作进入。

（4）图片 2 "玩具风车"方式退出，同时，图片 4 "淡入"。

（5）图片 4 "玩具风车"方式退出，同时，图片 5 "淡入"。

（6）图片 5 "玩具风车"方式退出，同时，图片 6 "淡入"。

图 7-51　幻灯片 3

本片多次使用了"玩具风车"退出和"淡入"同时进入，使动画看起来连贯，配合音乐播放，使整个画面的动作更加流畅。

2. 幻灯片 4 的制作

本片使用鼠标控制动作，幻灯片效果和动作顺序，如图 7-52 所示。

图 7-52　幻灯片 4

（1）内容占位符 9（其实是图片）从左方向"切入"，同时，图片 14 从右方向"切入"。

（2）文字"深入到您生活的每个角落，赢得赞许，就是三星品牌的意义"。以"淡入"方式进入。

（3）4 个同时的动作：

- 内容占位符 9 以"投掷"方式退出；
- 图片 14 以"投掷"方式退出；
- 图片 15 以"淡入"方式进入；
- 图片 16 以"淡入"方式进入。

所有图片使用边缘柔化和映像处理，具体设置如下。

- 柔化边缘：10 磅；
- 映像："全映像、接触"。

3．幻灯片 6 的制作

本片的重点是使用矩形做拉幕效果（见图 7-53 中序号 3），动作步骤如下。

（1）内容占位符 7（图片）"浮动"进入，同时，图片 4"渐入"进入。

（2）文字（文本框）"我们的圣火传递主题……"以"上升"方式进入（紧接上一个动作）。

图 7-53 幻灯片 6

（3）图片 4、内容占位符 7、文本部分同时"淡出"，同时图片 6"淡入"进入。

（4）矩形 8"切入"（从底部，中速），盖住图片 6 下方小部分（见图 7-53）（矩形和图片 6 宽度一样，位置左右对齐）。

（5）接着（不是鼠标控制），图片 9"切入"（右方）。

（6）然后，"SAMSUNG"以"擦除"方式进入。

4．幻灯片 7 的制作

本片的重点在标题"贡献是责任"的设计，效果如图 7-54 所示。"贡献"——字体为黑体，字号为 40，颜色为红色；"是责任"——字体为黑体，字号为 32，颜色为白，如图 7-54 所示。

图 7-54　幻灯片 7

动作步骤如下。

（1）文字"留下我们的光和热……"以"浮动"方式进入。

（2）图片 4"浮动"进入。

（3）图片 5"渐入"进入。

（4）图片 6"渐入"进入。

（5）图片 7"淡入"进入。

（6）图片 8"上升"进入。

（7）图片 4、图片 5、图片 6、图片 7、图片 8 以"玩具风车"方式退出，同时，图片 9
"淡入"进入。

7.6.5　使用 SmartArt 图形

幻灯片 8 使用了 SmartArt 图形，SmartArt 在实际工作中具有非常重要的使用价值，如制
作：流程图、组织结构、工作流程等。本片效果如图 7-55 所示。

图 7-55　幻灯片 8（使用 SmartArt）

（1）插入 SmartArt 图形，选择"列表"→"水平图片列表"。

（2）在 3 处标明"文本"的地方分别输入相应的文字。

（3）在 3 处"图片标志"的地方分别插入相应的图片。

（4）双击 SmartArt 图形，在"SmartArt 样式"组选择合适的样式。

（5）在"SmartArt 样式"组中"更改颜色"按钮选择合适的颜色。

7.6.6　使用图表

在 PowerPoint 中添加表格，可以使多项数据表现得更清楚。为了使各数据之间的关系或

对比更直观、更明显，还可以使用 PowerPoint 提供的图表功能在幻灯片中添加图表，并对图表进行一定的编辑操作，使幻灯片的外观更加漂亮。

幻灯片 9 使用了图表，图表在工作中被广泛使用，如销售曲线、销售分布图等。在演讲时，常常使用图表来直观地表现数据。本例使用柱形图展示 SAMSUNG 公司 2002～2006 年的销售情况，配合直线运动表现公司销售年年增长，如图 7-56 所示。

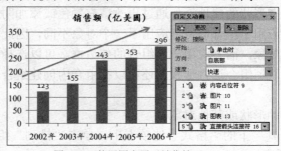

图 7-56　使用图表展示销售情况

图表有多种类型，如柱形图、圆环图、折线图和股价图等，某些类型还可分为二维图表和三维图表，可以根据幻灯片的需要创建不同类型的图表，还可将图表设置为不同样式。

在幻灯片中，可通过"插入"选项卡中的选项插入图表，在该幻灯片中即可显示创建的图表，它由多种元素组成。同时，Excel 2010 自动启动，在一个工作表中显示示例数据。

1．插入图表

（1）在"插入"选项卡的"图表"组中，单击"图表"按钮，打开图表对话框，选择"柱形"图表。

（2）此时，Excel 2010 自动启动，在工作表中有示例数据（如图 7-57 左图所示），将数据按要求修改，如图 7-57 右表所示。

	A	B	C	D
1		系列 1	系列 2	系列 3
2	类别 1	4.3	2.4	2
3	类别 2	2.5	4.4	2
4	类别 3	3.5	1.8	3
5	类别 4	4.5	2.8	5
6				

	A	B
1		销售额
2	2002年	123
3	2003年	155
4	2004年	243
5	2005年	253
6	2006年	296

图 7-57　更改图表的数据

（3）选择图表，单击"图表工具"下的布局选项卡，在"标签"组修改标题、坐标轴标题，在"背景"组选择"绘图区"调整背景颜色。

（4）在"标签"组选择数据标签，选择"其他数据标签选项"，在打开的对话框，选中"值"复选框。

2．增加线条表示趋势

PowerPoint 2010 图表带有趋势线供选择，不过，为了设置动化效果，本例绘制曲线代表趋势。

（1）选择"插入"选项卡，在"插图"组，选择"形状"，选择带前头直线。

（2）修改线条的颜色和粗细（3 磅，绿色）。

（3）设置线条动画"擦除"进入（自底部或者左，速度：快速）。

这样，当图表"渐入"进入后，线条向右上方向移动，动态展现销售的增长。

7.6.7　组合、图层、排列

1．组合

为了加快工作速度，可以组合形状、图片或其他对象。通过组合，可以同时翻转、旋转、移动所有形状或对象，或者同时调整它们的大小，就好像它们是一个形状或对象一样。还可以同时更改组合中所有形状的属性，如通过更改填充颜色或添加阴影来更改组合中所有形状的相应属性。将效果应用于组合与将其应用于一个对象不同，因此效果（如阴影）会应用于组合中的所有形状或对象，而不应用于该组合的外边框。可以选择组合中的某个项目并对其应用属性，而不需要取消组合这些形状，还可以在组合内创建组合以帮助构建复杂绘图。操作步骤如下。

（1）选择要组合的形状或其他对象。

（2）在"绘图工具"下的"格式"选项卡上，单击"排列"组中的"组合"，然后单击"组合"，如图 7-58 所示。

图 7-58　组合、对齐、图层操作区

2．对齐

在 PowerPoint 2010 程序中，可以按照以下方式对齐对象（如图片、形状、文本框和艺术字）。

- 相对于其他对象对齐，例如，当对齐对象的两侧、中线或者上边缘或下边缘时。
- 相对于整个文档对齐，例如，在文档的上边缘或左边缘对齐。
- 通过使用参考线对齐。
- 通过使用网格对齐。
- 通过分布对象以使这些对象之间的距离相等来对齐（垂直或水平方向上或相对于整个文档）。

操作步骤如下。

（1）选择要对齐的图片、形状、文本框或艺术字。

（2）如果"对齐"选项不可用，则可能需要选择另一个对象。

（3）要选择多个对象，单击第 1 个对象，然后在按住 Ctrl 键的同时单击其他对象。

（4）请执行下列操作之一。

- 要对齐图片，在"图片工具"下单击"格式"选项卡。
- 要对齐形状、文本框或艺术字，在"绘图工具"（若对齐文本框则为"文本框工具"）下，单击"格式"选项卡，如图 7-58 所示。

（5）在"排列"组中，单击"对齐"，然后执行下列操作之一。

- 要将对象的边缘向左对齐，单击"左对齐"。
- 要将对象沿中心垂直对齐，单击"水平居中"。

- 要将对象的边缘向右对齐，单击"右对齐"。
- 要对齐对象的上边缘，单击"顶端对齐"。
- 要将对象沿中线水平对齐，单击"垂直居中"。
- 要对齐对象的下边缘，单击"底端对齐"。

3．图层

对象在工作区中，存在上下的关系。当发现两个对象位置不合适时，可以通过"下移一层""上移一层"来调整位置，也可以直接置于"底"或"顶"。操作面板见图 7-58。有时候，两个图片在工作区的不同位置，没有重叠区域，但是，当使用动画时，可能会重叠，同样需要设置位置的关系。

4．制作实例

幻灯片 9 涉及了层、排列和组合的问题。

（1）层的问题

如图 7-59 所示，图片 A 使用了从左方向"飞入"进入，这种情况，A 在 B 下方视觉感觉更好。操作步骤如下。

图 7-59　图片间的相互关系

- 双击图片 A，进入图片工具。
- 在"格式"选项卡，"排列"组中，选择"置于底层"按钮，然后选择"下移一层"。

（2）使用组合、排列制作线条组

幻灯片 9 有 5 根线条，绘制时使用了对齐、均匀分布和组合，如图 7-60 所示，操作步骤如下。

图 7-60　线条的对齐和均匀分布

- 绘制 1 根线条。
- 复制 4 根线条。
- 选择 5 根线条。
- 选择"对齐"中的"左对齐"或者"右对齐"。
- 选择"对齐"中的"纵向分布"。
- 将 5 根线条组合。
- 调整线条的线框、线型和颜色（0.25 磅、虚线、深红）。
- 取消组合。

（3）使用不同速度

- 选择 5 线条。
- 进入"自定义动画"，选择"飞入"动画，方向"自左侧"。
- 调整 5 线条动作的速度，分别为"非常快""快速""中速""慢速""非常慢"。

这样，5 线条同时从左侧飞入，但是速度不一样。很多时候，可以选择多个图片用同样的动作"进入"或者"退出"，然后调整速度，使整个动画更有层次。

7.6.8 插入媒体剪辑

演示文稿的第 10 张幻灯片用里放映一段"三星手机广告"影片，制作方法如下。

（1）选择第 10 张幻灯片，单击"插入"选项卡，在"媒体"组中单击"文件中的视频"按钮。

（2）打开"插入视频影片"对话框，选择文件"三星广告.asx"，然后单击"确定"按钮。

（3）此时弹出提示对话框，单击"自动"按钮，将影片插入幻灯片。

（4）在幻灯片中将影片边框调整到合适尺寸，然后单击"格式"选项卡，在"图片样式"组的"快速样式"列表框选择"棱台亚光，白色"选项，效果如图 7-61 所示。

图 7-61　插入影片并运用样式

（5）单击"选项"选项卡，再单击"幻灯片放映音量"下拉按钮，在打开的下拉列表中选择"高"选项，然后在"影片选项"组中选中"影片播完返回开头"复选框。

7.6.9 放映打包幻灯片

1. 切换

在此类幻灯片中，不宜使用过多的幻灯片切换方式。幻灯片的切换方式要与整个画面动画的设计风格吻合。本片只使用一种切换方式："从全黑淡出"，应用于所有幻灯片，设置"全部应用"。

2. 排练计时

通过排练幻灯片，可统计出放映整个演示文稿和放映每张幻灯片所需的时间，通过排练计时可以自动控制幻灯片的放映，不需要人为干预。如果没有预设的排练时间，则必须手动切换幻灯片。

排练计时的关键是要将音乐节拍和动作统一，在排练时，也许发现某些动画的速度过慢或者过快，这时候需要停下来重新设置动画的速度。具体操作步骤如下。

（1）单击"幻灯片放映"选项卡，在"设置"组中，单击"排练计时"。

（2）用鼠标左键或者空格键控制动作，随着音乐的播放，控制对象的"进入""退出""强调"，直到幻灯片结束。

（3）一般来说，计时不可能一次完成，需要多次反复，直到最后，音乐和动作才能完美结合。

（4）保存计时设置。

3．打包播放

制作完演示文稿后，先预览一下放映的效果，确定无误后，将其打包到本地磁盘中。

（1）单击"文件"，在列表中选择"保存并发布"，选择"文件类型"列表下的"将演示文稿打包成 CD"，单击右侧的"打包成 CD"。

（2）在打开的"打包成 CD"对话框中，单击"复制到文件夹"按钮，在"文件夹名称"文本框中输入"SAMSUNG 公司介绍"，如图 7-62 所示。

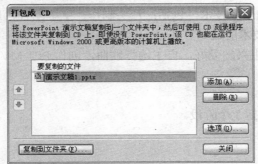

图 7-62　打包成 CD

（3）在"复制到文件夹"对话框，"位置"文本框中输入保存路径，然后单击"确定"按钮。

（4）复制完后，在"打包成 CD"对话框中单击"关闭"按钮。

7.6.10　将幻灯片另存为视频文件

在以前版本的 PowerPoint，要将 PPT 转换成视频文件需要使用第三方工具，而在 PowerPoint 2010 版本利用内置的功能就可以直接转换成视频文件。

（1）首先单击"文件"，打开的列表单击"另存为"。

（2）弹出"另存"为对话框，单击保存类型的下拉框列表，选择"Windows Media 视频"选项，如图 7-63 所示。

（3）浏览到要存储该视频的位置，单击"保存"按钮。

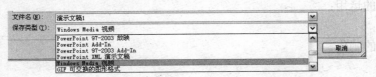

图 7-63　PPT 输出为视频格式

实训 5　制作 PPT MV

1．实训目的
（1）激发自主创作、增强学生自信。
（2）通过创作掌握 PowerPoint 2010 技术。

2．实训内容
MV 是英文 Music Vedio 的缩写，可视歌曲的意思。以前 MV 是指视频，制作包括前期拍摄及后期制作，由专业公司完成，很少能由个人制作。现在，PowerPoint 2010 软件具有非常强大的功能，不仅仅能制作传统的演示文稿，而且，还可以制作专业的 MV。可以用PowerPoint 制作一首 MV 歌曲，也可以制作一个产品的广告，还可以制作一个公司的宣传片。MV 制作使用了 PPT 的众多技术，包括：片头制作、字幕配合、片头、特级运用等。因此，制作 MV 是学习 PPT 技术的最好方法。

- 任务：根据学生兴趣爱好，自主选择歌曲，创作 PPT MV。
- 时间：1 周。

3．创作指导
制作一个 MV，包括 3 个阶段。
（1）素材准备。
（2）制作。
（3）修改。

素材准备最主要的工作是图片的收集和处理。一个好的 PPT 作品必须以精美的图片为基础，而且要有足够的图片。如果没有较好的题材、充足的图片做支撑，则很难做出好的作品。特别不提倡把小图片放大后使用，那样使整个画面看起来比较粗劣。制作 MV 的要点包括：

- 选择题材；
- 寻找图片素材；
- 图片处理；
- 寻找合适的音乐；
- 构思；
- 制作片头；
- 节奏；
- 各种动作的运用；
- 切换的运用；
- 计时；
- 片尾的制作。

测试题

1．在 PowerPoint 窗口中，用于添加幻灯片内容的主要区域是（　　）。
　　A．窗口左侧显示幻灯片缩略图的"幻灯片"选项卡
　　B．备注窗格　　　　　　　　　　　　　C．窗口中间的幻灯片窗格
2．添加新幻灯片时，首先应如何选择它的版式（　　）。
　　A．在"开始"选项卡上，单击"新建幻灯片"按钮的上半部分
　　B．在"开始"选项卡上，单击箭头所在的"新建幻灯片"按钮的下半部分
　　C．右键单击"幻灯片"选项卡上的幻灯片缩略图，然后单击"新建幻灯片"
3．当要减少列表中文本的缩进量时，应按（　　）。
　　A．Tab 键　　　　　　　B．Enter 键　　　　　　C．Shift+Tab 组合键
4．在正文文本占位符中输入文本时，突然看到这个小按钮：⬦，它是（　　）。
　　A．"粘贴选项"按钮
　　B．"自动调整选项"按钮。它表示文本将缩小以放入占位符中
　　C．"自动更正选项"按钮。使用它可以撤销自动更正
5．快速将幻灯片的当前版式替换为其他版式的方式是（　　）。
　　A．在"开始"选项卡上，单击"新建幻灯片"按钮的下半部分
　　B．右键单击要替换其版式的幻灯片，然后指向"版式"
6．在工作时，可以在备注窗格中输入演讲者备注并设置其格式。以下哪种情况是转到"备注页"视图的适当原因？（　　）。
　　A．打印备注　　　　　　　　　　　　　B．确保备注按期望显示
7．应用主题时，它始终影响演示文稿中的每一张幻灯片这种说法（　　）。
　　A．正确　　　　　　　　　　　　　　　B．错误
8．可以从某些幻灯片版式中的图标中插入文本框。这种说法（　　）。
　　A．正确　　　　　　　　　　　　　　　B．错误
9．调整图片大小时，要确保选中"锁定纵横比"选项，因为（　　）。
　　A．它可以使图片保持在幻灯片上的原位置
　　B．它能确保提供最佳的颜色
　　C．它可以使图片在调整大小过程中保持比例
10．希望对齐幻灯片上的标题和图片，以便标题紧挨着图片下方居中对齐。在选择了该图片和标题后，在功能区上单击"图片工具"下的"格式"选项卡。现在，在（　　）可以找到相应的命令来进行所需的调整。
　　A．"调整"组中的"更改图片"按钮
　　B．"排列"组中的"对齐"按钮
　　C．"排列"组中的"旋转"按钮
11．按（　　）键可进入"幻灯片放映"视图并从第 1 张幻灯片开始放映。
　　A．Esc　　　　　　　B．F5　　　　　　　C．F7

12. 在"幻灯片放映"视图中，返回到上一张幻灯片的方法是（　　）。
　　A．按 Backspace 键　　　　　　　　B．按 Page Up 键
　　C．按向上键　　　　　　　　　　　D．以上全对

13. 如果希望讲义为观众提供备注行，必须选择（　　）讲义选项。
　　A．"每页 3 张幻灯片"　　　　　　　B．"每页 1 张幻灯片"
　　C．"备注页"

14. 在打印预览下查看备注页，并发现备注的某些文本格式并不是所需的格式。此时，可以继续操作并在打印预览中对此进行更正。这种说法（　　）。
　　A．正确　　　　　　　　　　　　　B．错误。

15. 使用声音文件的最佳做法是（　　）。
　　A．从不使用链接的文件
　　B．在插入声音文件之前，将它们复制到演示文稿文件所在的文件夹中

16. 在功能区上的（　　）位置可以找到插入声音文件的命令？
　　A．"声音工具"下的"选项"选项卡　　B．"动画"选项卡的"动画"组
　　C．"插入"选项卡的"媒体剪辑"组

17. 对于幻灯片上的声音，已选择在演示时隐藏声音图标。下列哪项启动设置与隐藏图标不兼容？（　　）
　　A．声音自动启动　　　　　　　　　B．单击幻灯片时启动声音
　　C．单击幻灯片上的形状时启动声音
　　D．单击幻灯片上的声音图标时启动声音

18. "自定义动画"任务窗格是设置声音以使其仅在当前幻灯片中播放的位置。这种说法（　　）。
　　A．错误　　　　　　　　　　　　　B．正确

19. 如果要播放 CD 中的音乐，除了扬声器、CD-ROM 驱动器和声卡，对于演示文稿还需要（　　）。
　　A．爆米花和糖果　　　　　　　　　B．CD 本身
　　C．演示文稿。其中已经有 CD 图标，因此，只需启动它即可播放曲目

20. 曲目 3 的总播放时间为 03:30。如果希望 CD 从该曲目的第 1 分钟开始播放并在 30 秒之后结束，应如何设置曲目？
　　A．开始曲目：3；开始时间：00:00。结束曲目：3；结束时间：01:30
　　B．开始曲目：3；开始时间：01:00。结束曲目：3；结束时间：00:30
　　C．开始曲目：3；开始时间：01:00。结束曲目：3；结束时间：01:30

21. 要打开含有 CD 曲目设置选项的对话框，需要执行哪些操作？（　　）
　　A．只需将 CD 插入 CD-ROM 驱动器，打开演示文稿，然后显示要在其上启动声音的幻灯片即可
　　B．将 CD 插入 CD-ROM 驱动器，打开演示文稿，然后显示要在其上启动声音的幻灯片。接下来，单击"插入"选项卡。在"媒体剪辑"组中，单击"声音"旁边的箭头，然后单击"播放 CD 乐曲"

22．想要将项目符号列表转换为 SmartArt 图形。第一步应该（　　　）。

　　A．在项目符号列表中的任何位置处单击以将它选中，然后单击"开始"选项卡上的"转换为 SmartArt 图形"

　　B．单击"插入"选项卡，然后单击"图示"组内的"SmartArt 图形"

　　C．单击项目符号列表中的任意位置，然后单击"设计"选项卡

23．有两种插入空白 SmartArt 图形的不同方法：可以单击"插入"选项卡上的"SmartArt"按钮，或者在幻灯片版式中单击"SmartArt 图形"图标。使用后一种方法有一个什么样的优点？（　　　）

　　A．新图形放入一个占位符中

　　B．新图形放入与图标相同的占位符中

　　C．在"选择 SmartArt 图形"对话框中有更多版式选项

24．如何用一个图形版式替换另一个图形版式？（　　　）

　　A．在"插入"选项卡上，单击"SmartArt"，然后应用库中的一种版式

　　B．右键单击图形，然后单击快捷菜单上的"转换为 SmartArt"

　　C．选中图形，然后从"SmartArt 工具"中的"设计"选项卡上的"版式"组内应用另一个版式

25．可以通过从文本窗格中执行操作在图形中添加或删除形状。这种说法（　　　）。

　　A．正确　　　　　　　　　　　　　　　B．错误

第8章

考证辅导

微软认证是当前最具权威性和重要性的认证体系之一，可有效证明持证人所具备的经验和技能，以帮助持证人在当今瞬息万变的商业环境中保持强劲的竞争实力。

全国计算机等级考试用于测试计算机应用知识的掌握程度和上机实际操作能力，主要面向非计算机专业的学生，同时也面向社会。目前考生中以大、中学生为主，兼有机关企事业单位人员等。

本章将介绍微软的认证项目 MOS，分析计算机一级考试的考试内容和相关知识点。

8.1 微软认证 MOS

8.1.1 什么是 MOS

Microsoft Office Specialist（MOS）中文称为"微软办公软件国际认证"，是 Microsoft 为全球所认可的 Office 软件国际性专业认证，全球有 132 个国家地区认可，其级别介绍如图 8-1 所示。至 2011 年 7 月中旬，全球已经有超过 1 000 万人次参加考试，使用英文、日文、德文、法文、阿拉伯文、拉丁文、韩文、泰文、意大利文、芬兰文等 24 种语言。

图 8-1 MOS 级别介绍

MOS 认证的目的是协助企业、政府机构、学校、主管、员工与个人确认对于 Microsoft®Office 各软件知识与技能应用的专业程度，包括如 Word、Excel、PowerPoint、Access 以及 Outlook 等软件的具体实践应用能力。在国外许多实例已证实，参与 MOS 认证的教育训练与考试测验，可使参加者透过 MOS 充分了解、运用 Microsoft®Office 办公室应用软件的功能性，增进其生产力，进而达到提升企业与个人的竞争力及生产力的目的。

MOS 为 Microsoft 所认可的 Office 软件国际级的专业认证。微软办公软件国际认证 计划鼓励每个人培养 Microsoft 主要办公室商业应用软件的进阶功能使用技巧，以便在现代职场中满足知识丰富并足以胜任工作的人力需求。同时，MOS 也能够满足企业的需要，提升员工的技术能力。

目前已有全球 132 个国家地区认可 MOS 认证，它是美国公务员的必备资质，日本厚生劳务省认可资质，可抵免全美 1 800 余所大学学分。

8.1.2　微软办公软件国际认证 MOS 的种类

MOS 认证分为 3 个级别，按照难度由低到高分为专业级、专家级和大师级。通过大师级满足以下条件：通过全部必选科目，包括：Word 专家级/Excel 专家级/Powerpoint 专业级。通过一门可选科目，Access 或 Outlook。

各科目考试约 17～30 个题目，考试时间 50 分钟，满分 1000 分，及格分数线根据全球通过率调整，约 700 分。

8.1.3　MOS Word 2010 Specialist 专业级

MOS Word 2010 专业级认证内容如表 8-1 所示。

表 8-1　　　　　　　　MOS Word 2010 专业级认证内容（中英文对照）

共享和维护文档	Sharing and Maintaining Documents
1．配置 Word 选项	1．Configure Word options
2．应用文件保护	2．Configure Word options
3．应用文件模板	3．Apply a template to a document
格式化内容	Formatting Content
1．应用高级字体和段落属性设置	1．Apply advanced font and paragraph attributes
2．创建列表和图表	2．Create tables and charts
3．创建一个文档中的可重复利用的内容	3．Construct reusable content in a document
4．链接节	4．Link sections
跟踪和应用文件	Tracking and Referening Documents
1．审阅，比较，并结合文件	1．Review, compare, and combine documents
2．创建引用页	2．Create a reference page
3．创建一个文档中的引文目录	3．Create a Table of Authorities in a document
4．创建一个文档中的索引	4．Create an index in a document
执行邮件合并操作	Performing Mail Merge Operations
1．执行邮件合并	1．Execute Mail Merge
2．使用其他数据源创建邮件合并	2．Create a Mail Merge by using other data sources
3．创建标签和表格	3．Create labels and forms

管理宏和报表	Managing Macros and forms
1．应用和操作宏	1．Apply and manipulate macros
2．应用和操作宏选项	2．Apply and manipulate macro options
3．创建窗体	3．Create forms
4．管理窗体	4．Manipulate forms

8.1.4 MOS Excel 2010 Specialist 专业级

MOS Excel 2010 专业级认证内容如表 8-2 所示。

表 8-2 　　　　MOS Excel 2010 专业级认证内容（中英文对照）

管理工作表环境	Managing the Worksheet Environment
1．浏览工作表	1．Navigate through a worksheet
2．打印工作表或工作簿	2．Print a worksheet or workbook
3．利用后台个性化环境设置	3．Personalize environment by using Backstage
创建单元格数据	Creating Cell Data
1．构造单元格的数据	1．Construct cell data
2．应用自动填充柄	2．Apply AutoFill
3．应用和处理超链接	3．Apply and manipulate hyperlinks
格式化单元格和工作表	Formatting Cells and Worksheets
1．应用和修改单元格的格式	1．Apply and modify cell formats
2．合并或拆分单元	2．Merger or split cells
3．创建行和列标题	3．Create row and column titles
4．隐藏和取消隐藏行和列	4．Hide and unhide rows and columns
5．处理工作表的页面设置选项	5．Manipulate Page Setup options for worksheets
6．创建和应用单元格样式	6．Create and apply cell styles
管理工作表和工作簿	Managing Worksheets and Workbooks
1．创建和格式化工作表	1．Create and format worksheets
2．操作窗口的视窗	2．Manipulate window views
3．操作工作簿的视窗	3．Manipulate workbook views
应用公式和函数	Applying Formulas and Functions
1．创建公式	1．Create formulas
2．强制优先级	2．Enforce precedence

续表

应用公式和函数	Applying Formulas and Functions
3.　在公式中应用单元格引用	3.　Apply cell references in formulas
4.　公式中应用条件逻辑	4.　Apply conditional logic in a formula
5.　公式中应用名称定义	5.　Apply named ranges in formulas
6.　公式中应用单元格区域	6.　Apply cell ranges in formulas
呈现可视化数据	Presenting Data Visually
1.　创建基于工作表数据的图表	1.　Create charts based on worksheet data
2.　应用和操作插图	2.　Apply and manipulate illustrations
3.　应用 Sparklines 图示工具	3.　Apply Sparklines
与其他用户共享工作表数据	Sharing worksheet data with other users
1.　通过使用后台共享电子表格	1.　Share spreadsheets by using Backstage
2.　管理批注	2.　Manage comments
分析和组织数据	Analyzing and Organizing Data
1.　筛选数据	1.　Filter data
2.　排序数据	2.　Filter data
3.　应用条件格式	3.　Apply conditional formatting

8.1.5　MOS PowerPoint 2010 Specialist 专业级

MOS PowerPoint 2010 专业级认证内容如表 8-3 所示。

表 8-3　　　　　　　　　　　MOS PowerPoint 2010 专业级认证内容

管理 PowerPoint 环境	Managing the PowerPoint Environment
1.　调整视图	1.　Adjust views
2.　操作 PowerPoint 窗口	2.　Manipulate the PowerPoint window
3.　配置快速访问工具栏	3.　Configure the Quick Access Toolbar
4.　配置 PowerPoint 文件选项	4.　Configure PowerPoint file options
创建幻灯片演示	Creating a Slide Presentation
1.　构建和编辑相册	1.　Construct and edit photo albums
2.　设置幻灯片的大小和方向	2.　Apply slide size and orientation settings
3.　添加和删除幻灯片	3.　Format slides
4.　输入和格式化文本	4.　Enter and format text
5.　格式化文本框	5.　Format text boxes

使用图形和多媒体元素	Working with Graphical and Multimedia Elements
1. 处理图形元素	1. Manipulate graphical elements
2. 处理图像	2. Create a reference page
3. 修改艺术字体和形状	3. Modify WordArt and shapes
4. 处理艺术字体	4. Manipulate SmartArt
5. 编辑视频和音频内容	5. Edit video and audio content
创建图表和表格	Creating Charts and Tables
1. 构建和修改表格	1. Construct and modify tables
2. 插入和修改图表	2. Insert and modify charts
3. 应用图表元素	3. Apply chart elements
4. 处理图表布局	4. Manipulate chart layouts
5. 处理图表元素	5. Manipulate chart elements
应用切换和动画	Applying Transitions and Animations
1. 应用内置和自定义动画	1. Apply built-in and custom animations
2. 应用效果和路径选项	2. Apply effect and path options
3. 应用和修改幻灯片之间的切换	3. Apply and modify transitions between slides
4. 处理动画	4. Manipulate animations
演示文稿的协同	Collaborating on Presentations
1. 在演示文稿中管理批注	1. Manage comments in presentations
2. 应用校对工具	2. Apply proofing tools
演示文稿发布前的准备	Preparing Presentations for Delivery
1. 保存演示文稿	1. Save presentations
2. 共享演示文稿	2. Share presentations
3. 打印演示文稿	3. Print presentations
4. 保护演示文稿	4. Protect presentations
发布演示文稿	Delivering Presentations
1. 应用演示工具	1. Apply presentation tools
2. 设置幻灯片放映	2. Set up slide shows
3. 设置排练计时	3. Set presentation timing
4. 录制演示	4. Record presentations

8.2　全国计算机等级考试

全国计算机等级考试能满足不同水平、不同目的的用户需要。

如果读者是一个初学者，想熟练应用计算机操作，那么一级是很好的选择。一级考试强调考生的实践能力，要求考生不仅要掌握微型计算机的基础知识，更要掌握 Windows 的基本操作和应用、熟练掌握一种汉字（键盘）输入方法、Excel 的基本操作和应用、PowerPoint 的基本操作和应用。可以说，通过一级考试，所掌握的技能将给以后的生活和工作带来极大的便利。

如果对编程情有独钟，则可从二级中的 QBasic、FORTRAN、C、FoxBASE、Visual FoxPro 中选择其一。如果有一点 FoxBASE 或 FoxPro 的基础，不妨选择二级 FoxBASE 或 Visual FoxPro。如果目的是能编一些实用的程序，Visual Basic 是极好的选择，它易学易用，功能强大，开发周期也短。但如果想对编程的基础知识和底层技术有所了解，则可以试试 QBasic 和 C。相对而言，QBasic 简单一些，而 C 的功能更强大。

三级考试被重新划分为 PC 技术、信息管理技术、网络技术、数据库技术 4 个新科目，比原先的三级 A 类、三级 B 类难度有所降低，新颖度、实用性有所增加。

8.3　计算机一级考试大纲

8.3.1　基本要求

（1）具有使用微型计算机的基础知识（包括计算机病毒的防治常识）。

（2）了解微型计算机系统的组成和各组成部分的功能。

（3）了解操作系统的基本功能和作用，掌握 Windows 的基本操作和应用。

（4）了解文字处理的基本知识，掌握文字处理软件"Microsoft Office Word"的基本操作和应用，熟练掌握一种汉字（键盘）输入方法。

（5）了解电子表格软件的基本知识，掌握电子表格软件"Excel"的基本操作和应用。

（6）了解多媒体演示软件的基本知识，掌握演示文稿制作软件"Microsoft Office PowerPoint"的基本操作和应用。

（7）了解计算机网络的基本概念和互联网 的初步知识，掌握 IE 浏览器软件和"Outlook Express"软件的基本操作和使用。

8.3.2　考试内容

1．基础知识

（1）计算机的概念、类型及其应用领域；计算机系统的配置及主要技术指标。

（2）计算机中数据的表示：二进制的概念，整数的二进制表示，西文字符的 ASCII 码表示，汉字及其编码（国标码），数据的存储单位（位、字节、字）。

（3）计算机病毒的概念和病毒的防治。

（4）计算机硬件系统的组成和功能：CPU、存储器（ROM、RAM）以及常用输入输出设备的功能。

（5）计算机软件系统的组成和功能：系统软件和应用软件，程序设计语言（机器语言、汇编语言、高级语言）的概念。

2．操作系统的功能和使用

（1）操作系统的基本概念、功能、组成和分类。

（2）Windows 操作系统的基本概念和常用术语，文件、文件名、目录（文件夹）、目录（文件夹）树和路径等。

（3）Windows 操作系统的基本操作和应用。

① Windows 概述、特点和功能、配置和运行环境。

② Windows "开始"按钮、"任务栏""菜单""图标"等项目的使用。

③ 应用程序的运行和退出。

④ 熟练掌握资源管理系统"我的电脑"和"资源管理器"的操作与应用，以及文件和文件夹的创建、移动、复制、删除、更名、查找、打印和属性设置。

⑤ 软盘的格式化和整盘复制，磁盘属性的查看等操作。

⑥ 中文输入法的安装、删除和选用；显示器的设置。

⑦ 快捷方式的设置和使用。

3．文字处理软件的功能和使用

（1）文字处理软件的基本概念，中文 Word 的基本功能、运行环境、启动和退出。

（2）文档的创建、打开和基本编辑操作，文本的查找与替换，多窗口和多文档的编辑。

（3）文档的保存、保护、复制、删除和插入。

（4）字体格式设置、段落格式设置和文档的页面设置等基本的排版操作；打印预览和打印。

（5）Word 的对象操作：对象的概念及种类，图形、图像对象的编辑，文本框的使用。

（6）Word 的表格制作功能：表格的创建与修饰，表格中数据的输入与编辑，数据的排序和计算。

4．电子表格软件的功能和使用

（1）电子表格的基本概念，中文 Excel 的功能、运行环境、启动和退出。

（2）工作簿和工作表的基本概念，工作表的创建、数据输入、编辑和排版。

（3）工作表的插入、复制、移动、更名、保存和保护等基本操作。

（4）单元格的绝对地址和相对地址的概念，工作表中公式的输入与常用函数的使用。

（5）数据清单的概念，记录单的使用、记录的排序、筛选、查找和分类汇总。

（6）图表的创建和格式设置。

（7）工作表的页面设置、打印预览和打印。

5．电子演示文稿制作软件的功能和使用

（1）中文 PowerPoint 的功能、运行环境、启动和退出。

（2）演示文稿的创建、打开和保存。

（3）演示文稿视图的使用，幻灯片的制作、文字编排、图片和图表插入及模板的选用。

（4）幻灯片的插入和删除、演示顺序的改变，幻灯片格式的设置，幻灯片放映效果的设置，多媒体对象的插入，演示文稿的打包和打印。

6．互联网（Internet）的初步知识和应用

（1）计算机网络的概念和分类。

（2）互联网的基本概念和接入方式。

（3）互联网的简单应用：拨号连接、浏览器（IE8.0）的使用。电子邮件的收发和搜索引擎的使用。

8.3.3　考试方式

（截止到 2014 年 4 月，考试以当时的标准为准）

1．采用无纸化考试，上机操作。考试时间：90 分钟。

2．软件环境：操作系统选用 Windows 7；办公软件：Microsoft Office 2010。

3．指定时间内，使用微机完成下列各项操作。

（1）选择题（计算机基础知识和计算机网络的基本知识）。（20 分）

（2）汉字录入能力测试（录入 150 个汉字，限时 10 分钟）。（10 分）

（3）Windows 7 操作系统的使用。（10 分）

（4）Word 2010 操作。（25 分）

（5）Excel 2010 操作。（15 分）

（6）PowerPoint 2010 操作。（10 分）

（7）浏览器（IE8.0）的简单使用和电子邮件 Outlook 收发。（10 分）

8.4　计算机一级考试理论题分析

本节分析 2014 年计算机一级考试理论题（选择题部分）。

1．计算机的特点是处理速度快、计算精度高、存储容量大、可靠性高、工作全自动以及_____。

　　A．造价低廉　　　B．便于大规模生产　　C．适用范围广、通用性强　　D．体积小巧

【答案】

C

【解析】

计算机的主要特点就是处理速度快、计算精度高、存储容量大、可靠性高、工作全自动以及适用范围广、通用性强。

2．1983 年，我国第一台亿次巨型电子计算机诞生了，它的名称是_____。

　　A．东方红　　　　B．神威　　　　　C．曙光　　　　　　　D．银河

【答案】

D

【解析】

1983 年底，我国第一台名叫"银河"的亿次巨型电子计算机诞生，标示着我国计算机技

术的发展进入一个崭新的阶段。

3．十进制数 215 用二进制数表示是_____。

    A．1100001   B．11011101   C．0011001   D．11010111

【答案】

D

【解析】

十进制向二进制的转换采用"除二取余"法。

（1）进位计数制

进位计数制在日常生活中经常碰到，人们在有意无意间已经和数制进位打交道了。比如，两支筷子称为一双（二进制），10 毫米为一厘米（十进制），60 秒为一分钟（六十进制），24 小时为一天（二十四进制），十六两为一市斤（十六进制）等，数学上称之为 N 进制。

为了区别十进制数、二进制数和十六进制数，可在数的右下角注明数制，或者在数的后面加字母表示。如 B(Binary)表示二进制，O(Octave)表示八进制，D(Decimal)或不带字母表示十进制，H(Hexadecimal)表示十六进制。

例如，$(1011.11)_2$ 和 1011.11(B)，$(13)_{16}$ 和 13(H)。

在进位计数制中，有几个基本的概念需要了解。

①　数符：某计数制中，用于表示数的基本数字符号，称为该计数制的数符。

②　基数：某计数制中，基本数符的总个数称为该计数制的基数。

● 二进制中数符为 0 和 1；基数为 2。

● 八进制中数符为 0，1，2，3，4，5，6，7；基数为 8。

● 十进制中数符为 0，1，2，3，4，5，6，7，8，9；基数为 10。

● 十六进制中数符为 0，1，2，3，4，5，6，7，8，9，A，B，C，D，E，F；基数为 16。

基数的大小决定了该计数制的进位特点，二进制是逢二进一；十进制是逢十进一；十六进制是逢十六进一，对于 N 进制则逢 N 进一。

权：某数位所表示的数的量值大小称为该位的权。权是一个幂，其底数是该计数制的基数，指数是该数位的序号。

例如：

二进制数　　1011.11

数位　　　　$D_3D_2D_1D_0. \ D_{-1}D_{-2}$

各数位的权　$2^3 2^2 2^1 2^0 \ 2^{-1} 2^{-2}$

再例如：

十进制数　　1011.11

数位　　　　$D_3D_2D_1D_0. \ D_{-1}D_{-2}$

各数位的权　$10^3 \ 10^2 \ 10^1 \ 10^0 \ 10^{-1} \ 10^{-2}$

计算机对信息进行处理时，所有的指令、地址、编码（包括数字、字母、符号和汉字等）在计算机内部都采用二进制来表示。这是因为二进制运算简单，便于进行逻辑运算，而且容易通过硬件来实现。例如，电路的开关的合上与断开、电灯的亮与灭、二极管的导通与截止、高电平与低电平等都可以很容易表示为二进制的 0 和 1，因此，二进制成为计算机内部处理的不二选择。但二进制数位数太长，不符合人们的阅读和书写习惯，而八进制和十六进制与二进制有较直观的对应关系，能减少数的位数，因而在计算机程序和外部编码中经常使用。

（2）进制间数的转换

进位计数制是数的一种表示方法，是用不同的形式表示同一个数值。同一数符在不同进制中、不同数位中表示的数值大小也不同。而人们最熟悉、最常用的是十进制数。因此，有必要了解进制之间数的转换。

十进制数转换成非十进制数要分为整数部分和小数部分分别进行。整数部分采用除 N 取余法，而小数部分采用乘 N 取整法以表示进制。

本题要求将十进制转成二进制，故先介绍十进制整数部分转成二进制的方法。

具体方法是用十进制整数部分除以 2，取余数，最后将所得余数从下往上写。

例如，将十进制数 90 转换为二进制数。

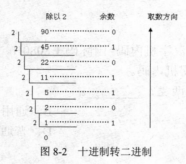

图 8-2 十进制转二进制

同样方法计算得到，$(215)_{10} = (11010111)_2$

4．有一个数是 123，它与十六进制数 53 相等，那么该数值是_____。

    A．八进制数   B．十进制数   C．五进制   D．二进制数

【答案】

A

【解析】

解答这类问题，一般是将十六进制数逐一转换成选项中的各个进制数进行对比。

5．下列 4 种不同数制表示的数中，数值最大的一个是_____。

    A．八进制数 227   B．十进制数 789   C．十六进制数 1FF D．二进制数 1010001

【答案】

B

【解析】

解答这类问题，一般都是将这些非十进制数转换成十进制数，才能进行统一的对比。非十进制转换成十进制的方法是按权展开。

● 二进制、八进制、十六进制数转换成十进制数

转换方法是将二进制、八进制、十六进制数按位和权展开求和得到。对于 N 进制数，整数部分第 i 位的权为 N_{i-1}，而小数部分第 j 位的权为 N_{-j}。

根据题目计算

$1010001(B) = 1 \times 2^6 + 0 \times 2^5 + 1 \times 2^4 + 1 \times 2^0$

$\qquad\qquad = 32 + 16 + 1$

$$=49（D）$$

$$227(O) =2×8^2+2×8^1+7×8^0$$

$$=151（D）$$

$$1FF(H)=1×16^2+15×16^1+15×16^0$$

$$=256+240+15$$

$$=511（D）$$

所以，答案是 B。

6．某汉字的区位码是 5448，它的机内码是_____。

A．D6D0H　　　B．E5E0H　　　C．E5D0H　　　D．D5E0H

【答案】

A

【解析】

国际码=区位码＋2020H，汉字机内码=国际码＋8080H。首先将区位码转换成国际码，然后将国际码加上 8080H，即得机内码。

7．汉字的字形通常分为哪两类？_____。

A．通用型和精密型　　　　　　　　B．通用型和专用型

C．精密型和简易型　　　　　　　　D．普通型和提高型

【答案】

A

【解析】

汉字的字形可以分为通用型和精密型两种，其中通用型又可以分成简易型、普通型、提高型 3 种。

8．中国国家标准汉字信息交换编码是_____。

A．GB 2312-80　　B．GBK　　　C．UCS　　　D．BIG-5

【答案】

A

【解析】

GB 2312-80 是中国人民共和国国家标准汉字信息交换用编码，习惯上称为国际码、GB 码或区位码。

9．用户用计算机高级语言编写的程序，通常称为_____。

A．汇编程序　　B．目标程序　　C．源程序　　D．二进制代码程序

【答案】

C

【解析】

使用高级语言编写的程序，通常称为高级语言源程序。

10．将高级语言编写的程序翻译成机器语言程序，所采用的两种翻译方式是_____。

A．编译和解释　　B．编译和汇编　　C．编译和链接　　D．解释和汇编

【答案】

A

【解析】

将高级语言转换成机器语言，采用编译和解释两种方法。

11．下列关于操作系统的主要功能的描述中，不正确的是_____。

 A．处理器管理 　　B．作业管理 　　C．文件管理 　　D．信息管理

【答案】

D

【解析】

操作系统的 5 大管理模块是处理器管理、作业管理、存储器管理、设备管理和文件管理。

12．微型机的 DOS 系统属于哪一类操作系统？_____。

 A．单用户操作系统 　　　　　　　　B．分时操作系统

 C．批处理操作系统 　　　　　　　　D．实时操作系统

【答案】

A

【解析】

单用户操作系统的主要特征就是计算机系统内一次只能运行一个应用程序，缺点是资源不能充分利用。微型计算机的 DOS、Windows 操作系统属于这一类。

13．下列 4 种软件中属于应用软件的是_____。

 A．BASIC 解释程序 　B．UCDOS 系统 　　C．财务管理系统 　D．Pascal 编译程序

【答案】

C

【解析】

软件系统可分成系统软件和应用软件。前者又分为操作系统和语言处理系统，A、B、D 3 项应归在此类中。

14．内存（主存储器）比外存（辅助存储器）_____。

 A．读写速度快 　　B．存储容量大 　　C．可靠性高 　　　D．价格便宜

【答案】

A

【解析】

一般而言，外存的容量较大，用于存放长期信息，而内存是存放临时的信息区域，读写速度快，方便交换。

15．运算器的主要功能是_____。

 A．实现算术运算和逻辑运算

 B．保存各种指令信息供系统其他部件使用

 C．分析指令并进行译码

 D．按主频指标规定发出时钟脉冲

【答案】

A

【解析】

运算器（ALU）是计算机处理数据形成信息的加工厂，主要功能是对二进制数码进行算术运算或逻辑运算。

16．计算机的存储系统通常包括＿＿＿＿。
    A．内存储器和外存储器 B．软盘和硬盘
    C．ROM 和 RAM D．内存和硬盘
【答案】
A
【解析】
计算机的存储系统由内存储器（主存储器）和外存储器（辅存储器）组成。

17．断电会使存储数据丢失的存储器是＿＿＿＿。
    A．RAM B．硬盘 C．ROM D．软盘
【答案】
A
【解析】
RAM 即易失性存储器，一旦断电，信息就会消失。

18．计算机病毒按照感染的方式可以进行分类，以下哪一项不是其中一类？＿＿＿＿。
    A．引导区型病毒 B．文件型病毒 C．混合型病毒 D．附件型病毒
【答案】
D
【解析】
计算机的病毒按照感染的方式，可以分为引导型病毒、文件型病毒、混合型病毒、宏病毒和 Internet 病毒。

19．下列关于字节的 4 条叙述中，正确的一条是＿＿＿＿。
    A．字节通常用英文单词"bit"来表示，有时也可以写作"b"
    B．目前广泛使用的 Pentium 机字长为 5 个字节
    C．计算机中将 8 个相邻的二进制位作为一个单位，这种单位称为字节
    D．计算机的字长并不一定是字节的整数倍
【答案】
C
【解析】
选项 A：字节通常用 Byte 表示。选项 B：Pentium 机字长为 32 位。选项 D：字长总是 8 的倍数。

20．下列描述中，不正确的一条是＿＿＿＿。
    A．世界上第一台计算机诞生于 1946 年
    B．CAM 就是计算机辅助设计
    C．二进制转换成十进制的方法是"除二取余"
    D．在二进制编码中，n 位二进制数最多能表示 2^n 种状态
【答案】
B
【解析】
计算机辅助设计的英文缩写是 CAD，计算机辅助制造的英文缩写是 CAM。